NO TREMOR DO MUNDO

LUISA DUARTE E
VICTOR GORGULHO [ORGS.]

NO TREMOR DO MUNDO
Ensaios e entrevistas à luz da pandemia

(obogó

- 7 **Introdução**
  Luisa Duarte e Victor Gorgulho

- 19 **O vírus Sars-CoV-2**
  Sidarta Ribeiro

- 26 **O contato e o contágio**
  Entrevista com Ailton Krenak
  Gabriel Bogossian e Ailton Krenak

- 37 **Ensaio de orquestra**
  O que a parada forçada do mundo tem a nos ensinar sobre o enfrentamento da crise climática
  Bernardo Esteves

- 50 **Não dá mais para Diadorim? O Brasil como distopia**
  Heloisa M. Starling

- 63 **Ainda somos o país do futuro**
  O futuro é que está piorando
  Rodrigo Nunes

- 76 **A pandemia causada pelo Sars-CoV-2 acentua as desigualdades raciais e de gênero, acelerando a necropolítica em curso no Brasil**
  Angela Figueiredo

- 90 **A arte dos brancos é o genocídio (um ensaio de antropologia reversa)**
  Orlando Calheiros

- 100 **A política como show de celebridades – desafios do jornalismo em um Brasil pandêmico**
  Fabiana Moraes

- 115 **A revolução dos invisíveis – uma defesa filosófica da renda básica**
  Tatiana Roque

- 124 **Entrevista com Silvio Almeida**

- 150 **Entrevista com Eliana Sousa Silva**

- 174 **Entrevista com o Movimento de Luta nos Bairros, Vilas e Favelas – MLB**

197 **Predadores de nós mesmos**
Guilherme Wisnik

206 **O debate da filosofia sobre a pandemia**
Pedro Duarte

221 **Entrevista com Franco "Bifo" Berardi**

229 **Coronavida: biopolíticas e estéticas do novo normal**
Giselle Beiguelman

241 **Arquiteturas algorítmicas e negacionismo:
A pandemia, o comum, o futuro**
Fernanda Bruno

255 **A virtualização da vida**
Ivana Bentes

269 **Hipervisibilidade e camuflagem no pandemônio**
Paola Barreto

280 **De tela em tela, deambulações sobre arte
e suas instituições na pandemia digital**
Júlia Rebouças

289 **Então, eu escuto**
Fernanda Brenner

298 **Os Dias Antes da Quebra**
Diane Lima

310 **Uma memória do futuro anterior**
Christian Dunker

318 **Aberturas**
Marcio Abreu

336 **Nomear é pouco, mas é muito**
Noemi Jaffe

344 **Sobre os autores**

INTRODUÇÃO
[Luisa Duarte e Victor Gorgulho]

Sabe-se que o vírus Sars-Cov-2 impacta o corpo humano em diversos órgãos e de forma veloz. Se o maior perigo reside nas vias respiratórias, com o protagonismo dos pulmões, a doença causada pelo novo coronavírus se revelou sistêmica. São muitos os relatos de tromboses severas. Dedos dos pés e das mãos inchados e roxos surgem como sintomas de alterações vasculares. Há ainda casos nos quais os efeitos atingem, neurologicamente, o cérebro do enfermo. Se no interior do corpo físico o vírus repercute amplamente, o mesmo pode ser visto no corpo político da sociedade. Como um rastilho, a covid-19 gerou, em um período de tempo curtíssimo, um número assombroso de mortes e irradiações na vida de bilhões de pessoas ao redor do planeta.[1] Desde a importância de se ter acesso a saneamento básico até os súbitos desvios nos orçamentos de economias liberais de diferentes países com a finalidade de proporcionar uma renda básica a milhões de desempregados, são inúmeros os impactos provocados pelo vírus invisível a olho nu.

O livro que você tem nas mãos trata justamente da vasta repercussão de um acontecimento de origem biológica em diferentes registros da nossa época. Desde março de 2020, quando a OMS decretou que o mundo vivia uma pandemia, o que vemos é uma turbulência inédita em sua escala planetária. Assim, em meio ao torvelinho, afirmamos aqui a importância de gestos que busquem elaborar a conjuntura simultaneamente trágica e em plena transformação pela qual passamos. Trata-se de uma realidade que acaba de se descortinar e cujo desfecho é ainda imprevisível. E é justamente pelo fato de atravessarmos um momento convulsivo, cujo futuro não está predeterminado, que acreditamos que esta publicação, por meio das vozes oriundas de diferentes campos aqui reunidas, possa, por um lado, buscar construir memórias dessa época singularíssima para o futuro e, por outro, partilhar imaginações para esse mesmo futuro, buscando, quem sabe, desenhar desde já transformações para o mundo por vir.

* * *

Mas haverá porvir? Antes dos adventos precipitados pela covid-19, seguindo as palavras do pensador indígena Ailton Krenak, já se buscava compartilhar ideias para adiar o fim do mundo.[2] Afinal, a atmosfera de esgotamento nos fazia concordar com o filósofo camaronês Achille Mbembe, segundo o qual vivemos em uma época em que "o niilismo está à espreita, o brutalismo é a nova norma e o desejo por um apocalipse não está longe".[3] Sabe-se que a pandemia não foi um raio em céu azul, mas, sim, consequência de um vínculo predatório entre seres humanos e natureza. Estamos diante de uma pandemia do Antropoceno. É a respeito das relações entre o iminente colapso ecológico e os efeitos do Sars-Cov-2, que tratam, de diferentes modos, os textos do neurocientista Sidarta Ribeiro, do já citado Ailton Krenak (em depoimento ao curador Gabriel Bogossian) e do jornalista especializado em ciência Bernardo Esteves.

Em comum, as três intervenções não enxergam possibilidade de mudança no curso da catástrofe climática sem alguma alteração na trilha do capitalismo. Um capitalismo predatório não referenciado na vida real das pessoas, haja vista os ganhos vultosos dos bilionários nas bolsas de valores de todo o mundo enquanto crescem a pobreza e a miséria na maior parte da população mundial em meio ao drama cortante da doença e das mortes. Não por acaso o francês Bruno Latour, uma das mais importantes vozes da filosofia a respeito do Antropoceno, tomou "o abalo viral e atomizado na estrutura linear e produtiva do tempo"[4] causado pelo novo coronavírus como uma janela de possibilidade para que pudéssemos, juntos, imaginar gestos que interrompessem o ciclo produtivo pré-crise.[5] Se alguma interrupção no rumo do esgotamento ambiental passa por um freio na rota do capital, o mesmo pode ser afirmado quanto ao esgotamento psíquico. Sidarta Ribeiro, em seu texto, nos recorda que somente um desvio na dinâmica de hiperprodutividade com vias a algum tipo de pausa poderá legar uma reversão desse outro tipo de esgotamento, intensificado por esta crise.

No interior de cada um desses três escritos que se voltam sobretudo para os destinos da Terra à luz da pandemia existe uma ponte com um outro organismo cujo futuro parece desvanecer. Se o nosso planeta, tratado como um *duty free* de recursos inesgotáveis, aberto 24 horas por dia, sete dias por semana, tem o seu porvir ameaçado, o Brasil do negacionista Jair Bolsonaro, um presidente que parece gozar com a morte, surge igualmente como um ambiente asfixiante no qual o horizonte se encontra cada dia mais turvo.[6]

Se já mencionamos quanto a pandemia veio alterar diferentes aspectos da vida em sociedade, também é fato que muito permanece igual. E no caso do Brasil isso fica ainda mais evidente. Diariamente nos deparamos com a confirmação de que o vírus atua à nossa imagem e semelhança, reproduzindo, e estendendo a toda a população, as formas dominantes de gestão necropolítica que já estavam trabalhando desde antes da pandemia. A naturalização de um patamar altíssimo de mortes no país por tanto tempo se explica, em parte, pelo fato de que a história do Brasil foi marcada desde o início pela naturalização da morte dos indígenas e da escravização de negros para que o projeto colonial se fizesse. E, nesse sentido, o fato de que tais mortes naturalizadas durante a pandemia sejam sobretudo de negros, indígenas e pobres, aqueles invisibilizados em vida, tão somente reafirma a terrível insistência dessa história entre nós. Os textos da historiadora Heloisa Starling, do professor de filosofia Rodrigo Nunes, dos antropólogos Angela Figueiredo e Orlando Calheiros e da jornalista Fabiana Moraes se voltam, cada um a sua maneira, para esse Brasil distópico que soçobra em meio à pandemia.

Starling flagra um país incapaz de elaborar seu passado, desprovido de cultura democrática e que agoniza numa pandemia vivida por uma sociedade atomizada que desconhece o cidadão e privilegia o consumidor. Nunes, por sua vez, traça uma genealogia do conceito de necropolítica e sua diferença de intensidade sob a égide do governo Bolsonaro para afirmar que "ainda somos o país do futuro

– o futuro é que está piorando". Já Figueiredo nos recorda, do ponto de vista das reflexões e lutas feministas, como o Sars-Cov-2 veio acentuar as desigualdades raciais e de gênero no Brasil. Valendo-se da perspectiva da antropologia, definida como "a arte de passar uma pergunta adiante",[7] Calheiros transfere a indagação crucial diante da atual crise – o que se passa? – para o olhar dos seus amigos Aikewara, povo indígena tupi-guarani do sudeste do Pará, para os quais nada mudou, afinal a máquina genocida dos brancos jamais cessou. Fabiana Moraes, por sua vez, apresenta o retrato de um Brasil esgarçado, liderado por um político-celebridade. A autora não hesita em atribuir parte da responsabilidade pelo abismo atual do país ao seu próprio campo profissional, tanto quando aponta a reiterada falsa equivalência em debates propostos por parte do jornalismo entre ciência e teses claramente negacionistas, como quando nos recorda como uma imprensa pretensamente "imparcial" se esquivou do dever de nomear o atual presidente com os termos que lhe são devidos.

Sabemos que as conjunturas não costumam ser monolíticas, no seio da tragédia houve também solidariedade e algumas conquistas. Uma delas, não resta dúvida, foi a implementação (ainda que provisória) do necessário projeto da renda básica. É sobre esse tema que versa o texto da matemática e professora de filosofia Tatiana Roque. Já sobre um Brasil marcado tanto por uma renovada – e necessária – valorização do SUS quanto pelo racismo estrutural, nos fala o professor de direito Silvio Almeida em sua entrevista.

A pandemia desafiou a noção de comum. Por um lado, o mundo foi tomado pelo medo de uma doença que pode atingir a todos, sem exceção. Por outro, vimos que a mesma pandemia se manifesta de formas radicalmente distintas, dependendo do território que se habite e da renda que se possua. Desde a possibilidade ou não de cumprir o isolamento social até o acesso ou não ao atendimento hospitalar em caso de agravamento da doença, revela-se quanto esse registro "comum" do que vivemos é relativo. Nesse sentido, tornam-se de suma importância as entrevistas realizadas com Eliana Sousa Silva, diretora da ONG Redes da Maré, e Poliana Silva, Leonardo Péricles e Aiano Bemfica, representantes do Movimento de Luta nos Bairros, Vilas e Favelas. Em cada depoimento desvela-se não só os impasses vividos na pandemia em locais desprovidos de toda sorte de presença do Estado, mas sobretudo a força do engajamento de cada uma dessas iniciativas atravessadas por uma "libido política"[8] que reinventa diariamente as possibilidades de se continuar vivo, via solidariedade, em meio à necropolítica generalizada.

Se os textos e entrevistas que se voltam para os ecos da pandemia no Brasil nos levam tanto para horizontes distópicos quanto para a afirmação de ações vitais, o olhar do professor de arquitetura e urbanismo Guilherme Wisnik, atravessado por sua metáfora do nevoeiro, mira a convulsão pela qual passa o mundo. Travando um diálogo com distintos pensadores, Wisnik nos lembra, seguindo o teórico Fredric Jameson, que em meio a uma conjuntura em que se testemunha a capacidade científica de imaginar o fim do mundo, por um lado, e a incapacidade política de imaginar o fim do capitalismo, por outro, o Sars-Cov-2 pode trazer novos elementos para um xadrez que parecia definido, atuando, quem sabe, como um agente transformador.

Uma variedade de perspectivas diante das consequências da pandemia pode ser vista, igualmente, ao longo do texto do professor de filosofia Pedro Duarte de Andrade. O autor nos lembra que a filosofia nunca foi tão veloz, para então apresentar um recorte da fértil produção de diferentes pensadores ao redor do planeta como resposta ao assombro causado pelo espraiamento da covid-19.[9] Um dos nomes mencionados por Andrade é justamente o do italiano Franco "Bifo" Berardi, cuja voz comparece neste livro na forma de entrevista. Bifo é hoje um dos pensadores mais argutos no que toca à elaboração das consequências da presença massiva da internet no cotidiano e os seus efeitos sobre mentes e corpos. Em meio a uma crise que veio intensificar a vida online, o filósofo especula sobre possíveis consequências da overdose de conexão, assim como procura pensar as chances de reativações do futuro em meio ao turbilhão atual.

A mesma pandemia que nos recordou a importância de uma pia para lavar as mãos foi aquela que intensificou um processo guiado pelas vontades do capitalismo financeiro-informacional de algoritmização da existência. Ter acesso a dados de internet se tornou ainda mais fundamental na pandemia digital. Se wi-fi gratuito deve se tornar um direito, se em um país como o Brasil a maior parte da população tem na conectividade um recurso escasso, é preciso, simultaneamente, olhar de forma crítica para a escalada da tecnologia que a atual conjuntura veio acirrar.[10] Uma vez mais cabe recordar as palavras de Achille Mbembe, estas escritas já com a pandemia entre nós: "Quando trabalhar, aprovisionar, informar-se, manter o contato, nutrir e conservar as ligações, conversar e trocar, beber juntos, celebrar o culto ou organizar funerais, não pode ter lugar senão por através de telas, é tempo de tomar consciência de que estamos cercados de anéis de fogo por todo lado."[11]

Se concordamos que "a colonização ocorre quando estamos cercados pelos chamados 'dispositivos inteligentes' que constantemente nos observam e nos gravam, coletando grandes quantidades de dados",[12] então pensar formas de descolonização no nosso tempo passa, também, por uma visão crítica diante das ambivalências do ecossistema digital. É justamente a importância dessa pauta que a quarentena do *zoom* e das *lives* veio sublinhar. Com abordagens distintas, os textos da artista e professora Giselle Beiguelman, da professora especialista em tecnologia e vigilância Fernanda Bruno, da artista e professora da UFBA Paola Barreto e da professora e curadora Ivana Bentes nos endereçam às questões desse território, à luz da pandemia.

Enquanto Beiguelman sublinha como a "coronavida" põe em cena toda uma nova biopolítica capaz de transformar a vigilância, agora digital, em um procedimento poroso que adentra os corpos sem tocá-los, Bruno enxerga no negacionismo tangível ecos de características próprias à arquitetura das plataformas virtuais, tais como o "confisco do comum" e o "sequestro do futuro". Bentes, por sua vez, investiga as idiossincrasias desse processo de virtualização que torna a hipervisibilidade um imperativo incontornável. Já Barreto, por uma via oposta, mas complementar, nos convida a pensar táticas de camuflagem dentro desse mesmo contexto a partir da ideia de que as "tecnologias do obscurecimento" podem funcionar como modos "do corpo dissidente passar despercebido por territórios conflagrados por opressões".

Na esteira dessa expansão do modo online são inúmeros os efeitos colaterais nas esferas da cultura e da arte. A curadora Júlia Rebouças se dedica a refletir a respeito dos desafios postos para essas esferas e no que nelas habita como brechas. Quanto a "produção de presença" solicitada pelas chamadas "artes visuais" pode causar de desvio das interações mediadas por telas e se revelar um tipo de resistência ao processo geral de algoritmização? Como o esvaziamento do espaço público causado pelo recrudescimento das relações virtuais pode ser desafiado por obras que têm na sua origem a noção radical de coletividade?

As também curadoras Fernanda Brenner e Diane Lima visitam igualmente a tensão entre o registro da arte e o processo de "*downloadização* da vida"[13] que a pandemia reforçou. Mas, sobretudo, ambas se referenciam a um outro processo cuja trilha já vinha sendo desenhada antes da atual crise: um campo da arte no Brasil marcado por um processo de revisão histórica, desde um ponto de vista anticolonial, capaz de colocar em cena uma nova cartografia que põe em xeque visões tradicionais de raça, gênero, família, assim como as matrizes do conhecimento de cunho logocêntrico, propondo, para tanto, novas epistemologias. Se Brenner apresenta a ideia de uma "escuta ativa" que deve aproveitar a parada forçada pela crise para intensificar essa nova cartografia, Lima nos transporta para "os dias antes da quebra" em diálogo com as obras de diferentes artistas, nos recordando que essa "quebra" imposta pela pandemia pode diferir muito, a depender do ponto de vista do qual se a experimente. Evocando Diego Araújo, artista presente em seu texto, Lima nos diz: "A qual quebra pode se referir alguém que vive dentro da quebra e teve como herança colonial as palafitas?"[14]

A "quebra" temporal imposta pela pandemia é o mote, por sua vez, do texto assinado pelo psicanalista Christian Dunker. Em sua intervenção, Dunker faz referência ao livro *Uma memória do futuro*, de 1975, do também psicanalista Wilfred R. Bion, a fim de ponderar como podemos construir, à luz da pandemia, memórias para um futuro que se descortina envolto pelo horizonte turvo da catástrofe climática, do capitalismo predatório e da aniquilação da cultura.

Ora, não é por acaso que os mesmos que trabalham por um mundo sem florestas, sem conhecimento, sem diversidade, trabalhem também por um mundo sem cultura, sem arte. A abertura para a criação de outros mundos possíveis na esfera da arte a torna um elemento de potência singular no que toca à chance de vislumbrarmos um futuro que não reproduza esta "humanidade zumbi" forjada em meio a um grande mundo-cassino.[15] Nas intervenções do dramaturgo Marcio Abreu e da escritora Noemi Jaffe são instaurados olhares para a pandemia vindos desse território atravessado por uma força de insurreição.

Abreu inicia seu texto citando as montanhas de mortos que se acumulam ao longo da pandemia e o encerra perfilando inúmeros gestos que possam vir a povoar a paisagem devastada com imagens de vida, entre os quais "beber os mortos/ brindar suas existências/ bradar aos berros/ retornar à Bahia/ baixar na Maré/ chamar as umbandas/ batucar os tambores/ ocupar Brasília / liberar os futuros/ banhar o Brasil". Essa proposta de um repertório de gestos vitais, atravessados pelo movimento dos corpos, encontra na escrita a sua origem. Um gesto primeiro capaz de elaborar uma experiência mortífera como a que estamos vivendo pode ser este: falar, nomear, dar voz, escrita ou oralmente.

Jaffe, ecoando esse caminho, aponta para a importância do processo (difícil) de nomeação. Ao longo de três meses, diariamente, a autora escreveu um diário de quarentena publicado em suas redes sociais. Ali eram narradas as entrelinhas de um cotidiano doméstico em meio a experimentações linguísticas. No bojo do comentário a respeito dessa pequena iniciativa, a autora arremata: "É tudo pouco, mas, como dizia minha mãe, a expressão 'muito pouco' é contraditória: como pode ser 'muito' se é pouco? Pois é isso mesmo. *Muito pouco* é o muito que cada um pode fazer nessa pandemônica, pânica e pantanosa pandemia: nomearmos as coisas que nos cercam, que nos habitam e nos assombram, para, com isso, conseguirmos agir de forma generosa e participativa e transformarmos nossa melancolia em luto. Um luto que, com sorte e com luta, poderá, também ele, se transformar em mais vida e mais alegria."

De alguma forma o chamado para os gestos vitais de Abreu atravessados pelos corpos e as palavras de Jaffe resumem o nosso desejo com este livro: fazer dele um ato de elaboração em meio a um grande luto. Se o vírus é numerado, se as mortes se tornam estatísticas frias, que possamos então transformar suas consequências em gestos encarnados, em palavras atravessadas pela busca de sentido. "Compreendemos melhor o mundo quando trememos com ele, pois o mundo treme em todas as direções",[16] nos diz o pensador martinicano Eduoard Glissant (1928-2011). Tremer junto ao mundo em um momento de abalo profundo, eis o movimento contido aqui, na esperança de que essa elaboração do nosso presente atordoante possa, quem sabe, irrigar uma imaginação para o porvir tão obturada. Pois, como aponta Ailton Krenak, "talvez, entre um tombo e outro, valha aproveitar esses hiatos – isso que chamam de interregno – e produzir mundos. Produzir mundos que possam ser o mais próximo possível do que imaginamos que é a coexistência. Porque então haveria possibilidade de muitos mundos, caleidoscópios de mundos".[17]

* * *

A cada um dos colaboradores que se dispuseram tão prontamente a colaborar com essa publicação, forjando seus escritos à luz da urgência do presente, nosso mais profundo agradecimento.

NOTAS

1. Em 29 de setembro de 2020, o número de mortes notificadas no mundo é de 1.002.129 (um milhão dois mil cento e vinte e nove), segundo a universidade Johns Hopkins. Enquanto no Brasil o número de mortos notificados é de 142.161 (cento e quarenta e dois mil cento e sessenta e um), segundo o consórcio de veículos de imprensa do país.
2. Ver: Krenak, Ailton. *Ideias para adiar o fim do mundo*. São Paulo: Companhia das Letras, 2019.
3. Mbembe, Achille. Outras fitas: Descolonização, necropolítica e o futuro do mundo com Achille Mbembe. [Entrevista cedida a] Torbjørn Tumyr Nilsen. *A Fita*, 30 out. 2019. Tradução para o português pelo site A Fita. Disponível em: http://afita.com.br/outras-fitas-descolonizacao-necropolitica-e-o-futuro-do-mundo-com-achille-mbembe/. Acesso em: 28 set. 2020 s.p.
4. Ver: "Os Dias Antes da Quebra", Diane Lima, p.299, publicado neste livro.
5. Latour, Bruno. *Imaginar gestos que barrem a produção pré-crise*. 2020. São Paulo: N-1 edições. Disponível em: https://www.n-1edicoes.org/textos. Acesso em 30 set. 2020.
6. Sobre o gozo do presidente da República com a morte, ver: "A morte e a morte – Jair Bolsonaro entre o gozo e o tédio", de João Moreira Salles. Revista *Piauí*, jul. 2020, edição 166.
7. Definição dada pelo antropólogo Eduardo Viveiros de Castro e citada por Calheiros em seu texto.
8. Essa expressão foi retirada do texto "Clamores", do filósofo Peter Pál Pelbart, dedicado ao trabalho "Clamor", da artista Virginia de Medeiros, realizado em parceria com mulheres moradoras da Ocupação 9 de Julho, em São Paulo. Ver edição do jornal *A Nossa Voz*, publicado pela Casa do Povo, n. 1020, ano 2020.

9. No Brasil, a N-1 edições foi responsável por publicar e traduzir inúmeros textos dedicados a pensar a pandemia desde o início. Essa compilação pode ser acessada em https://www.n-1edicoes.org/textos. Acesso em: 30 set. 2020.

10. https://www1.folha.uol.com.br/mercado/2020/05/cerca-de-70-milhoes-no-brasil-tem-acesso-precario-a-internet-na-pandemia.shtml. Acesso em: 29 set. 2020.

11. Mbembe, Achille. O direito universal à respiração. 2020. São Paulo: N-1 edições. Disponível em: https://www.n-1edicoes.org/textos. Acesso em: 30 set. 2020.

12. Mbembe, Achille. Outras fitas: Descolonização, necropolítica e o futuro do mundo com Achille Mbembe. [Entrevista cedida a] Torbjørn Tumyr Nilsen. *A Fita*, 30 out. 2019. Tradução para o português pelo site A Fita. Disponível em: http://afita.com.br/outras-fitas-descolonizacao-necropolitica-e-o-futuro-do-mundo-com-achille-mbembe/. Acesso em: 28 set. 2020 s.p.

13. Expressão usada por Diane Lima em "Os Dias Antes da Quebra", publicado neste livro, p. 298.

14. Ver: "Os Dias Antes da Quebra", publicado neste livro, p. 298.

15. Em seu depoimento aqui publicado, Ailton Krenak afirma: "Nós estamos fazendo uma política de morte ao invés de estarmos fazendo uma política de vida. A gente não se arrisca a desejar a vida, então ficamos zumbizando. Uma humanidade zumbi é uma humanidade que não projeta vida, que evita a fricção com a vida. De alguma maneira essa tarefa de projetar a vida acabou ficando para a arte e para a criação." Ver: p. 29.

16. Eduoard Glissant, citado em Preciado, Paul. *Um apartamento em Urano*, Companhia das Letras, 2020. pág. 32.

17. Ver: "O contato e o contágio – Entrevista com Ailton Krenak", Gabriel Bogossian e Ailton Krenak, publicado neste livro, p. 26.

O VÍRUS SARS-COV-2
[Sidarta Ribeiro]

O vírus Sars-CoV-2, causa direta da pandemia que coloca toda a espécie humana em xeque desde o início de 2020, carrega em sua fita única de RNA um pesadelo de proporções bíblicas e consequências ainda difíceis de prever. Tão antiga quanto a própria humanidade, a experiência da peste assume na pandemia de 2020 o contorno de grande crise (final?) do capitalismo, pelo solapamento implacável das forças produtivas e pelo consequente desacoplamento de inúmeras cadeias produtivas. O desemprego atingiu níveis alarmantes em diversos países, enquanto os auxílios emergenciais implementados por diversos governos nacionais para que as pessoas possam ficar em casa devem se esgotar em breve, no contexto da retomada de atividades antes da hora, praticado em boa parte do continente americano.

A despeito dessa derrapada perigosa da civilização, apesar do crescente risco de colapso do sistema, mesmo em face do futuro mais distópico, persiste inquebrantável o frenesi eufórico das bolsas de valores, movidas pelo tilintar de moedas virtuais de homens e mulheres tão fálicos e aquisitivos quanto a caricatura de bilionário do Tio Patinhas de Walt Disney. É a dinâmica febril de ganhos e perdas financeiras cada vez menos referenciadas na vida real das pessoas, tão distante quanto possível do drama material cotidiano vivenciado em quase toda parte pela gigantesca massa de trabalhadores e párias da sociedade.

A última década de metástase do capitalismo predatório naturalizou a ansiedade em níveis totalmente incompatíveis com o bem-estar, disseminando sofrimento psíquico pelos diversos setores da sociedade. Sofre-se muito nessa vida, por boas e más razões, a depender de quem se lamenta. A despeito de toda a medicalização da dor com psicofármacos, amplamente disseminada desde os anos 1980, as taxas de depressão e suicídio crescem de forma preocupante, sem, entretanto, que a psiquiatria convencional admita que está errando alguma coisa essencial em sua abordagem.

Da mesma maneira, a invasão do recesso do lar pelas relações de produção veiculadas pela internet faz com que as pessoas cada vez mais sucumbam a uma dinâmica de trabalho que invade impiedosamente as noites, os feriados e os fins de semana para alimentar a cremalheira do "sistema produtivo" que tudo mói, tritura e descarta. Cresce sem parar o mal-estar da civilização e assoma no horizonte o espectro da infelicidade crônica. Ao amanhecer, as pessoas já despertam com pressa e o dia transcorre sem pausas para se encantar pela vida, pois já estão acostumados a cumprir agendas e a sofrer como o coelho de Alice no País das Maravilhas, sempre atrasadas para algum compromisso e sem condições de engajamento no momento presente. Ruminando o passado que não volta ou ansiosas pelo futuro que já chega, as pessoas se deprimem, se estressam e morrem um pouco a cada dia.

Não é difícil perceber a estreita ligação entre o esgotamento psíquico causado por este sistema de vampirização da vida íntima e o esgotamento ambiental causado pela atividade industrial humana. O período em que vivemos, conhecido por cientistas de diferentes especialidades como Antropoceno, se caracteriza por modificações ecológicas e geológicas tão desastrosas que já levaram à sexta grande extinção de espécies, atualmente em curso. Não apenas somos o que de mais devastador já aconteceu a este planeta, mas somos também nossos piores algozes. Na mandala profana de interdependências do capitalismo, quase todo mundo é engrenagem e quase ninguém tem verdadeira autonomia. Vida de gado.

Nesse contexto, a pandemia desponta como um fato de profundo significado histórico, cujos efeitos compreendem um amplo arco de possibilidades, algumas delas opostas entre si. Por um lado, foi nesses meses espantosos desde a decretação da pandemia pela Organização Mundial da Saúde (OMS) que as atitudes sociopatas de governantes como Donald Trump e Jair Bolsonaro ficaram mais evidentes. É se aproveitando do hiato atencional da imprensa durante a pandemia que o governo federal cinicamente acelera suas ações destruidoras do meio ambiente, confessamente "passando a boiada" ecocida e desregulatória enquanto jornalistas penam para documentar o descalabro sanitário. O setor privado não fica para trás, pois nunca, jamais, em tempo algum, os bilionários ganharam tanto dinheiro como agora. Justamente quando a solidariedade e o compartilhamento de recursos se tornaram mais necessários, precisamente quando somos chamados a dar mostras de maturidade e empatia, se acelerou o vertiginoso processo de acumulação de capital que asfixia a imensa maioria da população. A pandemia expõe para quem quiser ver, em carne viva, o sadismo inerente ao sistema de trocas desiguais dessa sociedade machista, racista, nêmesis dos povos originários e das liberdades democráticas.

Seriam estas mudanças capazes de afetar os sonhos? A continuidade entre sonho e vigília detectada por Freud tem motivado grande interesse sobre os impactos da pandemia nos relatos oníricos. Há pesquisas deflagradas em todo o mundo, inclusive o Brasil, como, por exemplo, o estudo coordenado pelo psicanalista Christian Dunker, da Universidade de São Paulo, e por outros pesquisadores da Universidade Federal de Minas Gerais e da Universidade Federal do Rio Grande do Sul. Em meu laboratório no Instituto do Cérebro da Universidade Federal do Rio Grande do Norte, a pesquisadora associada Natália Mota coordenou uma pesquisa utilizando ferramentas de processamento de linguagem natural para estudar 239 relatos de sonhos de 67 indivíduos antes do surto de covid-19 ou durante março e abril de 2020, quando a quarentena foi imposta no Brasil, após o anúncio da pandemia pela OMS. Os resultados mostraram que os sonhos pandêmicos tiveram uma proporção maior de palavras relacionadas a "raiva" e "tristeza", além de semelhanças semânticas mais altas com os termos "contaminação" e "limpeza". Essas características foram associadas ao sofrimento mental relacionado ao isolamento social, tal como medido por uma escala psiquiátrica padronizada. De modo geral, os sonhos pandêmicos refletiram sofrimento mental, medo do contágio e mudanças importantes nos hábitos diários.

A covid-19 trouxe o medo da morte e das inúmeras possibilidades de contágio. Para a maioria desprovida de recursos e informação, obrigada a se expor ao vírus para ganhar o pão de cada dia, o pesadelo paira rente. Para os ansiosos de qualquer classe social, insônia e muita preocupação. Para os viciados em telas e outras drogas, um dificílimo desafio à moderação.

Mas é preciso não perder de vista que, se a pandemia agudizou as contradições perversas do sistema, também criou novas chances de reavaliação, redenção e cura psíquica. Para aqueles que detêm recursos financeiros bastantes e uma compreensão básica de virologia, a quarentena tem sido suave e até bem-vinda. Em alguns casos, muito bem-vinda, salvadora até. A desaceleração abrupta do cotidiano, que vinha se tornando cada vez mais veloz e frenético antes da pandemia, de repente representou uma oportunidade única de repensar e principalmente refazer a vida. Muitas pessoas de classe média e alta, capazes de mudar hábitos arraigados e investir novamente na própria saúde mental e física, vêm experimentando neste momento de distanciamento social o retorno inesperado a uma vida familiar mais bem nutrida, tanto em termos fisiológicos quanto afetivos.

Não são poucas as pessoas economicamente privilegiadas que, tendo passado as últimas décadas cada vez mais entregues a suas carreiras e seus objetivos pessoais, todas precisando de múltiplos auxiliares para realizar até mesmo as tarefas mais comuns, como cozinhar a própria comida, lavar roupas, limpar banheiros e cuidar dos filhos, estejam agora vivenciando uma metamorfose inesperada rumo à ética do cuidado – da casa, das pessoas amadas e sobretudo de si. O foco no âmbito interno, há muito esquecido em prol da extroversão do ver e do fazer, renasceu no ambiente doméstico. O pão foi assado em casa, o violão guardado há anos voltou a ser tocado, os filhos foram vistos de perto pela primeira vez em meses. Viver para produzir deixou de fazer mais sentido do que viver para viver. Ganhos efetivos na qualidade da alimentação, dos exercícios físicos, das atividades artísticas, da meditação, do ioga, da capoeira e de outras práticas introspectivas foram acompanhados por melhoria na qualidade do sono, configurando uma verdadeira reabilitação terapêutica através do adormecimento, como era o caso em inúmeras culturas da Antiguidade em que o sono era venerado, como na Grécia e no Egito.

Não é difícil compreender por que ressurgem, num evento planetário de alcance tão hiperbólico, aversivo e concreto quanto a pandemia, os sonhos vívidos, complexos, emocionantes e mesmo épicos que Carl Jung chamou de "grandes sonhos". Carregados de significados idiossincráticos e potencialmente transformadores, esses sonhos particularmente bem formados por vezes representam um divisor de águas na história de vida de uma pessoa, sendo capazes de refletir as circunstâncias excepcionais de uma vivência igualmente extraordinária.

Desse caldo de cultura fértil de novas ideias, desse jorro profícuo de libido criadora e criativa, desse renascimento de uma relação harmoniosa com o tempo e o espaço, pode, deve e na verdade *precisa* a todo custo nascer algo novo, aquilo que Ailton Krenak chama de uma nova maneira de estar no planeta. Ou nos emendamos ou teremos que ir. Os tempos vindouros não serão menos desafiadores do que os de agora. É preciso que nossa espécie se adapte de uma vez por todas à explosiva concentração de recursos cada vez mais abundantes e, paradoxalmente, cada vez menos disponíveis para a maioria da população. A adoção urgente de um programa de renda mínima universal, tal como defendido por Eduardo Suplicy há décadas, é condição necessária para superarmos a desigualdade que nos paralisa e atrofia. Os ganhos advindos de uma tal revolução não seriam poucos, inclusive para os mais ricos, pois se a felicidade material é para poucos, mesmo estes precisam se haver com a perda de alma que a monetização de tudo acarreta.

Sofre muito, atrozmente, o povo humilde de todo o mundo com fome, sede, frio, calor, falta de água tratada, esgoto a céu aberto e contágios vários, inclusive covid-19 adquirida dos patrões. Sofre também, decadente, a minoria de poderosos e endinheirados que insiste em predar os mais fracos, sempre. Separando as castas e amplificando as desigualdades, há padrões de consumo irresponsáveis e profundamente deletérios para o meio ambiente, como a dependência de combustíveis fósseis, o consumo em grande escala da carne de animais criados e abatidos de forma desumana e produtora de metano, a produção descontrolada de lixo não biodegradável e a contaminação de nascentes e lençóis freáticos.

Nossos males estão todos interligados. A solução do esgotamento ambiental passa pela solução do esgotamento mental de cada pessoa, pois é preciso imaginar uma saída coletiva dessa sinuca de bico evolutiva em que nos metemos. Depois de centenas de milhares de anos muito parecidos uns com os outros, tudo começou a mudar rapidamente. Desde que inventamos a agricultura tudo passou a se modificar cada vez mais intensamente, cada vez mais rapidamente, aceleradamente, até que nos últimos 500 anos entramos finalmente no vórtex do desenvolvimento combinado do capitalismo e da ciência, propelindo a espécie rumo à explosão populacional e à destruição de nichos ecológicos. O resultado foi um torvelinho tão forte que quase nos levou a todos de roldão, girando cada vez mais para alimentar o deus do capital, do mercado e do lucro. A pandemia nos dá a chance inédita de escapar do altar de sacrifícios desse deus brutal e ensanguentado. A rebeldia necessária para superar as mazelas atuais do capitalismo é uma das lições mais importantes dessa pandemia.

A marca maior deste momento é a emergência das urgências. Já não é possível suportar o abjeto *status quo* da exclusão social nem compactuar com as neuroses que monetizam todos os aspectos da vida social e ambiental. Tal como preconiza o movimento "liberte o futuro", é preciso reconhecer que a principal tarefa das gerações de viventes do agora é sonhar o futuro, para libertá-lo da inércia paleolítica da predação entre as pessoas e dos outros animais. Se não o fizermos, podemos estar todos mortos não no longo prazo do qual falou John Maynard Keynes, mas no curto prazo sobre o qual nos alerta Ailton Krenak. Tal como vem alertando Eliane Brum, imaginar o futuro é urgente porque o amanhã pode simplesmente não existir. Depende do que fizermos agora.

Esse pessimismo realista tem a contrapartida de um otimismo igualmente necessário: jamais antes do momento presente nossa espécie deteve tanto conhecimento tecnológico, tanto capital humano e material e tanta sabedoria ancestral acumulada por diferentes culturas. Se estamos à beira do abismo, a um mero passo da extinção definitiva, também é preciso reconhecer que estamos prestes a alçar voo, mais perto do que nunca do glorioso bater de asas da espécie humana, esse momento sublime de uma evolução cultural sem precedentes. A superação intra e interespecífica da dicotomia natural entre presas e predadores, com o abandono da perspectiva dominante "ganha-perde" ou "perde-ganha" para a adoção de uma perspectiva libertária, com relações baseadas na cooperação e isentas de relações de dominância, ou seja, com uma perspectiva de "ganha-ganha".

Chegou, portanto, o momento de um alinhamento virtuoso das diferentes classes sociais, gêneros, raças, nacionalidades, credos e tribos para alcançar a cooperação sustentada em prol do bem comum e da equalização de oportunidades. A diminuição da desigualdade social e a universalização do acesso a hospitais e escolas públicas de alta qualidade precisarão ser pactuados entre todos os atores sociais relevantes, à medida que os mais ricos aprenderem a se desapegarem das coisas materiais em prol do cultivo do corpo e da mente. A expansão coletiva da consciência tornou-se uma condição estritamente necessária para seguirmos adiante em nosso desenvolvimento, aprofundando a incrível experiência humana no planeta azul. É pegar ou largar.

O CONTATO E O CONTÁGIO
ENTREVISTA COM AILTON KRENAK
[Gabriel Bogossian e Ailton Krenak]

O texto abaixo é resultado de uma entrevista realizada com Ailton Krenak no dia 24 de julho de 2020. Motivada pelo convite para participar desta coletânea, ela começou provocada pelas suas reflexões a respeito do contato interétnico, que se repete a cada encontro, diariamente, e pela relação histórica entre contato e contágio sanitário, testemunhada em inúmeros momentos por diferentes gerações de indigenistas. No entanto, a conversa logo ultrapassou os limites do vírus e do horizonte que ele nos impõe e passou a articular temas familiares ao pensamento de Krenak, como a política e a arte indígena atuais, a ideia de uma queda que se perpetua e se desdobra no tempo e visões de futuros possíveis a partir de uma consistente crítica ao capitalismo contemporâneo.

Ailton Krenak é, como diz Eduardo Viveiros de Castro, uma das lideranças políticas mais importantes do Brasil hoje. Sua perspectiva, com a densidade de 500 anos de resistência, articula passado e futuro buscando abrir espaços para a multiplicação de mundos. Em um momento em que parece haver um apagão de ideias no campo progressista e diante da morte recente de tantas lideranças indígenas, vitimadas pela covid-19, seu pensamento se destaca pela coerência e a abrangência das referências que abarca, produzindo a um só tempo uma análise lúcida do presente e uma política de afirmação da vida.

Contatos

Estava pensando nessa história do contato e gostei muito de você ter resgatado lá aquela conversa na série de conferências do Adauto,[1] em que tínhamos de refletir sobre um mau encontro, que é um contato. Atualizando agora aquela conversa, penso que, provavelmente, nós evitamos o contato porque não sabemos evitar o contágio; porque não conseguimos pensar no outro. É como se já houvesse um registro primeiro, primordial, de risco. É como se nós tivéssemos uma matriz que nos diz que o contato sempre é um risco e não temos a grandeza, ou a humildade, de experimentar esse contato sem querer capturar o outro, a essência do outro. Por isso te provoquei com a ideia do contato e do contágio, as duas coisas parecem que são o *yin* e o *yang*, a hora que um termina, começa o outro. Nesse texto do Adauto conto aquela história dos Tikunas,[2] do herói mítico dizendo "Aquele outro que está vindo, está vindo para acabar com a gente". E agora os epidemiologistas, os cientistas, estão dizendo que o evento da covid é resultado da nossa promiscuidade, promiscuidade dos seres.

Essa ideia do contágio como uma espécie de destino é assustadora, e ela deve fazer mesmo com que pequenas células, pequenas unidades vitais, evitem o contato, por medo primordial do contágio. Talvez por isso também algumas tribos prefiram viver isoladas. Quando nós, humanos, podemos, nos escondemos. E quando a gente sente segurança nesse lugar escondido, como se a gente estivesse encapsulado, a gente experimenta um mundo totalizante.

No meu caso, minha ingênua expectativa de me engajar no mundo foi respondida com uma queimada no dedo, digamos assim. Tirei o dedo e comecei a observar esse mundo que queimava o meu dedo. E comecei a observar a reprodução desse mundo, porque se ele podia ter uma incidência sobre o meu corpo, sobre o meu ser, valia a pena entendê-lo. Talvez isso seja um tipo de contato. Mas em vez de ser um contato para captura, é um contato para observação. Quis observar isso e tive as linhas de fuga necessárias para fazê-lo – porque eu podia ficar refém desse mundo, me embaralhar nele e não conseguir sair. Como muitas pessoas não conseguiram. Sabemos a quantidade de pessoas criativas e muito observadoras que acabou se suicidando, fugindo, caindo na estrada, se colocando à margem... São as pessoas que se alienaram do seu próprio caminho. Deram um foda-se. E são muitos, na sua geração, na minha geração, nas gerações que nos precederam, teve muita gente que simplesmente deu as costas para isso. Parece que a geração *beat* fez isso também. Aquela turma do Kerouac, os poetas, os escritores, os artistas, eles deram uma cheirada no mundo, acharam insuportável e não foram capazes de insinuar outras configurações para ele. No máximo, ficaram rebeldes na fuga. Eles anteciparam o movimento *hippie*, o *rock and roll* e outras coisas, mas ficaram dentro da esfera da necropolítica, do fim de mundo. Em um contexto de guerras e conflitos polarizados – a Guerra Mundial, a Guerra Fria –, não conseguiram fazer uma síntese e passar. Mesmo quando suas obras projetam coisas muito luminosas, você sente que tem um ressentimento pela queda. Eles fazem um pouco de culto a uma ideia de restauração de um passado mítico norte-americano. E quem quer restaurar é porque não tem coragem de mudar. Quando você vir um cara falando que quer restaurar alguma coisa, desconfia dele.

Se a pessoa acha que pode se deslocar de onde está para um lugar melhor, isso é na cabeça dela. Porque lugar melhor é onde ela está. O lugar melhor para mim e para você agora é onde você está agora e onde eu estou agora. Mas quem é que disse isso? Quem diz isso é a poesia, a arte. O estado de consciência alerta, prático, de intervir no mundo, exige um tipo de inflexão do sujeito para que ele fique centrado no mundo. É essa ideia do ego, no centro do mundo, "Eu estou aqui e o mundo ao meu redor" – em vez de aceitar ficar ao redor do mundo e deixar o pau quebrar. É a ideia dos paraquedas coloridos,[3] que tem gente que não entende. O que eles podem fazer é nos aproximar, em algum sentido, da aceitação da queda. É por isso que são paraquedas; se não tiver queda nenhuma, você não precisa de nada, fique aí, está bom.

Talvez, entre um tombo e outro, valha aproveitar esses hiatos – isso que chamam de interregno – e produzir mundos. Produzir mundos que possam ser o mais próximo possível do que imaginamos que é a coexistência. Porque então haveria possibilidade de muitos mundos, caleidoscópios de mundos. O Huxley, quando falava sobre as portas da percepção, estava também provocando a gente para outras possibilidades de mundo que não aquele moderno, concebido pela razão instrumental como uma esfera – que até a metade do século XX estava em todas as bibliotecas e salas de aula –, e essa ideia acachapante de mundo foi se configurando como o mundo possível, de uma maneira autoritária, taxativa. Gerações e gerações ficaram embaladas nisso e foram fechando a mente para outros mundos. Outros mundos são estranhos, são ameaçadores. Até para a ideia da saúde mental, essa ideia de um mundo coerente, equilibrado, com sinais demarcados, constitui uma espécie de referência.

Existe a ideia, por exemplo, de que certos povos da África, ou os povos nativos, os povos aborígenes, os povos indígenas habitam um perigoso lugar onde nada é preciso. Onde não existe uma organização do mundo em função, por exemplo, da economia, da produção. Da produção das mercadorias. O xamã ianomâmi Davi Kopenawa, em seu livro *A queda do céu*, chama essa civilização de "civilização da mercadoria". É muito interessante essa observação, porque ela é feita de fora do mundo, ao contrário do que seria se ela fosse feita por um filósofo alemão ou francês. O exercício que um cara desses tem que fazer para pensar o mundo de fora é quase esquizofrênico, porque ele não fala a linguagem dos seus iguais.

Quando o Bruno Latour faz seus enunciados sobre o mundo e o fim do mundo, ele tenta furar, fazer um buraco no muro e falar com quem está do outro lado dizendo "Pessoal, olha, nós estamos vivendo uma distopia, nós estamos acabando com a possibilidade de vida". Nós estamos fazendo uma política de morte ao invés de estarmos fazendo uma política de vida. A gente não se arrisca a desejar a vida, então ficamos zumbizando. Uma humanidade zumbi é uma humanidade que não projeta vida, que evita a fricção com a vida.

De alguma maneira, essa tarefa de projetar a vida acabou ficando para a arte e a criação. Mas ao redor dessas mentes e desses espíritos incomodados, que anseiam por outros mundos, há uma multidão de acomodados. A nossa tarefa deveria ser a criação de mundos contra a política da morte, a gestão da morte, dos que diziam que estavam tirando o mundo da barbárie e foram atolando o pé na jaca, fazendo mais do mesmo: guerra, guerra, guerra. A tecnologia, o desenvolvimento industrial, toda revolução industrial, a nossa capacidade de fazer viagens no espaço, elas redundam na mesma vaidade: reproduzir o mundo careta, o mundo dos negócios, o mundo da mercadoria. Tudo é mercadoria. Até o espaço vem sendo ocupado por empresas privadas, como a Tesla, com reflexos nefastos para a política na América do Sul.

Aquilo que algumas pessoas veem na minha atuação como sentido político é sem intenção. É mais a minha vida do que a minha política, digamos. É como se você tivesse anunciado que determinados modos de vida são políticos e que em alguns casos é uma política de afirmação da vida. No meu caso, não projetei uma intervenção no campo da política, mas aprendi com o próprio caminhar que o jeito de andar tem efeito.

Isso me lembra um pouco os japoneses que fazem cerâmica. Se o sujeito é admitido por um mestre que vai ensiná-lo a preparar aquela liga de barro, e depois modelar o barro, e depois sair daquela experiência de modelagem e começar a produzir algo que seja arte, aquilo é um ofício para a vida inteira. Ele aprende a temperatura do forno, aprende o fogo, aprende a consistência do barro, e vai criando, vai criando uma dança, até que o espírito dele e aqueles materiais todos viram uma coisa só. É por isso que alguns daqueles objetos têm tanta graça, tanta imponência: eles chegam a esse ponto de encontro, digamos, e o próprio fazer resume o ser que se empenha naquilo. E parece que a arte dessa cerâmica milenar tem uma intenção de aperfeiçoar a pessoa. Ou seja, não a coisa externa, mas a coisa interna.

O Darcy Ribeiro escreveu uma vez sobre uma experiência que teve com uma mulher karajá ali onde é hoje Goiás. Ele disse que estava em campo, fazendo seu trabalho, e um dia observou uma mãe ensinando uma criança a fazer as bonecas karajás. A mãe fazia uma e a criança passava e quebrava. Ela fez outra, a menina passou e quebrou, e ele pensou: "Ela vai dar um tapa nessa menina." A mãe fez isso várias vezes, a menininha quebrava e ela continuava fazendo. Aí Darcy se incomodou, a mente ocidental não aguentou o ensaio, e perguntou: "Por que você não manda ela parar com isso? Por que você deixa que ela quebre a sua arte?" Aí ela disse: "Porque para ela ainda não está bom." Deveria ser assim com a arte. Acontece que o tempo, a paciência das pessoas, não admite isso, o cara vai querer dar um tapa no outro, multar quem atacar sua obra. "Não entendeu o que eu fiz!" Não, não é que não entendeu o que você fez, é que você não fez... Ainda não!

Isso acaba botando a gente numa outra parada, que é a ideia do tempo mesmo, a ideia da utilidade do tempo, da utilidade da vida. Assim como a vida não é útil, a arte também não é. Ela não tem que ser útil. Ela é uma fruição, como a vida.

Futuros possíveis

Esse tema do acesso aos espaços expositivos, e a outros espaços dedicados à arte e à cultura, vem ao encontro de um sentimento que tenho de que vamos ter uma elitização radical desses espaços que chamamos de espaços de arte. Me parece que muita coisa que estava aberta, que tinha um fluxo, que tinha um propósito universalizante, vai sofrer uma fratura. Por que aí se junta o fator real, objetivo, da pandemia e o trauma do contágio, e o oportunismo dos que vão atuar em cima disso. A necropolítica vai atuar para obliterar, como se dissesse "Isso está ativo demais". Já tinha gente censurando arte. Eles achavam que não eram todos que podiam entrar numa galeria e ver uma pessoa nua. Havia um papo de que criança não pode, não sei o quê, não pode, mas na verdade eles estavam dizendo que tem gente demais vendo coisa demais. Agora eles estão aproveitando para fazer gente demais não ver nada.

E no sentido maior do controle, vejo esse cenário se expandindo para outros campos da nossa experiência. Em um livro recente, *A nova razão do mundo – sobre a sociedade neoliberal*, de Pierre Dardot e Christian Laval, os autores dizem que o capitalismo está passando por uma metástase, por um problema interno. Uma vez que não existe nada externo a ele para corrigir sua rota, o capitalismo está passando por uma transformação interna, involuntária, que vai reconfigurá-lo. Vamos ter algo que será o pós-tudo do neoliberalismo, onde, por exemplo, a política do jeito como foi feita até agora vai sofrer uma grande mudança, e a existência de bilionários, trilionários, vai ser posta em questão. Trata-se, segundo eles, de uma transformação endógena, um processo interior ao capitalismo, que irá provavelmente questionar coisas como o consumo como um valor.

Hoje, quem consome muito tem muito prestígio, consumo é status. Isso vai perder sentido, assim como perdeu sentido a ostentação de se andar com colar de ouro. Muito disso que é entendido como riqueza material vai virar grosseria e quem tiver alguma educação não vai exibir isso. Parece que vai valer algo buscar um caminho de afirmação da vida, da pluralidade. São transformações que vão reconfigurar, por exemplo, a moeda. Dardot e Laval dizem que não vamos ter um dinheiro, uma moeda, mas que vão se estabelecer outras relações de troca que, obrigatoriamente, vão ser valoradas por um sentido universal, por uma espécie de ética, mesmo que aqui "ética" não tenha nada a ver com o sentido de uma ética da vida, mas do valor. Eles explicam detalhadamente o processo de transformação em curso relacionado à economia e ao mundo do trabalho. Esse mundo que a gente conhece dos sindicatos, do trabalho, das categorias, isso tudo se dissolve, segundo eles, e, por um tempo, vai parecer um alívio o controle interno do sistema voraz do capitalismo.

Nesse sentido, é interessante que recentemente a Angela Merkel tenha dito que a Europa precisa se preparar para um mundo sem a liderança dos Estados Unidos. Acho que a Merkel estava dando um toque sobre o eixo do processo de transformação atual, porque, para o mundo existir sem a liderança dos Estados Unidos, tem que ser outro mundo. Se for o mundo do dólar cotando as moedas do planeta, é o mesmo mundo. Uma das coisas que vai precisar ser reconfigurada no futuro antevisto por Dardot e Laval é o próprio lugar da moeda norte-americana. Eles contam que isso vai ser uma mudança gradual dentro do próprio sistema, não vai ter nenhum evento catastrófico, vai ser uma transição. Outros pesquisadores, como o Fritjof Capra, especulam sobre como vamos estar em 2050. Dizem que a partir de 2035, a governança do planeta vai ter uma mão feminina preponderante. O poder macho vai ficar de escanteio e o patriarcado vai sofrer uma redução da sua influência. Então parece que tem um movimento que se poderia nomear como planetário, que transcende as escolhas políticas e diz respeito à questão da ecologia – entendendo a questão da ecologia como a capacidade do planeta de incidir sobre a nossa consciência. É uma mudança de esferas, digamos assim.

Enquanto isso, nós estamos pulando dentro do liquidificador. No processo, muitas convicções, muitas ideias arrogantes vão cair. A ideia, por exemplo, de que uma corporação pode atuar em qualquer lugar do planeta e detonar petróleo, detonar floresta, detonar tudo, isso vai ser impedido por uma restrição crescente na própria ideia de fluxo de mercadorias entre os lugares do mundo. É uma visão que alguns acham otimista demais. Tenho a impressão que, na verdade, é como se a dinâmica do capitalismo tivesse engolido tudo aquilo que os movimentos sociais do século XX diziam e agora isso explodiu na barriga dele. Estou chamando isso de colapso comunista no ventre do capitalismo.

Eu acho que, como indivíduos, temos cada vez menos margens para atuar sobre esse colapso. Parece-me que ele vai exigir cada vez mais medidas coletivas, colaborativas, e vai se tornar uma jornada de afirmação da capacidade de colaboração e de atuar de maneira cooperativa. Em último caso, vai redundar no desarmamento do planeta, no desmonte do circo bélico, como uma mudança de postura. Intervenções, guerras, potências, isso acabou com o planeta e sua ecologia. Não dá. As lideranças caducas terão que dar lugar à geração de Greta, aos meninos que estão dizendo "Os adultos roubaram nosso futuro". No atual estágio, ainda muito embrionário do processo, todas essas invenções que venham para mudar o paradigma, introduzindo outras narrativas e criando no começo uma perturbação da ordem que não visa à desordem, são bem-vindas.

Então o que você pergunta sobre a assunção de uma arte indígena, digamos, o que você pergunta sobre a arte indígena, acho que a arte indígena contemporânea não decola sozinha, mas com o questionamento sobre as narrativas que dominaram os séculos XIX e XX. Ela perturba a ordem para desestabilizar esse aparente mundo global. Ela quer desbaratinar, tem uma função desbaratinante. Não são coisas para ir para o Louvre, para o MoMA, são coisas para desmanchar o MoMA. Não é para ir para a Fundação Cartier-Bresson, é para sair de lá. Pode até passar por lá, mas é para ir para outro lugar. Os Huni Kuin já foram, tem outros caras tendo seus trabalhos chamados para lá, produzindo uma desordem nesse campo previsível da arte, uma desordem muito bem-vinda. Até porque, pensando na recepção dessa produção no Brasil, acho que a sociedade brasileira não fez o contato. Porque essa produção não está pousando aqui, ela pousa em outros lugares. Ela está sendo convocada de outros lugares, e vai alcançar o seu lugar sem aterrissar aqui. Porque o Brasil virou um lugar nenhum também no sentido da arte.

Acho que o museu pode ser um lugar de trânsito para o contato, mas imagino que esses espaços irão sofrer também uma reconfiguração. A ideia das galerias, do circuito, do sistema da arte, vai também se transformar. Talvez ele até se antecipe, já que o mundo da arte é mais fluido que, por exemplo, os bancos. No presente, no nosso estado intermediário, o museu pode ser um lugar interessante para um começo de contato, assim como os espaços das universidades. O problema é que a universidade no Brasil está em um momento de contração grave, com muita dificuldade. Talvez elas venham parir outras coisas. Por enquanto, no que diz respeito à educação, nós estamos na terra arrasada, sem nenhum projeto para a educação. Talvez venhamos a ter, mas por hora, não. Nós vamos ter que buscar outros paradigmas mesmo, esses estão todos podres.

Acho que não é interessante associar a experiência que estamos vivendo agora a eventos do passado. Eles não ajudam a esclarecer o que está acontecendo, pelo contrário: podem dar a impressão de que isso sempre aconteceu. No entanto, uma situação que conjuga os dois discos rodando ao mesmo tempo nunca aconteceu: temos uma clara decisão do Estado brasileiro de aniquilar os povos indígenas, assolar a vida indígena, e uma pandemia. Antes, eles precisavam levar uma camisa, uma roupa, jogar um veneno. Agora não precisam, porque o veneno está no ar. E a violência garimpeira, a violência madeireira, a incidência direta sobre os territórios indígenas, o assassinato, isso faz com que se conjuguem várias violências sobre um mesmo corpo. É o mesmo corpo sofrendo diferentes cruzamentos da violência. Equivalente àquilo que a Angela Davis chama de racismo transeccional, ou a transeccionalidade do racismo. Você atravessa o mesmo corpo com vários danos, um tiro, uma flecha, uma facada e um contágio em cima. Resta um corpo flagelado. Os povos originários estão vivendo uma experiência incomum de violência, de negação da sua existência, de negação da sua possibilidade de vida, a ponto de um ministro muito reacionário fazer uma denúncia contra o Estado brasileiro, dizendo que o Brasil poderia ser responsabilizado pelo crime de genocídio. Isso causou um mal-estar danado entre os seus colegas aqui no Brasil, irritados porque não gostam que se aponte o dedo para o erro que está sendo cometido e que vai ficar na história do Brasil como uma grave tentativa de genocídio, testemunhada pelo mundo. Se no Brasil realmente ainda não tinha sido configurada uma situação do tipo, agora criaram essa situação. É uma tristeza a gente ter que apelar nesses termos, é uma tragédia. Se o Brasil tiver que acabar com os povos indígenas, ele vai tentar fazer no mandato atual deste governo.

Em 2018, eu disse que nós indígenas resistimos a 500 anos, e que estava preocupado como que os brancos iam passar por essa. Me parece que a situação atual está dando sinais de canseira nos brancos também. É uma pena que meu prognóstico esteja se confirmando.

NOTAS

1. A intervenção de Krenak no ciclo organizado por Adauto Novaes foi publicada em *A outra margem do Ocidente* (1999) com o título de "O eterno retorno do encontro".
2. Krenak se refere ao relato do mito segundo o qual dois irmãos gêmeos, na antiguidade da fundação do mundo, caminhavam pela terra, expressando suas ideias e assim criando os lugares e os seres. No mito, um dos irmãos sobe numa palmeira de açaí e, espremendo a vista em direção ao futuro, vê a chegada dos brancos e sua intenção destruidora.
3. Introduzido em *Ideias para adiar o fim do mundo* (2019), o conceito convida "a pensar no espaço não como um lugar confinado, mas como o cosmos onde a gente pode despencar em paraquedas coloridos".

ENSAIO DE ORQUESTRA
O QUE A PARADA FORÇADA DO MUNDO TEM A NOS ENSINAR SOBRE O ENFRENTAMENTO DA CRISE CLIMÁTICA
[Bernardo Esteves]

A charge foi publicada em abril de 2020 por Kevin "Kal" Kallaugher na revista *The Economist*. Dois lutadores – o planeta Terra e o novo coronavírus Sars-CoV-2 – se enfrentam num ringue de boxe. Uma placa ao fundo informa que se trata de uma luta preliminar. Do lado de fora das cordas, um terceiro boxeador – que tem pelo menos o dobro do tamanho dos dois oponentes – assiste à luta enquanto aguarda o vencedor que será seu adversário na luta principal. Bordada no calção está a identificação do lutador grandalhão: trata-se da mudança climática.[1]

O cartunista americano deu traços a uma ideia que circula desde que boa parte do mundo se trancou em casa para evitar o espalhamento do vírus. A batalha contra a pandemia será árdua, mas deve ser vista como uma prévia do grande desafio que nos aguarda na sequência: mudar a forma como vivemos para fazer frente ao colapso do clima.

O enfrentamento do coronavírus exigiu que nós repensássemos a forma como vivemos, circulamos, produzimos, consumimos. Na essência, as transformações que tivemos de operar às pressas não são muito diferentes daquelas que se impõem à humanidade para fazer frente à emergência climática. A escala dessa mudança, claro, é muito distinta: trata-se de substituir todo um modo de vida baseado no carbono que construímos nos últimos séculos. Mas uma lição a se tirar da pandemia é que somos capazes, sim, de mudar o ritmo da economia em resposta a uma imposição emergencial.

É nesse sentido que a luta contra o coronavírus pode ser vista como uma prévia da batalha principal contra o adversário que nos aguarda fora do ringue. O antropólogo e filósofo da ciência Bruno Latour foi dos primeiros a enxergar no estado de exceção que estamos vivendo um ensaio geral para a grande mobilização necessária a fim de evitarmos as piores consequências do aquecimento global. "Para essa guerra [que temos pela frente], o Estado nacional está tão mal preparado, mal calibrado e mal projetado quanto poderia estar, pois as frentes de batalha são múltiplas e atravessam cada um de nós", escreveu Latour para o jornal *Le Monde*. "É nesse sentido que a 'mobilização geral' contra o vírus em nada prova que estaremos prontos para o que vem aí."[2]

Esta é uma pandemia do Antropoceno. A passagem devastadora dos humanos pela Terra alterou a própria história geológica do planeta. Nós dizimamos ecossistemas, extinguimos espécies, alteramos a composição da atmosfera e o clima do planeta, um processo cujos efeitos estamos apenas começando a sentir. Nunca teríamos entrado em contato com o coronavírus se não tivéssemos nos espalhado pelo planeta explorando seus recursos de forma tão predatória. Nossa dispersão como praga pelo planeta serviu de trampolim para o vírus conquistar o mundo depois que conseguiu se reproduzir em células humanas – a Antártica é o único continente ao qual não chegou (por enquanto).

Decerto não será a última pandemia do Antropoceno. Enquanto seguirmos vivendo em contato próximo com animais selvagens, estaremos vulneráveis à emergência de novos vírus. Sem falar nos micro-organismos que estão congelados no Ártico e que possivelmente traremos de volta à vida com o derretimento do *permafrost* em um mundo mais quente. Se a covid-19 não nos preparar para enfrentar o colapso do clima, que sirva ao menos como um ensaio para as outras pandemias que vêm aí.

Nature is healing

É irônico lembrar que no início da pandemia houve quem destacasse supostos efeitos ambientais positivos não antecipados causados pela parada forçada do mundo. *Nature is healing*, a natureza está se curando, dizia o diagnóstico que circulou nas primeiras semanas de distanciamento social e não tardou a virar meme. A mensagem pontuava fotos dos pássaros que estavam de volta às praias vazias de Lima ou do céu de Pequim sem a típica camada espessa de poluição. A regeneração súbita propiciada pelo freio de arrumação na economia mostrou que talvez os impactos profundos que a espécie humana vem impondo aos ecossistemas do planeta não fossem irreversíveis.

Mas será mesmo o caso? Com a mesma rapidez com que os memes começaram a circular, ficou claro que não havia motivos para comemorar uma suposta regeneração do meio ambiente. A melhora eventual em alguns indicadores ambientais não é saudável ou sustentável e nem vem de uma reavaliação do impacto causado por nós no planeta. É como alguém que adoece e perde peso, conforme a imagem proposta pela ambientalista Natalie Unterstell: a pessoa não emagrece porque reeducou seus hábitos alimentares ou passou a se exercitar, mas porque perdeu a imunidade e o apetite, e voltará a engordar tão logo recupere a saúde.

A melhora em alguns indicadores ambientais deve ser vista como uma pausa, e não como fruto de uma medida estruturante, propôs a ambientalista. As emissões de poluentes caíram, mas vão voltar a crescer assim que a indústria, os transportes e outros setores da economia retomarem plenamente seu ritmo. "Além disso, os pacotes de estímulo virão acelerar as atividades econômicas, então pode ocorrer um fenômeno que na literatura é conhecido como 'poluição por vingança', ou seja, para retomar nossa vida a gente revida emitindo mais", disse Unterstell.[3]

Assim como os quilos perdidos na doença, os benefícios ambientais da pandemia são reversíveis e transitórios. O ar de Pequim voltará a ser irrespirável e as aves marinhas serão afugentadas quando os banhistas voltarem à praia de Lima – a menos que usemos a pandemia como pretexto para repensar nossa relação com o planeta e as demais criaturas que o habitam. Temos todo o interesse em fazer desse episódio um desencadeador de ação ambiental, mas não há muitos sinais de que o movimento esteja em curso.

O que não circulou junto com os memes da natureza se curando foram as notícias dos impactos mais perversos da pandemia para o meio ambiente. Com as entregas de comida e o comércio eletrônico turbinados para atender os consumidores confinados, veio um aumento no consumo de plástico para embalar as encomendas. É cedo para quantificarmos com exatidão o impacto disso, mas o consumo de plástico descartável nos Estados Unidos pode ter aumentado entre 250% e 300% durante a pandemia, de acordo com a estimativa de um representante da Associação Internacional de Resíduos Sólidos.[4]

Os memes tampouco problematizaram a relação predatória da humanidade com o planeta que tornou possível a emergência dessa pandemia. Conhecemos o roteiro: vírus que se replicam em animais silvestres sofrem uma mutação e se tornam capazes de invadir células humanas. À medida que avançamos sobre os *habitat* onde viviam esses animais, potencializamos o encontro que permite ao vírus saltar para hospedeiros humanos. Aconteceu com o Sars-CoV-1, o coronavírus responsável pela síndrome respiratória aguda grave que surgiu na China em 2002. Primo próximo do coronavírus que está causando a pandemia atual, ele passou de morcegos para civetas – carnívoros vagamente parecidos com gatos – e destes para seres humanos. Já o Sars-CoV-2, ao que tudo indica, veio direto dos morcegos, embora os pangolins não possam ser descartados.

A passagem dos vírus de animais selvagens para humanos só foi possível porque estreitamos muito, nas últimas décadas, o espaço entre nós e esses animais. Ao derrubar as matas que antes serviam de tampão de isolamento e nos deixavam ao abrigo desses vírus, estamos multiplicando as possibilidades de novas pandemias. E não são só os animais selvagens que deveriam nos preocupar. Aves, porcos e outros animais que criamos em escala industrial para abate também são reservatórios potenciais de um sem-número de zoonoses – como a pandemia causada pelo vírus influenza H1N1 em 2009, que ficou conhecida justamente como gripe suína.

Ações para minimizar o risco de novas pandemias podem custar relativamente barato, conforme sugere a estimativa feita por um grupo internacional de cientistas que inclui a ecóloga Mariana Vale, da Universidade Federal do Rio de Janeiro. "A relação entre desmatamento e pandemias já está bem debatida. A novidade do nosso estudo é que quantificamos o custo anual de prevenção de pandemias através de medidas ambientais e, adivinha, é irrisório em comparação com os gastos com a covid-19 ou outras pandemias de origem zoonótica, como a de HIV/aids", disse Vale.

A cientista brasileira e seus colegas calcularam quanto seria preciso investir para reduzir o desmatamento, combater o tráfico de animais silvestres e tomar outras medidas para evitar o contato com novos vírus. O custo global seria de 22 a 31 bilhões de dólares por ano, conforme as projeções do grupo publicadas na revista *Science*.[5] Já a queda do PIB global para este ano foi projetada em 5 trilhões de dólares, um valor que, por alto, é duzentas vezes maior que o custo anual da prevenção.

A floresta e o acordo

Ainda não tivemos um vírus amazônico que virou problema global de saúde pública, mas isso parece ser só questão de tempo. "Se houver um aumento na exploração da floresta amazônica de forma irracional, como está se desenhando nos últimos tempos, além de perdermos a maior floresta tropical do mundo, podemos conviver com a emergência de vírus que podem causar epidemias muito severas", disse o virologista Pedro Vasconcelos, do Instituto Evandro Chagas, em Belém.[6]

Para monitorar a emergência de vírus capazes de provocar epidemias de doenças febris, pesquisadores do Instituto Evandro Chagas, uma unidade da Fiocruz em Belém, conduzem há décadas um trabalho de vigilância epidemiológica em áreas da floresta amazônica. O grupo já isolou mais de duzentas espécies diferentes de vírus que podem ser transmitidos por mosquitos e outros artrópodes. "Dentre eles, 37 causam doenças em humanos e onze podem provocar epidemias, incluindo espécies nativas da Amazônia como o oropoche, o mayaro ou o vírus da encefalite Saint-Louis", afirmou Vasconcelos.

Não podemos nos dar ao luxo de seguir apostando na sorte. Não que antes da pandemia nos faltassem motivos para manter a floresta de pé. A começar pelos serviços ambientais imprescindíveis que ela nos presta: a Amazônia ajuda a regular o clima e as chuvas de boa parte do continente. O vapor gerado na transpiração da floresta é levado continente adentro pelos chamados rios voadores. São eles os responsáveis por boa parte das chuvas que irrigam a agricultura das regiões Centro-Oeste e Sudeste do Brasil. Com perto de 20% da área total da Amazônia derrubados até aqui, não estamos longe do fatídico ponto de não retorno a partir do qual a floresta perderá a capacidade de se regenerar e se transformar numa espécie de savana, com impacto direto sobre o regime de chuvas no restante do continente.

A Amazônia tem ainda outro papel central para o clima global: trata-se de um gigantesco reservatório de carbono que nós temos todo o interesse em manter naquela forma. Cada célula de cada árvore é construída com o carbono das moléculas de CO_2 que elas absorvem da atmosfera ao respirar. Se a floresta queimar, esse carbono será devolvido para a atmosfera, de novo na forma de CO_2, intensificando o efeito estufa e inviabilizando qualquer esforço para manter o aquecimento global num patamar aceitável.

Por isso mesmo, acabar com o desmatamento ilegal da Amazônia até 2030 é o principal compromisso que o Brasil assumiu no âmbito do Acordo de Paris. Assinado em 2015 por quase duzentos países, esse é o primeiro tratado multilateral a envolver esforços de todos os países para minimizar o aquecimento global. A meta do Brasil faz todo sentido se pensarmos no seu padrão de emissões de gases do efeito estufa. Se nos países industrializados o setor de energia e transporte costuma ser o responsável pela maior parte das emissões, no Brasil mais de dois terços delas vêm do desmatamento e da conversão da floresta em lavouras e pastagens.

Por isso o Brasil conseguiu a incômoda proeza de manter suas emissões em alta mesmo durante a pandemia, em meio à grande recessão global causada pelo coronavírus. Afinal, a floresta continua vindo abaixo enquanto a indústria e os transportes viram uma redução drástica de suas atividades. A julgar pelos números preliminares medidos pelos satélites do Instituto Nacional de Pesquisa Espacial, a taxa de desmatamento anual de 2020 pode ser pelo menos 30% maior que a do ano anterior. E em 2019 foram derrubados mais de 10 mil quilômetros quadrados de floresta – foi a primeira vez desde 2008 com uma taxa anual de desmatamento com cinco dígitos.

Uma projeção feita em abril pela Agência Internacional de Energia estimava que as emissões globais de gases de efeito estufa cairiam 8% em 2020, o que seria a maior queda desde a Segunda Guerra Mundial.[7] Mas o relatório alertava também para o risco de um rebote das emissões à medida que os países fossem estimulando a retomada de suas economias – a "poluição por vingança" de que falava Natalie Unterstell.

A queda de 8% nas emissões de gases de efeito estufa pode parecer um grande sacrifício, mas terá efeito muito discreto sobre o aquecimento do planeta: ela deve levar a uma redução de 0,005 a 0,01°C na temperatura média global até 2030, de acordo com uma estimativa recente.[8] Uma redução de 8% nas emissões é precisamente o que precisamos fazer de forma sustentada, todo ano, pelos próximos dez anos, se quisermos manter o aumento da temperatura média do planeta abaixo de 1,5°C em relação ao período pré-industrial. A redução que o coronavírus impôs em 2020 é atípica e insustentável porque não reflete uma mudança estrutural na forma como produzimos e consumimos bens. Depois da pandemia, será preciso promover uma queda das emissões motivada pela reinvenção dos nossos modos de vida. Mas o estado de exceção que vivenciamos não deixa de ser didático para ilustrar o tamanho do desafio que nos aguarda.

O Brasil na contramão

Se o caso é reinventar nosso modo de vida, talvez tenhamos bastante a aprender com os povos indígenas, que podem nos ensinar o caminho para um mundo em que consigamos evitar novas emergências globais de saúde como a covid-19. "A gente deveria olhar para esses povos indígenas e aprender que há outras formas de estar no mundo", disse a ecóloga e ambientalista Nurit Bensusan, do Instituto Socioambiental.[9] Eles têm a nos ensinar, por exemplo, que os humanos não devem se considerar apartados da natureza ou seres superiores às demais criaturas – nós somos a natureza. Devemos nos mirar neles para repensar nossa relação com o consumo, uma mudança de atitude fundamental para fazermos frente ao colapso do clima. "A maior transformação de um futuro pós-pandêmico deveria ser uma transformação de solidariedade que perpassasse não só a humanidade, mas todos os seres que estão no planeta e fazem com que a gente consiga viver aqui", disse Bensusan. "É isso que a gente precisa aprender dos indígenas: somos parte disso, não existimos sem isso e tudo que afeta a natureza vai nos afetar fatalmente."

Essa parece ser uma chave importante para pensarmos em como lidar com o colapso do clima. Não vamos sair dessa imensa crise ambiental se não repensarmos a lógica antropocêntrica que nos trouxe até aqui. É preciso romper com a linha divisória que a modernidade estabeleceu para separar humanos e não humanos, sujeito e objeto, cultura e natureza, política e ciência, conforme Latour vem defendendo há mais de 20 anos.[10] Precisamos reformar o modelo multilateral no qual se dão as negociações climáticas promovidas pelas

Nações Unidas, na qual estão representadas as quase duzentas nações signatárias da Convenção do Clima lançada em 1992 no Rio de Janeiro. Ali não há quem fale em nome da atmosfera que estamos modificando, dos oceanos que estão se tornando mais quentes e ácidos, das geleiras que vão derreter, dos corais, ursos-polares e incontáveis outras espécies a caminho da extinção graças à ação humana.

Não estamos exatamente no governo mais propício para que os indígenas tenham voz na sociedade brasileira. Jair Bolsonaro nunca escondeu seu desprezo por esses povos, para quem ele só consegue enxergar a aspiração e o destino de se integrar à sociedade. O presidente afirmou que não demarcaria um único centímetro de novas terras indígenas durante seu mandato e vem tentando flexibilizar o uso das terras já demarcadas para permitir atividades como o garimpo e a agricultura. Durante a pandemia, vetou trechos de uma nova lei que previam medidas de proteção aos povos indígenas, que estão particularmente vulneráveis à covid-19.

A hostilidade aos povos indígenas é a outra face indivisível de um antiambientalismo do qual Bolsonaro se orgulha. Pautado por uma visão obsoleta que opõe o crescimento econômico à conservação do meio ambiente, o presidente vem conduzindo, junto com o ministro do Meio Ambiente, Ricardo Salles, uma política de desmonte da estrutura de proteção ambiental construída ao longo das últimas décadas. Seu governo vem sistematicamente hostilizando em público agentes do Ibama e do ICMBio (responsáveis pela fiscalização ambiental), esvaziando o sistema de multas por infrações ambientais, reduzindo a participação da sociedade civil na formulação de políticas ambientais e diminuindo a transparência sobre as ações do poder público.

Se restava alguma dúvida sobre o papel que Salles estava a cumprir à frente do Ministério do Meio Ambiente – que Bolsonaro ameaçou extinguir até a última hora –, ela se dissipou na famigerada reunião ministerial de 22 de abril de 2020 na qual Salles defendeu que o governo aproveitasse que a mídia está com os olhos voltados para a pandemia para "passar a boiada", ou seja, acelerar decretos, portarias e outras medidas de flexibilização da regulamentação ambiental que não dependem do Congresso. Não devem ser medidas de interesse público que o ministro tem em mente, ou não estaria buscando tomá-las longe dos holofotes da imprensa.

Nada disso é propriamente uma surpresa: Bolsonaro foi eleito com um discurso abertamente antiambientalista que fragilizou os agentes de fiscalização e estimulou o desmatamento ilegal. Seu governo representa uma ruptura na história da política ambiental no Brasil da redemocratização. Em todos os governos anteriores houve uma preocupação com a causa ambiental – pode-se discutir se as ações tomadas foram adequadas ou suficientes. Pela primeira vez, vemos um governo que parece agir na direção contrária, no sentido de fragilizar a conservação ambiental.

Com todas as críticas cabíveis à política ambiental dos últimos governos, é fato que o Brasil conseguiu construir uma legislação ambiental rigorosa e criar um vasto sistema de unidades de conservação e terras indígenas. Mais notável, conseguiu reduzir a taxa anual de desmatamento na Amazônia em mais de 80% entre 2004 e 2012 e se tornou com isso o país que mais contribuiu individualmente para a redução da emissão de gases do efeito estufa.

Tudo isso fez do Brasil um líder ambiental global, um ator respeitado no teatro multilateral, tanto que os diplomatas brasileiros tiveram participação determinante na costura do Acordo de Paris em 2015. Com a eleição de Bolsonaro, não só o Brasil perdeu protagonismo, como virou motivo de chacota global, representado no exterior por um chanceler que acredita que o aquecimento global é um complô marxista.

No âmbito do Acordo de Paris, cada país apresentou metas voluntárias para reduzir suas emissões de gases do efeito estufa, com o objetivo de limitar o aquecimento da temperatura média do planeta a 2°C (ou, de preferência, 1,5°C) até o fim do século em relação ao período pré-industrial. Mas a soma dos esforços pactuados não é o bastante para tanto. Mesmo que todos os países cumpram os compromissos assumidos, o mundo deve ficar 3,2°C mais quente segundo uma estimativa do Programa das Nações Unidas para o Meio Ambiente.[11]

Temos dez anos para cumprir as metas estabelecidas em Paris e ir além delas, se quisermos manter num patamar abordável os prejuízos causados pela emergência climática. Parece curto, mas não foi por falta de aviso. Data de 1990 o primeiro relatório chamando a atenção para o problema do aquecimento global elaborado pelo IPCC, o painel de pesquisadores que estudam o aquecimento global montado pelas Nações Unidas. Ali ainda havia margem de manobra, mas agora já não há tempo a perder.

O Brasil pôs na mesa números relativamente ambiciosos em sua meta para o Acordo de Paris – uma redução das emissões de gases do efeito estufa de 43% até 2030 em relação a 2005. A meta era ousada, mas não irreal. Um país que chegou a desmatar quase 30 mil quilômetros quadrados por ano e que em 2012 derrubou menos que 5 mil quilômetros quadrados podia aspirar a zerar o corte ilegal – parecia ao alcance da mão. Aí veio Bolsonaro. O presidente não abandonou o acordo, como chegou a afirmar que faria durante a campanha, mas pôs o país na contramão dos esforços globais contra o aquecimento global. No que depender do Brasil, nem o mundo dos impensáveis 3,2°C mais quente parece garantido.

É verdade que a pandemia parece ter sensibilizado ao menos parte da opinião pública brasileira para a importância de políticas públicas fundamentadas na ciência. Será que essa aparente mudança de percepção vai ter consequências práticas? Veremos nas próximas eleições cidadãos apostarem em candidatos alinhados com a ciência em relação à questão climática? Mais dispostos a cobrar dos governos e das empresas medidas que levem à descarbonização da economia? Mais inclinados a rever os próprios hábitos e atitudes de olho no futuro do planeta?

Essa parece uma condição imprescindível para que o Brasil volte a se juntar ao esforço global contra o colapso do clima. Se isso acontecer, voltaremos para o jogo. Será tarde, mas talvez ainda haja tempo de fazer a diferença – e a contribuição do Brasil é imprescindível se a humanidade quiser vencer essa batalha. O mandato de Jair Bolsonaro termina em 1º de janeiro de 2023. Restarão oito anos até 2030.

NOTAS

1. Disponível em: https://www.kaltoons.com/wp-content/uploads/Kal-econ-4-24-2020synd-copyWEB.jpg.
2. Latour, Bruno. "La crise sanitaire incite à se préparer à la mutation climatique". *Le Monde*. 25 mar. 2020. Disponível em: https://www.lemonde.fr/idees/article/2020/03/25/la-crise-sanitaire-incite-a-se-preparer-a-la-mutation-climatique_6034312_3232.html.
3. As declarações de Natalie Unterstell foram dadas em entrevista para o terceiro episódio do podcast *A Terra é redonda*, da revista *piauí*, veiculado em 8/4/2020. Disponível em: https://piaui.folha.uol.com.br/radio-piaui/terra-e-redonda-coroa-de-espinhos.
4. "A covid-19 levou a uma pandemia de poluição plástica". *O Estado de S. Paulo*. 25 jul. 2020. Disponível em: https://sustentabilidade.estadao.com.br/noticias/geral,a-covid-19-levou-a-uma-pandemia-de-poluicao-plastica,70003344087.
5. Dobson, Andrew et al. "Ecology and economics for pandemic prevention". *Science*, v. 369, n. 6502, pp. 379-81. 24 jul. 2020. Disponível em: https://science.sciencemag.org/content/369/6502/379.
6. As declarações de Pedro Vasconcelos foram dadas em entrevista para o sétimo episódio do podcast *A Terra é redonda*, da revista *piauí*, veiculado em 2/6/2020. Disponível em: https://piaui.folha.uol.com.br/radio-piaui/terra-e-redonda-desnorteados.
7. International Energy Agency. *Global Energy Review 2020: The impacts of the covid-19 crisis on global energy demand and CO_2 emissions*. 2020. Disponível em: https://www.iea.org/reports/global-energy-review-2020.

8. Forster, Piers M. et al. "Current and future global climate impacts resulting from covid-19". *Nature Climate Change*. 6 ago. 2020. Disponível em: https://www.nature.com/articles/s41558-020-0883-0.
9. As declarações de Nurit Bensusan foram dadas em entrevista para o sétimo episódio do podcast *A Terra é redonda*, da revista *piauí*, veiculado em 2/6/2020. Disponível em: https://piaui.folha.uol.com.br/radio-piaui/terra-e-redonda-desnorteados.
10. Ao menos desde *Políticas da natureza*, livro lançado em 1999; a edição brasileira, da Edusc, é de 2004.
11. United Nations Environment Programme. *Emissions Gap Report 2019*. 26 nov. 2019. Disponível em: https://www.unenvironment.org/resources/emissions-gap-report-2019.

NÃO DÁ MAIS PARA DIADORIM?
O BRASIL COMO DISTOPIA
[Heloisa M. Starling]

"Brasil, país do futuro. Sempre."[1] Até hoje, a ironia de Millôr Fernandes recebeu muito menos crédito do que merece. Afinal, projetar o Brasil foi por décadas o objetivo de pensadores e intelectuais que articularam reflexão e ação, crítica e prática. A imaginação brasileira, ao menos desde o século XIX, irradiou discursos sobre pertencimento e projetos de desenvolvimento guiados, quase sempre, pela retórica do futuro: o tempo dá uma guinada para a frente e nos sentimos catapultados do atraso à modernidade, da periferia ao centro, das soluções autoritárias à democracia plena e inclusiva. No início do século XXI dobramos a aposta. Àquela altura dos acontecimentos soava impossível não conceber o Brasil como um sonho democrático e igualitário, de portas abertas para o mundo, numa América Latina em profunda transformação.

Às voltas com a realidade e a urgência de construir as instituições políticas após a Independência, José Bonifácio de Andrada e Silva foi um dos primeiros intelectuais brasileiros a se convencer de que um dia o Brasil realmente seria o que devia ser. Imaginou um conjunto de transformações estruturais de natureza política, social e jurídica que ambicionava equiparar o país às nações europeias. Concebeu um projeto ao mesmo tempo nacional e reformista, ousado e radicalmente modernizador: pretendia abolir a escravidão, integrar o indígena, promover a mestiçagem e construir um repertório cultural comum capaz de educar povo e elite segundo o padrão civilizatório oitocentista europeu.[2]

O projeto da Independência arquitetou a ideia de Império e exprimiu a profissão de fé dos brasileiros no amanhã. Os pensadores do século XX, por seu lado, descobriram que o futuro poderia ser uma forte motivação política, talvez mais poderosa até que a revolução – no fim das contas, as revoluções arriscam-se a ser derrotadas, mas o futuro é definitivo. Vieram à tona as especulações intelectuais e o debate crítico acerca dos dilemas, das fragilidades e das soluções malogradas que foram fabricadas e se combinaram ao longo do tempo na história nacional. Vistas a distância, são especulações de natureza diversa e algumas guardam soluções mais ou menos abstratas. Mas todas elas, cada uma a seu modo, apontam para o travo de uma nítida incapacidade, como se o Brasil oscilasse, de modo sinuoso e permanente, entre desigualdade social e modernização, democracia e autoritarismo, civilização e bruteza.

Evidentemente, estava se formando uma complicação crucial. Uma sociedade que consegue enxergar as chances concretas de desenvolvimento e modernização política – instituições sólidas, liberdade, igualdade e bem-estar social – ao mesmo tempo que alimenta seu movimento de infinita postergação, diz muito sobre si mesma. Revela uma mitificação histórica que foi se tornando permanente à medida que penetrava cada vez mais fundo na imaginação brasileira. Ela pulsa e reaparece, em geral, nos grandes panoramas traçados sobre o percurso e os possíveis desdobramentos da história na vida política nacional e animou a convicção meio entusiasmada entre alguns pensadores de que o tempo flui em uma só direção e é impossível reverter ou alterar seu curso a respeito da chegada do Brasil ao seu destino.

Talvez resida aí, nessa ilusão poderosa, a origem da comichão que nos leva a afirmar um país a se fazer no porvir. Aliás, a deriva futurista sempre pareceu atraente o bastante para seduzir, além de brasileiros, também um punhado de autores estrangeiros. Em 1909, N.R. de Leeuw, um holandês, deu início à profissão de fé no nosso amanhã com o livro "Brasil, país do futuro". Em 1912, Heinrich Schüler, alemão, publicou um novo "Brasil, país do futuro"; em 1922, o italiano Francesco Bianco escreveu "O país do futuro" e, em 1941, chegou a hora de Stefan Zweig, outro alemão, conceber mais um "Brasil, país do futuro". De quebra, um repique inesperado nessa sequência ocorreu ainda em 1928, com a publicação de um livro em iídiche: "Brasil, o país do futuro para a imigração judaica".[3]

A complicação começou de fato quando intelectuais ou artistas que confiavam na inevitabilidade do percurso se viram face a face com resultados que nenhum deles previu. Afinal, existem todos os tipos de futuro, em sua maioria, impenetráveis; e ninguém sabia dizer com clareza quando o modelo programado iria chegar. "Por que o Brasil ainda não deu certo?", disparou Darcy Ribeiro, em 1980, na volta do exílio imposto pela ditadura militar. Ele projetou uma Roma magnífica, tardia e tropical, com desdobramentos grandiosos para o mundo, como a imagem mais provável do que os brasileiros poderiam esperar vir pela frente. Fez mais. Na comparação entre os dois destinos, Darcy Ribeiro enumerou os motivos pelos quais o Brasil iria se sair ainda melhor do que a Roma original: lavado em sangue índio e sangue negro, construído na luta para florescer mais à frente orgulhoso de si mesmo. Nossa Roma tardia é assombrosa e, surpreendentemente, transcende a política: "Mais alegre porque mais sofrida, melhor porque incorpora em si mais humanidades, mais generosa, porque aberta à convivência com todas as raças e todas as culturas e porque assentada na mais bela e luminosa província da Terra."[4]

Darcy Ribeiro falou do calibre do destino que aguarda os brasileiros; só não conseguiu nos dizer ao certo quando essa Roma tardia iria deslanchar. A grande dificuldade do autor é saber como enfrentar a infinita postergação: sua atenção está fixada no horizonte, mas a expectativa será frustrada. Nossa "grandeza não realizada", para lembrar Antonio Candido, é responsável por gerar o movimento de planejar, projetar e sonhar incessantemente um país desejado que paradoxalmente nunca se realiza.[5] Na voragem dessa expectativa não somos nem presente nem passado. Somos uma visão de futuro.

Isso tem consequências, é claro. Um Brasil projetado no amanhã serve para redimir a história. O país que se fundou na escravidão pode finalmente deixar tudo para trás. Sem arrependimento nem remorsos. Vai abandonar, sobretudo, a oportunidade de encarar os resultados de uma modernização que forneceu apenas uma camada superficial e externa de valores civilizatórios para recobrir nossa sociedade autoritária, violenta, desigual e hierárquica – essa capa epidérmica foi nossa ficção engenhosa de nação, diz Joaquim Nabuco, numa reflexão que soa hoje premonitória.[6] O passado torna-se mera contingência, incapaz de provocar maiores efeitos na contemporaneidade. Já o futuro, além de especulativo, está repleto de otimismo e promessa. É uma questão de tempo: estamos condenados a ser parte das grandes nações do mundo.

A segunda consequência é a significância das utopias. Um desejo de grandeza que nunca se realiza coloca muito mais peso na maneira como se construíram nossas projeções utópicas. Evidentemente, a predefinição de Darcy Ribeiro sobre o Brasil – "a mais bela e luminosa província da Terra" – visa recuperar e atualizar, em chave contemporânea, o momento em que o mito do paraíso terrestre, vindo da África e da Ásia, se deslocou para o mundo atlântico e se refundiu entre o imaginário e o real. O germe da formulação utópica que um dia chegamos a ser na imaginação do europeu deu sentido e força ao laço que nos vinculou à natureza.[7] Desse vínculo brota a terceira consequência. O paraíso é aqui, não precisamos buscar nada além de nós mesmos, escreveu Fred Coelho, e as condições para o desastre estavam dadas. O brasileiro tem a sensação – ou o sentimento – de que ele se basta.[8]

O nome de uma utopia projetada para o futuro é ucronia e pode ser convertida, sem muita dificuldade, em profecia, ou em esperança messiânica. A atenção que se fixa no horizonte enquanto se espera o messias está entre nós há muito tempo. "Herdamos de Portugal o sonho de nos tornarmos um grande império, batizado por padre Antônio Vieira de 'Quinto Império', rebatizado pela ditadura militar de 'Brasil Grande Potência'", explicou José Murilo de Carvalho a propósito da deriva messiânica.[9] É possível ver ainda hoje o desenho dessas três grandes ucronias no imaginário brasileiro, responsáveis por traçar o fio de ligação causal entre o passado, o presente e o futuro e antecipar um destino a ser necessariamente alcançado.

A primeira ucronia, o sebastianismo, fermenta na sociedade a crença generalizada na ressurreição ou retorno do rei morto para resgatar a grandeza da nação. A segunda tem origem na trilogia profética escrita por padre Antônio Vieira, não por acaso intitulada "História do futuro", que prognostica o advento por mil anos do reino de Cristo na Terra, como obra do rei de Portugal. Já a nossa terceira ucronia é resultado do esforço de atualização das duas anteriores; a concepção mais caprichada data da ditadura militar. A partir do fim dos anos 1960, o governo dos generais promoveu a ficção de um Brasil Grande: novo, otimista, harmônico, com potencial tecnológico e capaz de atingir alto nível de desenvolvimento econômico e influência externa.

A questão é que não bastava acertar o relógio e dobrar a esquina: o país ideal não estava logo ali. "Temos demonstrado sistematicamente nossa incapacidade para construir esse futuro", insistiu ainda José Murilo de Carvalho: "Entre o sonho de grandeza e a incapacidade de ser grande germina a frustração."[10] É a quarta consequência. As projeções utópicas postergam indefinidamente o devir e serviram para abrigar o desastre: governos autoritários, desigualdade social, retrocesso da cidadania.

Ainda durante os anos da ditadura militar, em 1968, uma instalação artística de Carlos Vergara, *Berço esplêndido*, desvelou para o público o que vive à sombra em nossas ucronias. A obra rompeu com as convenções dos formatos tradicionais de pintura e de escultura, imobilizou o tempo e tornou idênticos o hoje e o amanhã. Vergara criou com plástico comum, tela de galinheiro e gesso uma espécie de funeral para um país gigante que sonha sua grandeza não realizada, enquanto permanece "deitado eternamente em berço esplêndido". Entre o sonho de grandeza batizado pela ditadura militar "Brasil Grande Potência" e a incapacidade de ser grande, só há um país prostrado, diz Vergara. Arrematou a obra com um grande cartaz: PENSE.

Em uma carta escrita a Hélio Oiticica, Vergara contou, meio espantado, que as pessoas se aproximavam de *Berço esplêndido* falando baixinho ou mesmo silenciosas, como quem comparece a um velório que só existia na imaginação de cada um.[11] Talvez tenha acontecido assim porque certas obras dão conta do recado. A instalação provocava um impacto imediato na maneira como imaginamos o futuro. Expunha, sem nenhum consolo, uma visão assustadoramente concreta dos perigos do presente e o visitante saía da exposição certo de entender o que realmente estava ocorrendo à sua volta e o que viria. *Berço esplêndido* invertia os principais componentes da nossa projeção utópica de país para indicar que alguma coisa deu muito errado na sociedade brasileira. A arte de Vergara borrava a divisa do real e assombrava a imaginação das pessoas porque havia ali algo próprio a uma distopia.

A tarefa da distopia é acionar o sinal de alarme. Seu mecanismo narrativo não pretende construir exclusivamente uma exibição do futuro; ele está saturado dos ingredientes de uma história que acontece hoje, no presente. A distopia supera nossa compulsão de separar uma época da outra para revelar um pressentimento sempre atual que torna legível a calamidade e o pesadelo que rondam a sociedade. O tom é de advertência premonitória que o autor dirige aos seus contemporâneos para identificar os riscos provocados por determinados eventos, forças políticas ou movimentos extremistas, bem como o perigo que eles representam para a liberdade e os valores civilizatórios.

As raízes mais profundas da distopia estão fincadas na sátira – sua narrativa faz uso do excesso, do grotesco e da distorção para intensificar nossa percepção das inversões ocorridas no presente. E a distopia só se tornou um subgênero literário no final do século XIX. Contudo, seu formato moderno continua sendo sustentado por duas vigas também muito antigas: as modulações da ironia praticadas pelo escritor Jonathan Swift em *Viagens de Gulliver*, publicado em 1726; as formas de repúdio à tirania tal como foram formuladas, em 1868, pelo filósofo John Stuart Mill, em discurso ao Parlamento britânico.[12]

Não é de surpreender, portanto, que a palavra distopia leve a pessoa a pensar invariavelmente sobre as condições de disfunção em uma comunidade política. Mas sirva, ao mesmo tempo, para escancarar os custos a serem pagos por uma sociedade desvirtuada que sufoca a liberdade e admite o exercício arbitrário do poder. Além disso, uma narrativa distópica costuma ocupar a nossa imaginação e ser vivamente sentida por qualquer um que se aproxime dela porque atrás de seu formato ficcional é muito fácil reconhecer os dados do presente. As alusões são claras, a sátira política aflora com nitidez. A ironia fere profundamente – afinal, a distopia é a narrativa sobre o modo como as pessoas em uma sociedade se entredevoram, enquanto assistem complacentes à degradação do próprio país.

Produzir uma distopia requer de um autor boa dose de realismo. Ele precisa combinar a própria subjetividade, a força de seu desejo e de sua imaginação com a capacidade de observação atenta dos perigos concretos de sua época – perigos cuja compreensão muitas vezes escapa aos seus contemporâneos. No início de 2018, o escritor Ignácio de Loyola Brandão publicou o terceiro volume de sua distopia sobre o Brasil. Em *Dessa terra nada vai sobrar, a não ser o vento que sopra sobre ela*, Loyola Brandão inverteu uma vez mais e duramente os sinais da utopia e expôs o pesadelo de uma nação que capitulou.[13] Num tempo indeterminado, o futuro chegou. O livro dá calafrios nos ossos do leitor precisamente por conta dessa indeterminação temporal que igualou o presente e o futuro. Nós não sabemos quando foi que o Brasil se tornou – ou se tornará – um país aviltado onde tudo se destrói em troca de nada.

Ignácio de Loyola Brandão é o mestre da ironia distópica. Seu fio narrativo tem corte suficiente para ser cruel e o livro captura, de maneira quase rigorosamente descritiva, o momento em que, entre nós, o esforço civilizatório se interrompeu e se degradou. Dois anos depois, em agosto de 2020, o autor seguiu um pouco mais adiante, quem sabe movido por uma sensação de urgência, como alguém que precise vir a público dar conta do sentimento de horror e incredulidade diante de um país que abdicou de suas responsabilidades com seu povo.

Loyola Brandão decidiu escrever uma fábula. Nela, a Nave Espacial Solar Orbiter chegou a 77 milhões de quilômetros do Sol e, dessa enorme distância, vai fotografar a Terra. Numa das fotos, um país da América Latina denominado "Desolado Branco" está em chamas. Conta, então, o fabulista: "Acontecia naquele momento o fenômeno conhecido como fogo-fátuo. [...] Chamas estreitas azuis e amarelas subiam dos 210 milhões de sepulturas que cobrem o país, praticamente coladas umas às outras [...]. No momento em que um corpo entra em decomposição verifica-se a liberação de gás metano que se concentra, provocando uma explosão espontânea com chamas azuladas de dois a três metros de altura. Quando os cemitérios são gigantescos, como no caso deste que tomou todo o território brasileiro com os 210 milhões de mortos pela covid-19, o fogo-fátuo surgiu intenso e as chamas iluminaram hectares e hectares de áreas."[14]

Uma fábula é um ato de fala que se realiza por meio de uma narrativa – mostra, recomenda, censura e exorta. A fábula contada por Loyola Brandão tem tudo isso, e mais: aponta para o que deve ser feito. Sua distopia não é o fim da história; ao contrário, precisa ser um ponto de partida. Ela procura assinalar o exato momento em que um país perdeu sua alma, discernir quais as alternativas e para onde devemos ir. Talvez a nossa encruzilhada hoje seja essa. Existe a possibilidade de o futuro ter chegado – e ser mais distópico do que jamais imaginamos. Tem cara reconhecível e forma política nova. A miséria e os ingredientes totalitários são o futuro.

Nós não conseguimos entender isso à época, mas José Rubem Fonseca talvez tenha realizado, à sua maneira, outra contundente projeção distópica do Brasil. O país de Bolsonaro estava encapsulado nos anos 1970, constatou Alejandro Chacoff, ao reler *Feliz Ano Novo*, em 2019.[15] A literatura de Loyola Brandão e Rubem Fonseca tem um modo original de dizer sobre os dilemas e as possibilidades de interpretação do país. Não é que a literatura consiga ver mais – mas ela ajuda a ver mais intensamente. Permite enxergar aquilo que de algum modo já está acontecendo – ao nosso lado e em algum ponto do horizonte distante.

"Eu nada tenho a ver com Guimarães Rosa", antecipou o personagem do conto "Intestino grosso", uma espécie de *alter ego* de Rubem Fonseca, em seu livro publicado em 1975: "estou escrevendo sobre pessoas empilhadas na cidade enquanto os tecnocratas afiam o arame farpado". Não é o futuro, mas o presente que nos pode ser fatal, confirmou o *alter ego* do autor. "Estamos matando todos os bichos, nem tatu aguenta, várias raças já foram extintas, 1 milhão de árvores são derrubadas por dia, daqui a pouco todas as jaguatiricas viraram tapetinho de banheiro, os jacarés do Pantanal viraram bolsa e as antas foram comidas nos restaurantes típicos, aquele em que o sujeito vai, pede Capivara à Thermidor, prova um pedacinho, só para contar depois para os amigos, e joga o resto fora." E encerrou peremptório e sombrio: "Não dá mais para Diadorim."[16]

Algo deu errado na nossa proposta de futuro. Aliás, se repararmos bem, inexiste uma visão e um projeto de país – pela primeira vez na história nos falta a imaginação de futuro. Em 17 de março de 2019, em Washington, Bolsonaro deixou claro que conceber um plano para o Brasil não faz parte dos propósitos de seu governo: "O Brasil não é um terreno aberto onde nós pretendemos construir coisas para o nosso povo. Nós temos é que desconstruir muita coisa", afirmou para um punhado de autoridades brasileiras e convidados norte-americanos.[17]

O governo sabe o que quer e a desconstrução tem método. Existe hoje no Brasil uma conjunção e uma complexidade de crises – saúde, meio ambiente, economia, educação, política. Mas ninguém se dispôs a levar em conta, até que fosse posto em operação, o mecanismo que tem conseguido corroer de dentro para fora as instituições democráticas e as unidades vitais da máquina pública. As agências são erodidas uma a uma: ou pela ação de figuras medíocres alçadas à chefia e aos cargos administrativos estratégicos, ou por cooptação. E como as instituições não se defendem sozinhas, sem a reação da sociedade não restam boas alternativas: elas podem se apequenar, a paralisia se manter indefinidamente ou, no limite, se comportarem no sentido oposto àquele para o qual foram criadas.[18]

Os brasileiros não ignoram o que está acontecendo. Rompeu-se a epiderme civilizatória – a ficção engenhosa capaz de modernizar superficialmente a nação, de que falou Joaquim Nabuco. Se não em toda a sociedade, ao menos em um pedaço significativo dela. A chegada da covid-19 ao país expôs a extensão e a profundidade da ruptura. O vírus é aleatório. Mas a doença e as mortes "têm cor, classe social, idade, localização no espaço, escolaridade", escreveu Marcos Nobre.[19] E mais: "Atingem com desproporcional dureza a população negra, pobre, idosa, moradora das muitas periferias, de menor escolaridade e sem acesso à internet." No dia 31 de agosto de 2020, o Brasil chegou a 121.515 mortos e é espantosa a indiferença ao luto coletivo exibida por uma larga fatia da sociedade. São pessoas acintosamente egoístas que aviltam valores e princípios da vida em comum – amizade, tolerância, solidariedade, compaixão – e negam o sentimento de pertencimento social. Sem a identificação com o outro a sociedade se degrada, perde a noção de responsabilidade mútua, o fato de que compartilhamos um destino único. Talvez este seja um dos impactos da pandemia: expor aos brasileiros a versão envilecida do próprio país.

O que aconteceu com o Brasil? O país se abriu ao século XXI na expectativa meio eufórica de haver finalmente assentado sua experiência democrática. Pelo menos até 2014, qualquer indicador de curto prazo usado para medir a qualidade da democracia em um país – comparativo, procedimental, ou histórico – confirmava que escolhas sensatas haviam sido feitas e o país dispunha de um sistema político democrático recente, mas fortalecido e razoavelmente consolidado.

Mas alguma coisa definitivamente não andou funcionando bem. Entre 2015 e 2020, uma ruptura sucedeu, a qualidade da nossa democracia foi posta em dúvida, os procedimentos institucionais e o mundo político entraram em colapso, e os fatos deixaram de fazer o sentido que faziam antes. Na Constituição de 1988, o Brasil apostou todas as fichas na democracia como um sistema político e uma forma de governo. Mas não encarou o próprio passado e deixou de lado o investimento na ideia de que a democracia é igualmente uma forma de sociedade, para usar a definição de Tocqueville.[20]

Havia aí uma grande oportunidade de olhar de frente o passado, pôr o dedo na ferida apontada por Nabuco e enfrentar o que existe em nosso passado: a sociedade de raiz escravista, historicamente violenta e autoritária, hierarquizada e desigual. Para impedir que a democracia nos escape, hoje, pela janela, precisamos atravessar o presente nós mesmos e afirmar seu sentido como ideia ética, jurídica e política. Democracia é um modo de vida em uma sociedade que se orienta por um conjunto de valores praticados cotidianamente pelos cidadãos. Sem isso, resta medo e tirania. Uma sociedade onde não há espaço para os valores do mundo público é apenas um aglomerado de homens e mulheres vorazes, violentos, solitários, egoístas e ressentidos.

Não temos referência histórica para a situação em que nos encontramos hoje. O tempo presente é o nosso grande desafio projetivo. Pela primeira vez, estamos diante da urgência de projetar um futuro que ajuste as contas com o passado, mas esteja profundamente enraizado no presente. Talvez ainda seja possível desmantelar os problemas que puseram o país no rumo da catástrofe. E reunir as pessoas, defender valores e princípios de forma radical, agora e depressa. Afinal, nenhum de nós consegue calcular por quanto tempo uma sociedade suporta viver sem futuro. Mas ainda temos uma vantagem: sabemos para o que servem as distopias.

NOTAS

1. Fernandes, Millôr. *Millôr definitivo: A bíblia do caos.* Porto Alegre: L&PM, 2007. Devo à generosidade de Fred Coelho o debate sobre algumas das ideias deste ensaio e a parceria em um projeto que busca explorar novas ferramentas de análise para tentar compreender um pouco mais sobre o Brasil.
2. Dolhnikoff, Miriam (org.). *José Bonifácio de Andrada e Silva: Projetos para o Brasil.* São Paulo: Companhia das Letras, 1998.
3. Para a relação de autores estrangeiros e o argumento de um país que elimina o passado em prol de um destino manifesto no futuro, ver: Moser, Benjamin. *Autoimperialismo – Três ensaios sobre o Brasil.* São Paulo: Planeta, 2016.
4. Ribeiro, Darcy. *O povo brasileiro: A formação e o sentido do Brasil.* São Paulo: Global, 2014, pp. 360-1.
5. Candido, Antonio. "Literatura e subdesenvolvimento". In: _____. *A educação pela noite e outros ensaios.* Rio de Janeiro: Ouro sobre Azul, 2006, pp. 169 ss. Coelho, Fred. "O Brasil como frustração". *Serrote.* Março 2019. n. 31, pp. 207-8.
6. Nabuco, Joaquim. *A escravidão.* Rio de Janeiro: Nova Fronteira, 1998; Nabuco, Joaquim. *O Abolicionismo.* Brasília: Senado Federal, 2003. Ver também: Alonso, Angela. *Ideias em movimento: a geração 1870 na crise do Brasil-Império.* São Paulo: Paz e Terra, 2002; Maciel, Fabrício. *O Brasil-Nação como ideologia: A construção retórica e sociopolítica da identidade nacional.* Rio de Janeiro: Autografia, 2020.
7. Holanda, Sérgio Buarque de. *Visão do paraíso.* São Paulo: Companhia das Letras, 2010. Para utopia, ver: Claeys, Gregory. *Utopia: A história de uma ideia.* São Paulo: Edições Sesc SP, 2013. Ver também: Martins, Ana Claudia Aymoré. *Morus, Moreau, Morel: A ilha como espaço da utopia.* Brasília: Editora UnB, 2007.
8. Coelho, Fred. "O Brasil como frustração". Op. cit., p. 216.

9. Entrevista com José Murilo de Carvalho. In: Couto, José Geraldo. *Quatro autores em busca do Brasil*. Rio de Janeiro: Rocco, 2000. pp. 23-4. Ver também: Carvalho, José Murilo de. "Terra do Nunca: sonhos que não se realizam". In: Bethell, Leslie (org.). *Brasil: Fardo do passado, promessa do futuro*. Rio de Janeiro: Civilização Brasileira, 2002.
10. Entrevista com José Murilo de Carvalho. Op. cit.
11. Para *Berço esplêndido*, ver: Miyada, Paulo (org.). *AI-5 50 anos – Ainda não terminou de acabar*. São Paulo: Instituto Tomie Ohtake, 2018. Para carta a Oiticica, ver: Santini, R.F. "Corpo em deslocamento: sobre a poética de Carlos Vergara". *Cultura Visual*, dez. 2010. n. 14, p. 19.
12. Ver: Booker, Keith M. *Dystopian Literature: A Theory and Research Guide*. Westport: Greenwood, 1994; Jacoby, Russel. *Imagem imperfeita. Pensamento utópico para uma época antiutópica*. Rio de Janeiro: Civilização Brasileira, 2007; Claeys, Gregory. *Utopia: A história de uma ideia*. Op. cit. pp. 174 ss.
13. Brandão, Ignácio de Loyola. *Dessa terra nada vai sobrar, a não ser o vento que sopra sobre ela*. São Paulo: Global, 2018.
14. Brandão, Ignácio de Loyola. "O fogo-fátuo, uma fábula". *O Estado de S. Paulo*, 14/agos./2020, p. H8.
15. Chacoff, Alejandro. "O futuro chegou: Uma leitura de Rubem Fonseca no país de Bolsonaro". Revista *Piauí*, mar. 2019. Edição 150, p. 36 ss
16. Fonseca, José Rubem. *Feliz Ano Novo*. Rio de Janeiro: Nova Fronteira, 2011, p. 128.
17. Ver: Salles, João Moreira. "A morte e a morte: Jair Bolsonaro entre o gozo e o tédio". Revista *piauí*, jul. 2020. Edição 166, p. 55
18. Ver: Nobre, Marcos. *Ponto-final: A guerra de Bolsonaro contra a democracia*. São Paulo: Todavia, 2020; Salles, João Moreira. "A morte e a morte: Jair Bolsonaro entre o gozo e o tédio". Op. cit.; Silva, Fernando de Barros e. "Dentro do pesadelo; o governo Bolsonaro e a calamidade brasileira". Revista *piauí*, maio 2020. Edição 164.
19. Nobre, Marcos. *Ponto-final: A guerra de Bolsonaro contra a democracia*. Op. cit., pp. 13-4.
20. Tocqueville, Alexis de. *Democracia na América*. São Paulo: Edipro, 2019. vol. 2.

AINDA SOMOS O PAÍS DO FUTURO
O FUTURO É QUE ESTÁ PIORANDO
[Rodrigo Nunes]

Para qual futuro possível aponta a resposta desastrosa de Brasil e Estados Unidos à pandemia da covid-19? E de que modo a resposta a essa pergunta pode lançar luz sobre o conceito de "necropolítica", que se popularizou nos últimos tempos como maneira de descrever o governo Jair Bolsonaro?

Embora o termo "necropolítica" só tenha sido cunhado por Achille Mbembe em 2003, a realidade a que ele se refere é bem mais antiga. A ideia, por sua vez, já estava implícita no conceito de biopolítica desde que este surgiu no início do século XX, muito antes de sua (re)descoberta por Michel Foucault. Concebida por autores como Rudolph Kjellén, Jakob von Uexküll e Morley Roberts a partir de uma analogia entre o Estado-nação e o organismo, a biopolítica sempre supôs uma fronteira entre o corpo político a ser cuidado e um meio externo habitado por recursos e ameaças.[1] Essa fronteira pode coincidir com os limites do Estado-nação, remetendo à competição internacional e ao colonialismo, ou passar por dentro dele, separando as populações que as autoridades devem fazer viver daquelas que se pode deixar morrer ou, eventualmente, matar. Estas últimas são como os agentes patogênicos que ameaçam ou debilitam o corpo da nação: "degenerados", dissidentes políticos e religiosos, grupos étnicos, imigrantes, pobres, criminosos, loucos, "deficientes", "marginais" – categorias que evidentemente se intersectam de diversas maneiras.

Chamar atenção para isso permite sublinhar um detalhe que parece às vezes se perder nos usos que se faz do conceito para falar de Bolsonaro. A saber, que a necropolítica não é um desvio, uma espécie de tara ou misterioso "culto à morte", mas sempre esteve nas entrelinhas, ou, antes, nas fronteiras entre diferentes populações e territórios. Em outras palavras, a diferença específica do governo Bolsonaro não é a existência de um componente necropolítico, dado que algo assim está sempre presente, mas o fato que este seja ao mesmo tempo mais intenso e mais escancarado. Uma diferença de grau, em resumo, não de natureza; mas também um traço que a pandemia põe ainda mais em relevo e acelera. A importância dessa nuance, espero, ficará clara em seguida.

Necropolítica na cabeça

Embora muitos tenham se esforçado para minimizá-la como mero excesso retórico, essa tônica necropolítica já era perfeitamente visível nas eleições. Enquanto Bolsonaro ameaçava "metralhar" inimigos, seus aliados competiam para ver quem prometia mais explicitamente a uma parcela da população tratar outra parcela como matável – "mirando na cabecinha" de criminosos, mas assumindo o risco de acertar inocentes. É evidente que, mesmo que fosse apenas retórica, esse discurso, ao sair da boca de governantes chancelados pelo voto, fatalmente produziria efeitos, ao sinalizar para os agentes da lei a disposição de não coibir excessos. Acompanhado de ações governamentais, ele levou a um aumento de 92% das mortes em operações policiais em 2019 no Rio de Janeiro.[2] Na Grande São Paulo, o período de janeiro a abril de 2020 viu um aumento de 60% nas mortes causadas por policiais militares.[3]

Talvez pudéssemos resumir a combinação de conservadorismo e bangue-bangue característica do bolsonarismo como *a transformação da noção de "pessoa de bem" em categoria biopolítica*.[4] Em seu discurso, "pessoa de bem" passa a operar abertamente como critério de demarcação entre a população cuja vida deve ser protegida e aquela que não só se pode deixar morrer como se deve, no limite, ter o *direito* de matar. A liberalização do porte de armas, afinal, nada mais é que a privatização do poder soberano sobre a morte.

A pandemia da covid-19 deixa claro, contudo, que a fronteira biopolítica nunca é *apenas* moral. Porque o vírus, embora mate pobres e não brancos numa proporção bem maior, é indiferente às questões de costumes – e certamente já custou a vida de várias "pessoas de bem". Na eleição, prometia-se que só correria perigo quem "merecesse". Agora, porém, o risco é de todos, e é a renda, não o merecimento, que oferece a melhor proteção.

Por isso é importante lembrar que a necropolítica sempre foi o reverso da biopolítica, cuja história começa bem antes de Kjellén e se confunde com a expansão do capitalismo no século XIX.

Concebida como organismo, uma população tem basicamente duas tendências: a conservação de suas forças vitais e o crescimento. São elas que determinam as formas que a necropolítica pode assumir. O crescimento torna potencialmente matável quem quer que impeça o aumento do "espaço vital" (*Lebensraum*) da nação, para retomar a expressão do professor de Kjellén, Friedrich Ratzel, que serviria de justificativa às pretensões imperiais do nazismo. Já a defesa do corpo social contra "patógenos", como criminosos, "raças inferiores" etc., conduz à segregação espacial, à violência policial e, no limite, ao que Foucault denominou de "racismo de Estado": medicalização da diferença, eugenia, campos de extermínio.[5] Mas conservação e crescimento se combinam numa terceira alternativa. Alimentar e fortalecer a nação implica abastecê-la continuamente com matéria-prima e mão de obra baratas – *cheap nature* e *cheap labour*, como diz o sociólogo norte-americano Jason W. Moore.[6] Externamente, com a espoliação de colônias e "mercados emergentes" ou a escravização de outros povos; internamente, com a exploração de recursos naturais e do trabalho.

Em resumo, a ideia sempre foi: para que alguns vivam e prosperem, é preciso que a vida de outros seja descartável. Os pobres – em particular os negros, cujos antepassados não tinham o estatuto legal de pessoas, mas de propriedade – vivem, assim, permanentemente na fronteira entre a vida protegida e a vida descartável. Mais protegidos se as coisas vão bem, tornam-se dispensáveis quando elas vão mal. Nessas horas, o critério que separa a bio da necropolítica é fundamentalmente econômico.

A pandemia, claro, é uma hora dessas.

O pior de todos os mundos

Quando o Brasil chegou a 10 mil vítimas oficiais, Bolsonaro manifestou-se sobre as mortes pela primeira vez para dizer que, embora as lamentasse, precisava "dar exemplo" controlando gastos e priorizando a economia.[7] Ao defender a reabertura do comércio mesmo quando o número de casos continuava subindo, o vice-governador do Texas resumiu cristalinamente a situação, afirmando que "há coisas mais importantes que viver": trabalhar, consumir e manter as engrenagens rodando.[8] Essa maneira de enquadrar a situação – como uma escolha entre vida e economia – se apoia numa mentira e num triplo ocultamento.

A mentira está na ideia de que, num mercado mundial altamente integrado, algum lugar conseguiria evitar os efeitos de uma freada brusca da economia global e a recessão que vem na sequência; como se manter o shopping aberto fosse compensar a queda livre na demanda por *commodities*, por exemplo. Além disso, num momento em que as pessoas estão evitando lugares públicos e as expectativas econômicas são as piores possíveis, é natural que o consumo caia drasticamente – como descobriram os comerciantes que, após pressionar pela reabertura, se depararam com um faturamento pífio.[9]

A escolha de Bolsonaro e Guedes não foi técnica, mas ideológica e eleiçoeira, jogando para governadores e prefeitos, ou quem quer que agisse responsavelmente do ponto de vista sanitário, a culpa por uma crise econômica inevitável. Em vez de proteger a economia em detrimento da vida, ela será desastrosa para ambas. Reabrindo tudo sem ter feito a sério o esforço de achatar a curva, levaremos muito mais tempo para debelar a doença, a um custo muito maior em vidas e disrupção das atividades. Nos Estados Unidos, quase metade dos estados interrompeu ou cancelou a reabertura por conta do aumento no número de casos.[10] No Brasil, o efeito até a hora em que escrevo é que, embora a curva do país como um todo se mantenha no platô em que entrou no início de junho, diversos estados e municípios tiveram uma aceleração.

Para fazer com que essa estratégia de cometer suicídio com a vida alheia pareça razoável, é preciso ocultar, primeiro, a gravidade da crise, apresentando-a como uma marolinha a ser vencida rapidamente. Mas esse ocultamento está a serviço de outro, de natureza ideológica. É ele que torna possível reduzir as opções a uma escolha inevitável entre morrer de vírus ou de fome.

A bolsa ou a vida

Um fator que contribui para explicar o recente aumento da aprovação do governo entre os mais pobres é o fato de que, para estes, esta inevitabilidade é real: a desigualdade faz da quarentena um luxo inalcançável. Ao colocar as coisas nesses termos, portanto, Bolsonaro estaria sendo menos hipócrita que quem manda ficar em casa aqueles que precisam sair para trabalhar.

Isabelle Stengers e Philippe Pignarre chamam de "alternativas infernais" essas situações em que a estrutura social reduz o indivíduo à "liberdade" de escolher entre opções igualmente ruins.[11] O que se oculta aí são as alternativas que fariam com que essa não fosse a única escolha possível. No caso atual, por exemplo, uma ação massiva do Estado para assegurar renda e emprego até que a pandemia esteja controlada.

Mas é justamente esse tipo de opção que, por motivos ideológicos, o governo resiste em sequer contemplar. Porque fazê-lo implicaria admitir publicamente a possibilidade de uma outra saída para a crise; e arrisca despertar, em vez da passividade resignada frente a mais uma dose de austeridade, a demanda por novos direitos, como uma renda básica universal. Este é o terceiro ocultamento.

Por isso que, ainda que se veja obrigado a agir, o governo o faz pela metade e arrastando os pés. A Renda Básica Emergencial, da qual Bolsonaro tenta extrair lucro político mesmo enquanto planeja eliminá-la, só saiu sob pressão social. Também por isso o governo sabotou ativamente o combate à covid-19 desde o início. O objetivo sempre foi criar as condições em que a escolha entre a economia e a vida parecesse a única possível, natural e inevitável.

Mas aqui entra a singularidade do momento atual. Se até governos de direita mundo afora têm adotado medidas enérgicas de intervenção estatal, é porque a crise não é somente econômica, mas sanitária. Recusar-se a intervir neste momento implicaria lavar as mãos diante de um perigo que ameaça tanto as vidas mais descartáveis quanto as mais protegidas. O custo político seria alto demais. Por quê? Porque seria eximir-se publicamente do dever estatal de proteção à vida. Seria, em outras palavras, *romper o pacto biopolítico*: o acordo tácito, fundamental às sociedades políticas modernas, pelo qual, em troca de potencializar a utilidade econômica dos governados, os governantes assumem a responsabilidade por fazê-los viver. Em condições normais, um governo que menosprezasse a morte em massa de sua população jamais seria reeleito.

É por isso que devemos olhar para o que ocorre no Brasil e nos Estados Unidos como um experimento social com implicações importantes. Em duas das maiores democracias ocidentais, em meio à maior crise sanitária em um século, dois governos estão, em nome da utilidade econômica, desobrigando-se abertamente da responsabilidade de proteger a vida. E o que é ainda mais notável: ao fazê-lo, têm logrado não só manter índices de aprovação surpreendentes, mas também mobilizar sua base mais engajada – contra a ciência, contra medidas de proteção como máscaras e distanciamento, até mesmo contra profissionais de saúde.

O futuro está encurtando

Não é concidência que estejamos falando de dois países construídos sobre o genocídio indígena e a escravidão, chagas históricas cujo legado é a normalização do sofrimento humano. Mas se a gravidade do que está ocorrendo chama menos atenção do que deveria, é também porque a ideia de que devemos sofrer pela economia já está amplamente naturalizada.

Desde o início de sua ascensão histórica, quando apresentava-se como reação aos "excessos" dos anos 1960/70 e ao "descontrole" do Estado de bem-estar social, o neoliberalismo sempre articulou seu programa de reformatação do Estado e da sociedade com uma gramática moral individualista na qual a ideia de mérito ("só depende de você") combinava-se com o sacrifício ("é preciso apertar os cintos"). A repetição constante desse discurso, bem como as décadas de experiência vivida no interior de instituições e relações sociais radicalmente reconfiguradas por ele, serviram para internalizar essa lógica, tornando-a quase uma segunda natureza. No interior dessa caixa de eco, o endividamento privado e as próprias crises econômicas funcionam como dispositivos disciplinares, na medida em que simultaneamente aumentam a coerção econômica a que os indivíduos estão sujeitos e reativam o imaginário de responsabilidade individual, culpa e expiação.

Contudo, se hoje o neoliberalismo parece assumir feições cada vez mais "punitivas", como observou Will Davies,[12] é porque sua fraseologia vai soando ao mesmo tempo mais vazia e mais exigente à medida que desaparecem os indícios de que os cintos um dia voltarão a ser afrouxados. Se antes o sacrifício era em nome do sucesso individual ou de uma vida melhor, hoje exige-se correr risco de morte para que a economia viva. Vão-se as promessas, sobra apenas o imperativo de seguir se sujeitando às circunstâncias, adaptando-se a um horizonte de expectativas decrescentes.

Desde 2008, o sistema capitalista parece viver um eterno presente desprovido de futuridade. O dinamismo econômico da última década, que culminou em novembro de 2019 com a comemoração de dez anos ininterruptos de crescimento do mercado de ações e o estrondoso ganho de 468% para as empresas listadas no S&P 500 – *the longest bull market in history*[13] –, foi obtido à custa da injeção de mais de 10 trilhões de dólares de dinheiro público no sistema financeiro internacional entre 2008 e o início deste ano. Esse tipo de intervenção (o chamado *Quantitative Easing*) já vinha crescendo novamente desde antes da pandemia, levando alguns observadores a se perguntarem se ele havia se tornado um dado permanente da economia mundial. Como essa bonança veio acompanhada de pouquíssimas condicionantes que obrigassem seus beneficiários a investir na produção de bens e serviços, a maior parte desse dinheiro acabou circulando apenas no setor financeiro. O resultado foi uma inflação de ativos que deixou os especuladores mais ricos, mas a economia real patinando. Após um inevitável salto logo em seguida à Grande Recessão, a taxa de crescimento do PIB global voltou a cair, sem jamais recuperar o vigor pré-2008 e mantendo a tendência de queda iniciada em 1973. A produtividade, geralmente o melhor indicador de crescimento econômico de longo prazo, teve desempenho pífio no mundo todo. No Reino Unido, seu aumento foi o menor desde o início do século XIX; na China, metade do que fora na década anterior.

Qualquer que seja a explicação que se ofereça – "estagnação secular", "capitalismo rentista", um "longo declínio" decorrente da sobrecapacidade industrial[14] –, parece cada vez mais evidente que vivemos numa época de instabilidade, "competição enfraquecida, baixo aumento de produtividade, alta desigualdade e, não à toa, uma democracia cada vez mais degradada".[15] Neste contexto, a austeridade perde definitivamente qualquer justificação como meio para um fim e se torna um fim em si mesma. Em vez de sacrifício necessário para criar as condições propícias à retomada da atividade econômica, ela se apresenta nua e crua como instrumento de acumulação por predação, dispositivo disciplinar e maneira de assegurar ganhos elevados numa economia em declínio por meio da consolidação de mecanismos produtores de desigualdade. O Brasil, aliás, oferece um exemplo perfeito dessa dinâmica. Há cinco anos que se retiram direitos e proteção social em reformas que supostamente criarão quantidades fabulosas de empregos e farão o PIB decolar; o fato de que as previsões nunca se realizem não impede políticos e economistas de continuar requentando-as.

É bem verdade que, dada sua origem (sanitária) e dimensão (gigantesca), a crise causada pela covid-19 levou os governos mundiais ao maior esforço fiscal combinado desde a Segunda Guerra Mundial, o que inclui uma série de medidas que até bem pouco tempo atrás seriam anátema: grandes investimentos em saúde pública, suspensão temporária de aluguéis e ações de despejo, ações para cobrir salários e garantir empregos etc. Estas, no entanto, não apenas têm sido bem abaixo do que seria necessário, mas vêm acompanhadas desde já pela demanda por mais austeridade para equilibrar as contas depois que a recessão tiver passado. O que é pior: elas são mais que compensadas na outra ponta por políticas monetárias que seguem fielmente o modelo estabelecido em 2008 e visam essencialmente à proteção de grandes corporações e instituições financeiras.[16]

Essa insistência em manter o mesmo nível de acumulação de capital numa economia que avança a passos incertos pode parecer economicamente contraproducente (pois inibe a demanda e, portanto, o crescimento) e politicamente suicida (pois cria condições sociais de potencial explosivo).[17] O mesmo pode ser dito, com mais razão ainda, do fracasso absoluto de governos e mercados em oferecer uma resposta no mínimo à altura do desafio do aquecimento global. Mas isso é apenas se supomos que essas decisões estão sendo tomadas com a preocupação de manter um sistema viável para a maioria da população mundial em mente. E se a elite econômica global, que se beneficiou de quatro décadas contínuas de aumento da desigualdade,[18] não tiver mais essa intenção? E se ela já tiver se acostumado à ideia de que manter o padrão atual de concentração de riqueza não é mais compatível com condições mínimas de reprodução social para uma quantidade crescente de pessoas, e não estiver mais interessada na vida dessas pessoas? E se ela estiver plenamente consciente dos riscos do aquecimento global, mas confiante de que estão suficientemente a salvo de seus impactos? E se, em resumo, ela já tiver abraçado a ideia de que, como recentemente resumiu Déborah Danowski, "não tem mais mundo para todo mundo"?[19]

Dois passos necessários na direção de uma ordem mundial em conformidade com esta visão seriam a erosão da democracia (a fim de excluir quaisquer demandas redistributivas e blindar ainda mais a economia) e a ruptura do pacto biopolítico (ou, antes, a adoção de uma definição muito mais restrita de quais vidas devem ser protegidas). Por isso a ascensão global da extrema direita, e particularmente o que tem ocorrido no Brasil e nos Estados Unidos durante a pandemia, importa. Em ambos esses países, os governos têm mobilizado a luta de uma parte da população contra outra – "pessoas de bem" contra "vagabundos" e "comunistas", brancos contra negros e imigrantes etc. – como cobertura para abandonar a proteção da vida em geral, deixando que a sorte e a desigualdade social decidam quem vai viver ou morrer. Aqueles que não pretendem fazer nada para impedir um futuro em que as condições de vida sejam cada vez mais exíguas e grandes desastres naturais cada vez mais comuns seguramente estão tomando nota.

NOTAS

1. Ver: Esposito, Roberto. *Bios. Biopolítica e filosofia*. Turim: Einaudi, 2004.
2. Vasconcelos, Caê. "Mortes em operações da Polícia do RJ aumentam 92% em 2019, segundo levantamento". *Ponte*. 22 jan. 2020. Disponível em: https://ponte.org/operacoes-policiais-mortes-aumentam-92-rj/.
3. Acayaba, Cíntia; Arcoverde, Léo. "Batalhões da Grande SP matam 60% mais em 2020; na capital, aumento de mortes por policiais militares chega a 44%". *G1*. 23 jun. 2020. Disponível em: https://g1.globo.com/sp/sao-paulo/noticia/2020/06/23/batalhoes-da-grande-sp-matam-60percent-mais-em--2020-na-capital-aumento-de-mortes-por-policiais-militares-chega-a-44percent.ghtml.
4. Sobre a centralidade da categoria de "pessoa de bem" na construção da identidade dos eleitores de Bolsonaro, ver: Kalil, Isabela, "Quem são e no que acreditam os eleitores de Jair Bolsonaro", Fundação Escola de Sociologia e Política de São Paulo. 2018. Disponível em: https://www.fespsp.org.br/upload/usersfiles/2018/Relat%C3%B3rio%20para%20Site%20FESPSP.pdf.
5. Ver: Foucault, Michel. *Em defesa da sociedade. Curso no Collège de France (1975-1976)*, trad. Maria Ermantina Galvão. São Paulo: Martins Fontes, 2000.
6. Moore, Jason W. *Capitalism in the Web of Life. Ecology and the Accumulation of Capital*. Londres: Verso, 2015.
7. Machado, Renato. "Bolsonaro lamenta pela primeira vez as 10 mil mortes no Brasil em decorrência da covid-19". *Folha de S. Paulo*, 11 maio 2020. Disponível em: https://www1.folha.uol.com.br/cotidiano/2020/05/bolsonaro-lamenta-pela-primeira-vez-as-10-mil-mortes-no-brasil-em-decorrencia-da-covid-19.shtml.
8. Stieb, Matt. "Dan Patrick of Texas on State Reopening: 'There Are More Important Things Than Living'". *New York Magazine*. 21 abr. 2020. Disponível em: https://nymag.com/intelligencer/2020/04/dan-patrick-there-are-more-important-things-than-living.html.
9. Um mês após a reabertura do comércio, uma pesquisa da Federação do Comércio de São Paulo apontava uma queda de 80% do faturamento em relação aos valores de antes da pandemia. "Um mês após reabertura, comércio de São Paulo acumula prejuízos e baixo movimento". *Band*. 11 jul. 2020. https://noticias.band.uol.com.br/noticias/100000994663/um-mes-apos-reabertura-comercio-de-sao-paulo-acumula-prejuizos-e-baixo-movimento.html.

10. Lee, Jasmine C. et al. "See How All 50 States Are Reopening (and Closing Again)". *New York Times*, atualizado em 4 agos. 2020. Disponível em: https://www.nytimes.com/interactive/2020/us/states-reopen-map-coronavirus.html.
11. Ver: Stengers, Isabelle; Pignarre, Philippe. *La Sorcellerie Capitaliste: Pratiques de Désenvoûtement*. Paris: La Découverte, 2007; Nunes, Rodrigo. "Paulo Guedes e a liberdade de fazer escolhas ruins". *El País*, 31 jan. 2020. Disponível em: https://brasil.elpais.com/opiniao/2020-01-30/paulo-guedes-e-a-liberdade-de-fazer-escolhas-ruins.html.
12. Ver Davies, Will. "The New Neoliberalism". *New Left Review* 101, set./out. 2016, pp. 121-34.
13. Li, Yun. "This Is Now the Best Bull Market Ever". *CNBC*, 14 nov. 2019. Disponível em: https://www.cnbc.com/2019/11/14/the-markets-10-year-run-became-the-best-bull-market-ever-this-month.html.
14. Ver, respectivamente: Summers, Larry. "The Age of Secular Stagnation: What It Is and What to Do About It". *Foreign Affairs,* mar./abr. 2016. Disponível em: https://www.foreignaffairs.com/articles/united-states/2016-02-15/age-secular-stagnation; Wolf, Martin. "Why Rigged Capitalism Is Damaging Liberal Democracy", *Financial Times*, 19 set. 2019. Disponível em: https://www.ft.com/content/5a8ab27e-d470-11e9-8367-807ebd53ab77; Brenner. *The Economics of Global Turbulence. The Advanced Capitalist Economies from Long Boom to Long Downturn, 1945-2005*. Londres: Verso, 2006.
15. Wolf, Martin. "Why Rigged Capitalism Is Damaging Liberal Democracy". *Financial Times*, 19 set. 2019. Disponível em: https://www.ft.com/content/5a8ab27e-d470-11e9-8367-807ebd53ab77.
16. Para uma análise detalhada (e enfurecedora) do pacote de resgate norte-americano, ver: Brenner, Robert. "Escalating Plunder". *New Left Review* 123, maio/jun. 2020, pp. 13.
17. Sobre a austeridade pós-2008, Will Davies escreve: "Não é imediatamente claro o que essas medidas pretendem produzir. Julgadas contra a maioria dos padrões ortodoxos de avaliação econômica, elas são autodestrutivas". Davies, "The New Neoliberalism".
18. Ver Alvaredo, Facundo et al. (orgs.). *World Inequality Report 2018*, 2018. Disponível em: https://wir2018.wid.world/files/download/wir2018-full-report-english.pdf; e Piketty, Thomas. *Capital e ideologia*, trad. Dorothée de Bruchard e Maria de Fátima Oliva do Coutto. São Paulo: Intrínseca, 2020.

19. Amaral, Marina. "'Não tem mais mundo para todo mundo', diz Déborah Danowski". Agência Pública, 5 jun. 2020. Disponível em: https://apublica.org/2020/06/nao-tem-mais-mundo-pra-todo-mundo-diz-deborah-danowski/. Ver também: Latour, Bruno. *Onde aterrar? Como se orientar politicamente no antropoceno*, trad. Marcela Vieira. Rio de Janeiro: Bazar do Tempo, 2020.

A PANDEMIA CAUSADA PELO VÍRUS SARS-COV-2 ACENTUA AS DESIGUALDADES RACIAIS E DE GÊNERO, ACELERANDO A NECROPOLÍTICA EM CURSO NO BRASIL
[Angela Figueiredo]

O terrível momento que a humanidade vive hoje, como a consequência do número de mortes causadas pela pandemia provocada pelo vírus Sars-CoV-2, tem assustado a todos, especialmente por evidenciar a correlação entre saúde, violência, política, economia e o capitalismo em todo o planeta. Sabemos que o vírus atinge qualquer pessoa de maneira indiscriminada, contudo, há inúmeras evidências que revelam como os grupos racializados, negros e latinos, os pobres e as mulheres são afetados de maneira mais impactante pela doença.

Seja pela incapacidade de realizar e manter o isolamento social – considerado ainda a única forma eficaz de retardar o contágio com o vírus –, seja por questões financeiras e de classe e, consequentemente, pelo pequeno espaço das residências dos mais pobres, compartilhado por um número significativo de pessoas; por questões culturais e de gênero; pela maior dificuldade de acesso dos pobres aos hospitais, principalmente na fase aguda da doença; e pela forma como a contaminação se torna mais letal, na combinação com outras doenças preexistentes, tais como diabetes, hipertensão e obesidade – pois, devido à pobreza, a maioria dos grupos racializados tem uma alimentação rica em carboidratos e gorduras, tornando-se, com frequência, portadores de diabetes, portanto, uma diabetes social, visto que é criada pelas condições de vida e do racismo que afeta essas comunidades, pode-se compreender que esta não é uma doença que atinge todos os grupos sociais da mesma maneira. Sabemos que as populações racializadas no Brasil, negros e indígenas, são as maiores vítimas da pandemia de covid-19.

Ainda, de acordo com Ana Güezmes (2020),[1] representante da ONU Mulheres[2] na Colômbia, "a quarentena obrigatória para impedir a disseminação do coronavírus não interrompeu a pandemia do feminicídio". É preciso ressaltar que, mais uma vez, o ambiente doméstico, a casa, configura-se como um espaço perigoso para milhares de mulheres. "No Brasil, segundo a Ouvidoria Nacional dos Direitos Humanos (ONDH), do Ministério da Mulher, da Família e dos Direitos Humanos (MMFDH), entre os dias 1º e 25 de março, mês da mulher, houve crescimento de 18% no número de denúncias registradas pelos serviços Disque 100 e Ligue 180."[3]

Do mesmo modo, a pandemia revela a difícil relação que o Estado estabelece com os moradores e moradoras das periferias dos grandes centros urbanos do Brasil. Majoritariamente negros, são os "cidadãos de segunda classe", os que só conhecem a ação do Estado através da violência policial, e agora através do mandato imperativo "Fique em casa". Em outras palavras, historicamente o Estado se manteve ausente e ineficaz na ação política voltada para a educação, o saneamento, a saúde, a segurança e o emprego dessas populações.

Como afirmou Edna Araújo (2020), "[...] é neste cenário de racismo, desigualdade social e subfinanciamento do SUS que a covid-19 encontra ambiente propício para produzir o caos aos corpos negros, tendo em vista que 80% dos usuários se autodeclaram".[4] Enquanto Deivison Faustino considera que "o racismo estrutural na saúde se revela por uma divisão desigual de acesso, pelo tratamento desigual dentro do sistema e também, principalmente, pela invisibilidade das desigualdades raciais na hora do planejamento das políticas e ações de saúde".[5]

No momento em que escrevo, o Brasil ultrapassa 76 mil mortos, enquanto o número de contaminados com a covid-19 supera a marca dos 2 milhões, sendo que esses dados tendem a crescer. É preciso lembrar que, nesse contexto alarmante, o Ministério da Saúde está sendo ocupado por um ministro interino, especificamente um militar, fato que gerou crítica por parte do ministro do Superior Tribunal Federal (STF) Gilmar Mendes, que chegou a afirmar que "o Exército está se associando a esse genocídio",[6] referindo-se ao aumento do número de mortes de indígenas. Tal fato levou a Procuradoria-Geral da República (PGR) a protocolar uma ação contra o ministro,[7] que estaria sendo também provocado pelo vice-presidente, através do Ministério da Defesa, a se retratar, pelo fato de ter dito que a ausência de um ministro da Saúde acaba por corroborar a disseminação do vírus e por ter utilizado a expressão "genocídio de povos indígenas".[8]

De fato, é notória a ausência de coordenação do governo federal frente às ações de todos os estados da Federação para conduzir as medidas necessárias ao enfrentamento da pandemia, incluindo-se a compra de equipamentos hospitalares, uma ação que poderia, por exemplo, baratear os preços dos respiradores e diminuir a corrupção, já que as compras têm sido praticadas sem licitação.

Abdias do Nascimento[9] foi o primeiro a utilizar no Brasil o conceito de *genocídio* para entender a política de descaso e indiferença do Estado frente à população negra. Sueli Carneiro,[10] em sua tese de doutorado, recupera o conceito de Michel Foucault[11] e o aplica ao dispositivo de racialidade. Desse modo, de acordo com a autora, *biopoder* é a capacidade de decidir sobre a vida de pessoas negras, em contextos marcados pelo racismo e pela desigualdade. Mais recentemente, Achille Mbembe[12] formula o conceito de *necropolítica*, ao se referir à política de morte aos corpos negros adotada pelo Estado.

Notícias recentes envolvendo ações do Judiciário reiteram as denúncias realizadas pelos autores acima quanto ao projeto genocida e de desumanização de pessoas negras. No dia 10 de julho de 2020, o "presidente do Superior Tribunal de Justiça (STJ), João Otávio de Noronha, que concedeu a prisão domiciliar a Fabrício Queiroz, ex-funcionário da família Bolsonaro, mas negou pedido idêntico para grávidas e idosos, inclusive portadores de doença, mostra o fracasso que foi a criação do CNJ (Conselho Nacional de Justiça)".[13] Acrescento, ainda, que este mesmo juiz concedeu igual benefício para Márcia Oliveira de Aguiar, esposa de Queiroz, que estava foragida havia vinte dias. Este exemplo, somado a outros tantos, mostra como a humanidade de Queiroz e de Márcia é superior à de outras pessoas que também respondem criminalmente por seus atos. A notícia a seguir é bastante ilustrativa de tal situação: "Jovem negro de 28 anos preso com 10g de maconha morre de covid-19 em MG."[14]

Estes são passos importantes para compreender a continuidade histórica de políticas genocidas praticadas pelo Estado. Ainda que seja crescente o aumento no número de chamadas para o 180, como veremos mais adiante, o Estado se mantém quase indiferente diante das questões do racismo e do machismo estrutural, que acabam por ceifar a vida de muitas mulheres cotidianamente. Neste artigo, abordaremos o impacto da pandemia na vida das mulheres, interseccionado com as categorias de gênero, raça e classe e sua relação com a violência doméstica ou a violência de gênero.

Covid-19, outras epidemias e o lugar das mulheres negras

Entre os anos 2005 e 2007, trabalhei no Grupo de Apoio à Prevenção à Aids na Bahia (Gapa-BA), coordenando ações de um projeto de prevenção à aids voltado para a população negra. Aprendi, naquela ocasião, que toda epidemia revela muito mais que aspectos biomédicos, pois as mazelas sociais, as desigualdades raciais, de classe e de gênero, por exemplo, sempre estão presentes.

Naquele período, presenciávamos a mudança ocorrida no perfil epidemiológico da aids, associada ao denominado "grupo de risco", inicialmente formado por homossexuais, brancos e de classe média, que passa a ser composto pela população feminina, notadamente as mulheres negras. Essa mudança levou a uma redefinição da noção de "grupo de risco" para "comportamento de risco", descrevendo as pessoas que estavam mais vulneráveis a serem contaminadas pelo vírus HIV. Isto é, eram as práticas sexuais sem o uso de preservativos, portanto, o comportamento, independentemente de as relações serem hetero ou homossexuais, que levava a um maior risco de contaminação para determinados grupos.

As mulheres acometidas pelo vírus da aids eram quase sempre contaminadas por seus parceiros fixos nas relações sexuais sem o uso de preservativos. A confiança na fidelidade masculina fazia daquelas mulheres alvos fáceis. Na maioria das vezes, elas eram informadas sobre a sua condição sorológica quando os parceiros já estavam em estágio bastante avançado da doença. Devido à socialização e às desigualdades de gênero, na maioria das vezes essas mulheres cuidavam dos parceiros, mas não eram cuidadas. A classe social e a raça também eram fatores importantes, visto que a maioria das mulheres contaminadas era de classe baixa e negra.

Em outro contexto, como nos revela Debora Diniz,[15] o vírus zika, que também afetou muitas pessoas no Brasil entre 2015 e 2016, trouxe consequências danosas para as mulheres, principalmente para as mulheres grávidas, causando microcefalia nos bebês. As mulheres, que no início se mostravam felizes com a gravidez, logo se tornavam angustiadas com o diagnóstico precoce de microcefalia no feto, quando ainda não tinha sido descoberta a associação entre as duas doenças. Essa experiência vivenciada pelas mulheres grávidas, que peregrinaram por diferentes consultórios médicos até receberem o diagnóstico e, posteriormente, descobrirem as causas da doença, não era menos difícil do que o destino da maioria delas em arcar com os cuidados do bebê frente ao abandono dos companheiros e o descaso do Estado.

As experiências narradas acima mostram como as desigualdades de gênero e raciais são acentuadas pelas epidemias. Em se tratando da pandemia causada pelo coronavírus, especialistas e ativistas no combate à violência de gênero têm destacado o aumento do número de denúncias de violência física contra as mulheres em tempos de isolamento social. Sabemos, contudo, que essa violência não é somente física, mas também psicológica, moral, sexual e patrimonial.

Muitas mulheres são chefes de famílias que perderam seus empregos por causa da pandemia, ou estão sendo desafiadas a continuar trabalhando mesmo com o fechamento das escolas e sem ter com quem deixar seus filhos pequenos. Esta condição de vulnerabilidade econômica aumenta as possibilidades de violência e do silêncio frente a ela.

Outro aspecto importante a ser destacado durante a pandemia, é que a maioria dos serviços considerados essenciais é majoritariamente desenvolvida por pessoas negras, sobretudo mulheres negras. Nos hospitais, mulheres negras são maioria entre as auxiliares de enfermagem e entre os profissionais de limpeza, categoria das mais vulneráveis em termos de equipamentos de proteção contra a contaminação de covid-19.

As mulheres negras também são maioria entre as empregadas domésticas, caixas de supermercados, farmácias e outras funções associadas ao cuidado e à limpeza. Nesse sentido, dada a condição das pessoas negras, somos também maioria entre a população que necessita do transporte público, trens e ônibus, muitos dos quais foram consideravelmente reduzidos nesse período, e que por isso mesmo aumenta o contato e a possibilidade de contágio. Somos a maioria entre as pessoas que continuam fazendo uso de trens e ônibus lotados para poder ir trabalhar.

As mulheres também estão mais expostas, pois, na função de cuidadoras, na maioria das vezes são elas que acompanham os mais velhos aos hospitais e postos de saúde quando são contaminados pelo vírus, ou quando são acometidos por outras doenças. Além de serem fundamentais no acompanhamento das crianças aos postos médicos, para receberem vacinas e tratamento de outras enfermidades.

As atividades escolares relacionadas à educação remota também são tarefas desempenhadas pelas mulheres. Há muitos relatos não só sobre a ausência de equipamentos adequados para a realização das atividades com os filhos/as, neste caso o uso do computador, obrigando muitas vezes que as atividades sejam realizadas pelo celular. Além disso, dependendo da série escolar em que as crianças estejam, a tarefa se torna demasiadamente difícil para as mães contribuírem, pois muitas vezes elas têm um nível de escolaridade muito baixo. Isso significa que durante a pandemia há, efetivamente, uma sobrecarga de trabalho cotidiana, que se soma ainda à necessidade de contribuir com as atividades escolares dos filhos/as.

As mulheres negras também são maioria entre as trabalhadoras domésticas, e, em alguns casos, elas continuam trabalhando em residências, mesmo quando os patrões estão infectados. Vale lembrar que a primeira morte por covid-19 registrada no estado do Rio de Janeiro foi de uma mulher negra, 63 anos, empregada doméstica, contaminada por sua patroa branca vinda da Itália, moradora do Leblon, bairro nobre da capital.[16] Em outros casos, as trabalhadoras necessitam, mesmo que esporadicamente, levar os filhos menores para o trabalho, tendo em conta a suspensão das aulas nesse contexto. Este foi o caso de Mirtes Renata Santana de Souza, que levou para o trabalho seu filho Miguel Otávio Santana da Silva, de 5 anos, no dia 2 de junho de 2020, e o deixou sob os cuidados de sua patroa, Sari Gaspar Corte Real. Miguel morreu ao cair do nono andar do prédio de um bairro de classe alta, em Recife. A delegacia, que recebeu Sara para depor, atendeu a um pedido da defesa dela e abriu duas horas antes do horário normal, às 6 horas da manhã, para evitar reações populares. Todos esses exemplos indicam que a noção de humanidade é totalmente diferente para Sari Gaspar, quando comparada a Miguel e sua mãe, Mirtes Renata Santana.[17]

Como destacado por Ana Güezmes (2020), embora as mulheres estejam na linha de frente em setores cruciais para o enfrentamento da doença, poucas estão nos cargos para a tomada de decisão política de combate à pandemia. Diríamos o mesmo com relação às mulheres negras, pois, ainda que muitas mulheres negras sejam maioria como lideranças comunitárias, são quase inexistentes em cargos decisórios, secretarias estaduais e municipais de saúde, por exemplo.

Violência de gênero, feminicídio e outras formas de opressão

A lei do feminicídio no Brasil, sancionada pela presidenta Dilma Rousseff em 9 de março de 2015, foi

> [...] o PLS 293/2013, originando a Lei nº 13.104/2015, que tipificou o crime de feminicídio no Brasil. Fruto de construção política, que envolveu especialmente o Executivo e o Legislativo Federal, bem como parte da sociedade civil, a lei alterou o art. 121 do Código Penal (CP), incluindo o feminicídio como circunstância qualificadora do crime de homicídio (§ 2º), e o art. 1º da Lei nº. 8.072/1990, que introduziu o feminicídio no rol dos crimes hediondos.[18]

A relação entre sujeito/objeto, vítima/algoz é uma constante na caracterização da violência contra a mulher. Em um trabalho pioneiro, Safiotti[19] argumenta como essas relações são mais complexas, sendo que as mulheres não se reduzem apenas ao papel de vítimas, pois há diferentes formas de reagir, além do confronto direto ou indireto, sendo que muitas vezes a escolha em permanecer junto aos seus parceiros agressores resulta de fatores que as colocam numa condição de vulnerabilidade social, econômica e/ou emocional.

Em se tratando do contexto dado pelo isolamento social, as possibilidades de reação são ínfimas. A vulnerabilidade econômica aumenta frente ao desemprego, além disso, os canais de denúncia e ação institucionais de combate à violência, as casas e os abrigos, ou mesmo as ações articuladas pela comunidade, são reduzidos. Infelizmente, a pandemia oferece condições favoráveis para o aumento da violência contra a mulher.

O Fórum Brasileiro de Segurança Pública destacou que

> [...] os casos de feminicídio cresceram 22,2%, entre março e abril deste ano, em 12 estados do país, comparativamente ao ano passado [...]. Nos meses

de março a abril, o número de feminicídios subiu de 117 para 143 [...]. Também tiveram destaque negativo o Maranhão, com variação de seis para 16 vítimas (166,7%), e Mato Grosso, que iniciou o bimestre com seis vítimas e o encerrou com 15 (150%). Os números caíram em apenas três estados: Espírito Santo (-50%), Rio de Janeiro (-55,6%) e Minas Gerais (-22,7%).[20]

Paradoxalmente, houve uma queda no número de boletins de ocorrência, exatamente porque as mulheres se encontram em condição de isolamento social, com seus filhos sem ir à escola e a sobrecarga do trabalho doméstico, fatores que dificultam a formalização da denúncia, por meio do boletim de ocorrência na delegacia.

Algumas iniciativas têm sido tomadas, a campanha que estimula

[...] o uso do X vermelho de batom estampado na palma da mão, um botão de pânico num aplicativo de loja online de eletroeletrônicos e até um vídeo *fake* de automaquiagem que, na prática, orienta a fazer denúncias. Por meio de formas inusitadas como essas, governo, empresas e organizações da sociedade civil se mobilizam para ajudar a mulher a buscar socorro em caso de violência doméstica nesses tempos de pandemia de coronavírus. Isolada dentro de casa e, na maioria das vezes, tendo de conviver com o agressor, um número crescente de brasileiras está sendo vítima de abuso doméstico na quarentena.[21]

Sabemos da importância da Lei Maria da Penha, sancionada em 7 de agosto de 2006, assim como a da Lei nº 11.340, na proteção de vítimas da violência doméstica e familiar. Igualmente, conhecemos as críticas realizadas, pois algumas comunidades veem com desconfiança a eficácia da punição pelo encarceramento, considerando o caráter racista do sistema prisional, que mais facilmente prende os homens racializados. Angela Davis[22] (2018) tem se colocado veementemente contra o encarceramento em massa de homens negros. Frente a isso, algumas iniciativas têm sido realizadas, buscando formas alternativas de coibir a violência, constrangendo os agressores, e os apitaços têm sido uma dessas ações. Entretanto, no contexto da pandemia, parece que todas essas iniciativas perdem a eficácia. Resta, contudo, que a proteção do Estado seja eficaz.

De acordo com Sérgio Adorno, "é possível escrever a história social do Brasil como a história da violência [...]".[23] Consideramos que esta afirmativa oferece um caminho importante para pensar sobre o cotidiano da violência no país, pois revela uma correlação muito estreita entre as práticas cotidianas da violência, ou a cultura da violência, e sua história social. Na mesma direção, Michael Misse[24] afirma que o nosso maior dilema civilizatório está em fazer conviver o paradoxo entre cordialidade e violência. Independentemente da maior ou menor ênfase, os autores consideram que a violência é um traço característico de nossa sociedade.

De acordo com Michel Misse (p. 373), a categoria

> [...] "violência" como operador analítico, como um conceito... para acusarmos o que achamos que deve ser acusado e, no mesmo movimento, convocar uma contraviolência ao objeto que escolhemos investigar. É um método interessante, pois geralmente nos coloca num lugar "fora da violência" e coloca a violência em outro lugar, que podemos escolher segundo nossos valores. É um interessante método que nos ajuda a crer que a violência está em algum lugar fora de nós e que, portanto, devemos de algum modo, já que não somos de modo algum sujeitos violentos ou vulneráveis a ela, estar em condições de denunciá-la.

Todavia, o reconhecimento do racismo nos casos de feminicídio de mulheres negras não pode gerar um silenciamento sobre as vulnerabilidades sofridas. Para Meneghel e Lerma (2017),[25] o feminicídio funcionaria como uma estratégia do capitalismo patriarcal, racista e necrófilo para manter as mulheres submissas. É nesse cenário que a violência letal do feminicídio deixa evidente as falhas das políticas públicas, que não chegam às mulheres negras.

Mesmo antes da pandemia, os casos de violência contra as mulheres brancas diminuíram, enquanto aumentou contra as mulheres negras. Sabemos que a prevenção e o enfrentamento ao feminicídio de mulheres negras necessitam tanto de ações práticas imediatas quanto de ações que visem transformar as representações coletivas sobre a subordinação das mulheres, do racismo cotidiano e do racismo estrutural em nossa sociedade.

Nesse sentido, algumas ações são determinantes durante a pandemia e no pós-pandemia, ações que precisam ser realizadas a curto, médio e longo prazos. Primeiro, consideramos a urgência de que órgãos de proteção às mulheres funcionem, mesmo em tempos de pandemia, pois, da nossa perspectiva, trata-se de um serviço essencial à vida. Depois, será necessário um diálogo mais efetivo com o feminismo negro e os movimentos de mulheres negras, já que estamos caminhando, há muitos anos, na construção de um novo pacto civilizatório, tal como construído na Carta das Mulheres Negras[26] – ação que antecedeu a Marcha das Mulheres Negras, realizada em novembro de 2015, em Brasília. Dito isso, é preciso criar linhas de crédito específicas e oportunidades de emprego e de trabalho que priorizem as mulheres negras e pobres no período pós-pandemia. Autonomia financeira é um passo importante para desfazer laços que contribuem para que as mulheres continuem sendo vitimizadas. Também uma educação para a igualdade racial e de gênero parece ser tarefa urgente para reduzir os números da violência contra as mulheres. A ampliação do número de creches é mais uma alternativa que possibilitaria maior autonomia às mulheres vítimas de violência. Por fim, o Grupo de Trabalho de Saúde da Associação Brasileira de Saúde Coletiva (Abrasco) é unânime em afirmar a importância da manutenção e melhoria do SUS, por meio do investimento de Estados e municípios, para a melhoria efetiva da vida de mulheres expostas à pobreza.

NOTAS

1. "A violência de gênero é uma pandemia silenciosa". Disponível em: <https://brasil.elpais.com/sociedade/2020-04-09/a-violencia-de-genero-e-uma-pandemia-silenciosa.html>. Acesso em: 15 jul. 2020.
2. ONU Mulheres. *Diretrizes nacionais do feminicídio: Investigar, processar e julgar com perspectiva de gênero as mortes violentas de mulheres*. Curadoria Enap, 2006. Disponível em: <https://exposicao.enap.gov.br/items/show/267>. Acesso em: 18 maio 2020.
3. Vieira, Pâmela Rocha; Garcia, Leila Posenato; Maciel, Ethel Leonor Noia. "Isolamento social e o aumento da violência doméstica: o que isso nos revela?" *Revista Brasileira de Epidemiologia*, v. 23, pp. 3-5, 2020. Disponível em: <https://www.scielo.br/scielo.php?pid=S1415-90X2020000100201&script=sci_arttext&tlng=pt>. Acesso em: 18 maio 2020.
4. Boletim "Especial Coronavírus", da Associação Brasileira de Saúde Coletiva (Abrasco), 31 mar. 2020. Disponível em: <https://www.abrasco.org.br/site/noticias/sistemas-de-saude/populacao-negra-e-covid-19-desigualdades-sociais--e-raciais-ainda-mais-expostas/46338/>. Acesso em: 5 jul. 2020.
5. *Ibid.*
6. "Gilmar cita genocídio de índios e volta a criticar excesso de militares no Ministério da Saúde", 14 jul. 2020. Disponível em: <https://www1.folha.uol.com.br/poder/2020/07/gilmar-fala-em-genocidio-de-indios-e-volta-a-criticar-excesso-de-militares-no-ministerio-da-saude.shtml>. Acesso em: 15 jul. 2020.
7. "Mourão diz que, se tiver 'grandeza moral', Gilmar Mendes corrigirá fala sobre Exército e genocídio". Disponível em: <https://g1.globo.com/politica/noticia/2020/07/14/mourao-se-tiver-grandeza-moral-gilmar-mendes-corrige-fala--sobre-exercito-ter-se-associado-a-genocidio.ghtml>. Acesso em: 15 jul. 2020.
8. "Ministério da Defesa protocola na PGR representação contra Gilmar Mendes". Disponível em: <https://g1.globo.com/politica/noticia/2020/07/14/ministerio-da-defesa-protocola-na-pgr-representacao-contra-gilmar-mendes.ghtml>. Acesso em: 15 jul. 2020.
9. Nascimento, Abdias do. *O genocídio do negro brasileiro: processo de um racismo mascarado*. Rio de Janeiro: Paz e Terra, 1978.
10. Carneiro, Sueli Aparecida. "A construção do outro como não-ser como fundamento do ser" 2005. 339 f. Tese (doutorado em Educação) – Programa de

Pós-Graduação em Educação da Universidade de São Paulo, área Filosofia da Educação, 2005.
11. Foucault, Michel. *Nascimento da biopolítica: Curso dado no Collège de France (1978-1979)*. São Paulo: Martins Fontes, 2008.
12. Mbembe, Achille. *Necropolítica*. 3 ed. São Paulo: N-1 Edições, 2018.
13. "Juiz que liberou Queiroz e negou o mesmo pedido para grávidas e idosos expõe o fracasso do CNJ". Disponível em: <https://cartacampinas.com.br/2020/07/juiz-que-liberou-queiroz-e-negou-o-mesmo-pedido-para-gravidas-e-idosos-expoe-o-fracasso-do-cnj/>. Acesso em: 16 jul. 2020. (Grifo nosso.)
14. "Jovem negro de 28 anos preso com 10g de maconha morre de covid-19 em MG". Disponível em: <https://noticias.uol.com.br/cotidiano/ultimas-noticias/2020/07/10/jovem-negro-de-28-anos-preso-com-10g-de-maconha-morre-de-covid-19-em-mg.htm>. Acessso em: 19 jul. 2020.
15. Diniz, Debora. *Zika: Do sertão nordestino à ameaça global*. Rio de Janeiro: Civilização Brasileira, 2016.
16. "Primeira vítima do RJ era doméstica e pegou coronavírus da patroa no Leblon". Disponível em: <https://noticias.uol.com.br/saude/ultimas-noticias/redacao/2020/03/19/primeira-vitima-do-rj-era-domestica-e-pegou-coronavirus-da-patroa.htm>. Acesso em: 19 jul. 2020.
17. "Polícia ouve Sari Corte Real, investigada por homicídio culposo pela morte do menino Miguel". Disponível em: <https://g1.globo.com/jornal-nacional/noticia/2020/06/29/policia-ouve-sari-corte-real-investigada-por-homicidio-culposo-pela-morte-do-menino-miguel.ghtml>. Acesso em: 19 jul. 2020.
18. Angotti, Bruna; Vieira, Regina Stela Corrêa. O processo de tipificação do feminicídio no Brasil. In: Bertolin, Patrícia Tuma Martins; Angotti, Bruna; Vieira, Regina Stela Corrêa (orgs.). *Feminicídio – Quando a desigualdade de gênero mata: mapeamento da tipificação na América Latina*. Joaçaba: Editora Unoesc, 2020, pp. 35.
19. Saffioti, Heleieth. "Violência de gênero: o lugar da práxis na construção da subjetividade". *Lutas Sociais*, PUC/SP. 1997. pp. 59-79. Disponível em: <http://www4.pucsp.br/neils/downloads/v2_artigo_saffioti.pdf>. Acesso em: 1 dez. 2019.
20. "Casos de feminicídio crescem 22% em 12 estados durante pandemia". Disponível em: <https://agenciabrasil.ebc.com.br/direitos-humanos/noticia/2020-06/casos-de-feminicidio-crescem-22-em-12-estados-durante-pandemia>. Acesso em: 18 jul. 2020.

21. "Violência contra a mulher aumenta em meio à pandemia; denúncias ao 180 sobem 40%", 1 jun. 2020. Disponível em: <https://www.folhavitoria.com.br/policia/noticia/06/2020/violencia-contra-a-mulher-aumenta-em-meio-a-pandemia-denuncias-ao-180-sobem-40>. Acesso em: 1 jul. 2020.
22. Davis, Angela. *Estarão as prisões obsoletas?*. Rio de Janeiro, DIFEL, 2018.
23. Entrevista concedida ao jornal *Nexus*, 16 maio 2018. Disponível em: <http://observatorioedhemfoco.com.br/observatorio/a-violencia-no-brasil-explicada-por-sergio-adorno/>. Acesso em: 13 abr. 2020.
24. Misse, Michel. "Sobre a acumulação social da violência no Rio de Janeiro." *Civitas*, Porto Alegre, v. 8, n. 3, pp. 371-85, set./dez. 2008.
25. Meneghel, Stela N.; Lerma, Betty R.L. "Feminicídios em grupos étnicos e racializados: síntese". *Ciênc. Saúde Coletiva*, Rio de Janeiro, v. 22, n. 1, pp.117-22, jan. 2017. Disponível em: <http://www.scielo.br/scielo.php?script=sci_arttext&pid=S1413-81232017000100117&lng=en&nrm=iso>. Acesso em: 7 fev. 2018.
26. "Carta das Mulheres Negras 2015". Disponível em: <https://www.geledes.org.br/carta-das-mulheres-negras-2015/>. Acesso em: 13 abr. 2020.

A ARTE DOS BRANCOS É O GENOCÍDIO
(UM ENSAIO DE ANTROPOLOGIA REVERSA)
[Orlando Calheiros]

> *Nossa existência está doente,* achy,
> *por se desenrolar sob o signo do Um.*
> Filósofo guarani parafraseado por Pierre Clastres

A melhor definição de antropologia que já escutei veio de Eduardo Viveiros de Castro: "A arte de passar uma pergunta adiante." O que isso implica? Implica dizer que, diante de uma questão crítica, no lugar de recorrer à introspeção, como fariam os filósofos, ou a dimensão diacrónica do evento, como fariam os historiadores, o antropólogo repassa a questão adiante, para que Outrem a descoloque. Veja bem, para que Outrem a descoloque, não para que Outrem a responda. Trata-se, como diria Deleuze, de recolocar o problema sob outros termos. E aqui é fundamental que se tenha um detalhe em mente, quando o antropólogo se remete a Outrem, ele o faz em uma perspectiva duplamente radical: primeiro, remete-se ao Outrem deleuziano, isto é, a expressão de um mundo possível; segundo, remete-se a Outrem em seu sentido "não familiar". No caso deste texto, remeto-me especificamente aos Aikewara, povo tupi-guarani com os quais vivi por quase dois anos no que restou das florestas do sudeste do Pará – e para onde retorno ao menos uma vez por ano ao longo da última década.

E aqui começam os problemas, afinal, os Aikewara, como os demais ameríndios – e aqui estou me remetendo a um célebre texto de Pierre Clastres[1] –, foram excluídos do pensamento pelo Ocidente: com efeito, trata-se daqueles que, ao lado das crianças, dos loucos e, até bem pouco tempo, das mulheres, foram tomados por incapazes de pensar verdadeiramente e, portanto, incapazes de contribuir para uma reflexão relevante, rigorosa ou propriamente filosófica sobre qualquer "objeto". Mesmo que esse "objeto" seja sua vida, seu pensamento.

Bem, se estivesse conformado com esse cenário, diria que, enquanto antropólogo, devo me calar diante de questionamentos do tipo: O que se passa no Brasil? O que virá? Perguntas cruciais, especialmente diante de uma pandemia. E assim o faria, primeiro, pois minha opinião pessoal não tem qualquer relevância política. Afinal, a minha proficiência, como já disse, me leva a repassar tais questionamento aos meus amigos Aikewara, a estes cujos relatos – e isso na melhor das hipóteses – costumam ser reduzidos a meras "interpretações" nativas a respeito de uma realidade que, no todo, lhes escapa. Mas, e se, efetivamente, levássemos a sério aquilo que os Aikewara dizem sobre a conjuntura de nossa sociedade. Se, ao menos, levássemos isto tão a sério quanto levamos a célebre caracterização que Hannah Arendt fez do totalitarismo – certamente uma das mais acionadas no momento para responder à pergunta "O que se passa?".

Mas o que os Aikewara sabem a respeito disso? Bem, trata-se aqui de um povo que experienciou as facetas mais sombrias da nossa civilização, que escapou da total aniquilação durante o contato, quando seus números foram reduzidos de algumas centenas para apenas trinta em um ano. Não obstante, poucos anos depois, foram escravizados pelo Exército brasileiro durante a campanha de repressão à guerrilha do Araguaia. Homens foram obrigados a atuar como batedores, enquanto mulheres, crianças e idosos eram mantidos confinados em um campo de concentração. Não bastasse isso, não bastasse essa dimensão, digamos, histórica, recentemente 80% da população Aikewara (mais ou menos quinhentos indivíduos) contraíram covid-19: ao menos três vítimas fatais confirmadas. Com efeito, meus amigos não apenas experienciaram, como continuam experienciando, a faceta mais sombria (e indissociável) da sociedade envolvente.

Algum contexto: O entre-aikewara

Antes de prosseguirmos, é fundamental investir em contexto: compreender a própria natureza daqueles que descolocarão a nossa imaginação sobre a nossa atual conjuntura política. Para meus amigos Aikewara, ser índio, indígena,[2] implica necessariamente um ato de resistência, implica uma "fuga" – *semim*, como dizem em seu próprio idioma. "Nós-outros fugimos", dizia o finado Awasa'i, então o mais velho dos xamãs-cantores (*sengara'e*) aikewara, sempre que o inquiria a respeito daquilo que estava no seio da diferença entre os indígenas e os não indígenas, os *kamará*. Enunciado que se desdobra em uma dupla temporalidade: remetendo-se tanto a um ato passado, inscrito no início deste mundo, quanto a um ato do presente, a algo de que ele e os seus não poderiam abrir mão sob pena de desaparecer. Com efeito, pois se ser indígena é "fugir", ser branco, ser *kamará*, é ser "cativo". Mas do que fogem os Aikewara? Da própria prisão dos *kamará*. Fogem da cidade! Uma afirmação mais complexa do que imaginados de forma espontânea. Sobretudo por um aspecto bastante conhecido das filosofias ameríndias: que estas concebem as diferenças entre os diferentes povos que compõem o cosmos como diferenças corporais. E isso implica afirmar que a diferença que se inscreve entre indígenas e não indígenas não é meramente performática, um contraste simbólico entre aqueles que "fogem" e aqueles que permanecem cativos de uma determinada situação/experiência. Trata-se aqui de uma diferença corporal.[3]

Com efeito, o sentido que o corpo ganha nestas tradições interpretativas é radicalmente distinto, verdadeiramente estranho aos limites da nossa filosofia. Não estamos aqui falando dos corpos genéticos da biologia, mas de corpos que são construídos ao longo da vida por meio de relações sociais. O corpo ameríndio não é uma unidade fechada, um dado, ele varia, e assim faz porque sua existência se parece mais como a de um campo, em um mapa de afetos e relações. Dito isto, não é de estranhar que para meus amigos Aikewara, vivente (*akówa'é*), entre outras coisas, é aquele que possui um corpo. E corpo, por sua vez, é algo que se define como um determinado momento, o estágio de um passeio por uma determinada "trilha" (*apé*). Por exemplo, será mulher (possuirá o corpo de uma mulher) aqueles que trilharem o caminho das mulheres, o caminho desses corpos. Aqui poderíamos substituir mulher por homem, por queixada, pássaro etc., o que nos importa é um corpo, qualquer que seja, e este é o resultado de um passeio. Nos importa, sobretudo, pois desta noção emerge o princípio fundamental de que ser humano, ser animal, não é algo dado no nascimento, mas algo que se define por meio das ações do próprio vivente que encarna esta condição. De fato, para meus amigos, é bastante plausível que um que comece a vida com um tipo de corpo acabe adotando outro. Por exemplo, há entre eles o caso dos homens que se tornam mulheres, *kusó'angawa*, como dizem. Mas não vamos falar disso,[4] o que nos importa neste ensaio é a relação que se inscreve entre os corpos (e entre os povos que os encarnam). Diferenças que são sintomas, aspectos visíveis, estabilizados, de certos movimentos – a própria diferença é um movimento, diria. E aquilo que está na origem desses movimentos é o que importa, justamente, para os Aikewara, é aquilo que denominam em seu vocabulário como *putah*, "desejo".

Aprendi com Awasa'i (e não apenas com ele) que o desejo está na origem de todos os movimentos, é ele que faz com que qualquer coisa se levante, é ele que as coloca em movimento. Destarte, um corpo qualquer nada mais é do que um desdobramento dos desejos do vivente. Para retomarmos o exemplo que dei acima, uma *kusó'angawa*, um homem que virou mulher, é o resultado dos desejos deste que outrora fora um homem por outros homens. Somos (pois nossos corpos o são) o resultado daquilo e daqueles que desejamos, ainda, da forma como os desejamos. E aqui atingimos um ponto fundamental, pois nem todos que possuem um corpo, nem todos os viventes, desejam verdadeiramente, segundo meus amigos. Ou seja, nem todos vivem segundo seus próprios desejos, alguns vivem sob o desígnio dos desejos de outrem. E isso tem uma consequência profunda na formação de seus corpos.

Entre os humanos, isto é, aqueles que mutuamente se percebem como tais, aqueles que meus amigos denominam *awa*, existem aqueles que desejam verdadeiramente e aqueles que, enfeitiçados, não o fazem, que vivem, como já disse, sob o signo do desejo de outrem. Os primeiros, os *awaeté*, seriam os indígenas, os Aikewara; os segundos, como vocês já devem imaginar, somos nós, os brancos, os *kamará*, aqueles que sucumbiram à influência da cidade. E aqui é importante frisar que é possível que tanto aqueles que nascem *awaeté* sucumbam à influência da cidade quanto aqueles que nasçam sob o signo da mesma escapem – pois o mito nos ensina que, justamente, os *aikewara*, os primeiros *aikewara*, nasceram na cidade e de lá fugiram. Inclusive, diziam-me que mesmo dentro da cidade, hoje, existem aqueles que são *awaeté*, aqueles que fogem (ainda que por pouco tempo).

Contudo, aqueles que vivem segundo os desejos de outrem também são chamados de *ywiterera'angawa* (simulacro de espectro, fantasma de espectro). Para compreender o que isso significa, é fundamental falar sobre a escatologia Aikewara: a morte se apresenta como a destruição quase total do sujeito, "quase", afirmo, pois desse evento emergem duas entidades – diriam os Aikewara que "escapam/fogem" (*semim*) de seu cadáver. Trata-se – utilizando-me de termos consolidados da tupinologia – de um "duplo", aquilo que meus amigos chamam de *ta'uwa*, e um "espectro", a *ywyterera*, do vivente – ou, nos termos da glosa nativa, diríamos, respectivamente, o seu "feitiço" e o seu "bicho". Elementos que não podem ser confundidos com o vivente, com aquele que denominam *akówaé*. O "companheiro", o duplo, por exemplo, seria, antes, uma espécie de "inimigo" (*akwawa*) íntimo daquele que viveu; íntimo pois não apenas coabitou o seu corpo (que da sua perspectiva nunca passou de uma maloca) – tema clássico do duplo e o vivente que se ignoram –, como também compartilha seu rosto. Contudo, ainda assim um inimigo, ser incompossível que vê a noite como se fosse dia e que toma os parentes do vivente como suas presas preferidas, os urus (*Odontophorus capueira*). O espectro, a *ywyterera*, por sua vez, nem sequer poderia ser compreendido como um "ser": trata-se, como diziam, de uma "coisa" (*ma'ea*) em seu estado mais bruto, um objeto, algo que age como se fosse uma "gravação" do vivente, um videoteipe, um robô; trata-se, em suma, de uma "imagem" (*i'onga*) liberta do cadáver que se limita a repetir de maneira patética seus antigos movimentos. Aspecto interessante, os Aikewara costumavam identificar as *ywytereras* como os zumbis das produções cinematográficas.

Pois bem, *ywiterera'angawa*, "espectro-por-engano", aqueles que vivem segundo os desejos de outrem, para meus amigos, são aqueles que vivem na cidade, os *kamará*. Este é o seu epíteto, pois vivem à maneira dos espectros, vivem sob o signo do "caminho da anta", o *tapi'ira'arape*; isto é, vivem como os tapirídeos, "presos" a um único caminho, sempre condenados a repeti-lo. E me diziam isso sobre os brancos apontando os pontos de ônibus lotados na cidade de Marabá. No entanto, o que inquieta meus amigos não é apenas a rotina, a repetição, mas o fato de que os moradores da cidade reagem a ela de maneira descontraída, como se estivessem diante de acontecimentos perfeitamente normais. O que lhes surpreende é a trivialidade daquilo que consideram grotesco. E isso era o atestado definitivo de certa corrupção, diziam-me, signo de uma influência nefasta, sinal de que ali, na cidade, estavam diante do poder do Diabo (*ta'uwa-agaw*). Com efeito, caminhamos, não indígenas, como as antas, mas também como os espectros, pois não apenas seguimos por um único caminho, como o fazemos seguindo os desígnios de outrem, deste que na maior parte do tempo chamam apenas de Inimigo – invocar o nome do Diabo é perigoso e só pode ser feito em situações específicas. Ser "espectro-por-engano", portanto, implica uma certa relação com uma influência alógena, seus desejos.

Neste caso, desejos que, afirmam, emanam dos objetos industriais, que deles saem sob a forma de uma fumaça – especialmente dos carros, mas também dos rádios, das geladeiras, dos celulares etc. – que contamina seus portadores. Não sendo suficiente, essa fumaça sobe aos céus e volta sob a forma de uma chuva tóxica invisível que cai sobre a cabeça da humanidade, dos *awa*. E isto nos enfeitiça, diziam-me, sobretudo os mais jovens, os mais frágeis, tornando-nos irascíveis, libidinosos, sovinas, mentirosos, induzindo-nos a beber cachaça e, sobretudo, a comprar coisas que não precisamos, comprar apenas para acumular. E assim nos contaminamos ainda mais, cada vez mais, tornando-nos viciados – como diziam em meu próprio idioma. Em suma, nos importa que, enfeitiçados, os *kamará* tornam-se gradualmente submissos aos desejos que esses objetos "trazem" (*rupi*) dentro de si, os desejos do Inimigo. E assim acontece, pois o Inimigo é o "dono-das-coisas" (*ma'etirua-sára*), dono dos objetos de toda sorte, das flechas aos celulares, ele os inventou, todos eles, e por isso carregam dentro de si uma "parte" (*ma'ekwera*) deste, o seu desejo. E assim o fez para implementar o conflito (e o vício) na humanidade.[5]

E aqui atingimos o fundamental, pois essa forma de desejar, que emana das fábricas, esse desejo industrializado (e que produz corpos que se movimentam como se estivessem em uma linha de produção) é incapaz de incorporar a diferença. Nossos corpos replicam a natureza dos nossos objetos, o desejo que eles trazem consigo, e, portanto, o desejo do Diabo. Objetos cujo sentido aponta sempre na direção do mesmo, ou como me disse Tawé, aponta na direção das fábricas que ficam no centro das cidades. Mas também na direção de uma existência massificada: pois qualquer outra forma de existir – livre desses desígnios – em si mesma já é ofensiva. Podemos não saber, mas aquele que nos controla sabe que esses outros corpos trazem dentro de si potências libertadoras – e não tenho como não pensar aqui nas palavras que ouvi da minha amiga Fran Baniwa, mestre em Antropologia pelo Museu Nacional, "trago em meu corpo outras antropologias". Antropologias malditas da perspectiva da cidade, pois antropologias capazes de libertar os corpos dos desígnios do Inimigo.

Aqui seria importante falar sobre como os Aikewara concebem os movimentos coletivos sob a forma de movimentos epidemiológicos, mas não haveria espaço para tanto. Basta, por ora, compreender que é por conta disso, por medo do contágio, que nós, brancos, enxergamos os corpos divergentes, aqueles cujos movimentos intestinos divergem dos nossos, como corpos estranhos, no sentido epidemiológico do termo, e que por essa razão desejamos exterminá-los. Nossa arte é o genocídio, dizem os Aikewara, esta é a nossa vocação. Tudo se passa como se estivéssemos diante de uma biossocialidade compulsória, para utilizarmos os termos de Paul Rabinow.

Concluindo

Diante disso, repito a pergunta que abre este ensaio: "O que passa?"

Nada de novo, diriam os Aikewara, e digo isso pois mantenho um contato intenso com meus amigos. De fato, é isso que os brancos, os *kamará*, sempre fizeram, esta é a sua arte (*apó-tehé*), seu trabalho (*"apurawiki"*). A única diferença, insistem, é que agora essa máquina se volta para os limites da própria cidade. A máquina genocida citadina se redobrou internamente e agora busca expurgar a diferença intestina. Sim, a diferença intestina, pois os que morrem, insistem meus amigos, são aqueles que não podem viver única e exclusivamente sob o ritmo da produção das fábricas. São aqueles cujo corpo não mais suporta o ritmo da reprodução citadina (os mais velhos), ou aqueles que não estão excluídos desse processo (os pobres).

Da perspectiva dos Aikewara (e demais indígenas), a máquina genocida, a arte dos *kamará*, nunca cessou. A diferença é que agora nos mobilizamos para expurgar aqueles que, mesmo entre nós, são capazes de – ainda que numa escala mínima – desejar verdadeiramente, aqueles que se recusam a abraçar o regime industrial de produção corporal que nos caracteriza. Movimento eugênico, uma máquina de extermínio montada contra os corpos que enxergamos como defeituosos (e contagiosos), mas que aos olhos de meus amigos são corpos que escapam, que fogem (*semim*), corpos em algum grau – ainda que mínimo – libertos da influência citadina, do "caminho da anta". Este é o Brasil "que passa", que se consolida no rosto de Bolsonaro. Essa máquina genocida (e por isso suicidária) – se me permitem um pequeno complemento deleuziano. O Brasil passa, avança, segundo meus amigos, rumo à industrialização da própria existência. Um Brasil unificado – como diz o slogan do presidente eleito –, de fato, pois um país onde a diferença tende a zero. E este momento, onde a diferença tende a zero, é a morte. O único momento em que um corpo se torna plenamente capaz de se diferençar, que se torna idêntico a si mesmo.

Por fim, digo, que de forma assustadora, a história que meus amigos contam me lembra a história que nós mesmos contamos a respeito da emergência dos campos de concentração e extermínio na Segunda Guerra Mundial, dispositivos coloniais de controle populacional (a experiência espanhola, inglesa) que são, pouco a pouco, internalizados até eclodirem no interior (literalmente) das nações europeias – estou aqui pensando em algumas passagens do trabalho do Agamben sobre o "estado de exceção". Poderia apontar outras reverberações, na forma como Arendt caracteriza a "demência totalitária" (e a renúncia do pensamento), ou o trabalho de Clement Rosset sobre o "princípio de crueldade". E digo isso não para conceder ao pensamento indígena alguma dignidade por meio do nosso pensamento: como se dissesse "vejam, eles também percebem isso". Não se trata aqui de ser condescendente. Trata-se, pelo contrário, de fazê-lo ressoar e expandir aquilo que nós mesmos já dissemos, de fazer com que nossas palavras sejam capazes de dizer outras coisas. E isso me parece um movimento crucial diante de tempos que, para nós, para os *kamará*, tornam-se sombrios. É preciso, mais do que nunca, ceder o espaço para aqueles que efetivamente resistem, nos deixar afetar por eles. Como disse Lévi-Strauss a respeito do xamã Yanomami: é emblemático que caiba a um dos últimos porta-vozes de uma sociedade em vias de extinção, como tantas outras, por nossa causa, enunciar os princípios de uma sabedoria da qual também depende a nossa própria sobrevivência[6] (Kopenawa & Albert, 2015). Uma consciência manifesta pelos próprios indígenas, como fica evidente nas palavras proferidas por Ailton Krenak: "Somos índios, resistimos há 500 anos. Fico preocupado é se os brancos vão resistir."

NOTAS

1. Clastres, Pierre. "Entre o silêncio e o diálogo". In: *Lévi-Strauss. L'arc*. São Paulo: Documentos, 1968.
2. Os Aikewara costumam utilizar a palavra "índio" para determinar sua própria condição. Utilizo a palavra respeitando a glosa local.
3. "O mundo é habitado por diferentes espécies de sujeitos ou pessoas, humanas e não humanas, que o apreendem segundo pontos de vista distintos", sendo esses pontos de vista atrelados aos seus corpos. Viveiros de Castro, Eduardo. *A inconstância da alma selvagem*. São Paulo: Cosac & Naify, 2002.
4. Sobre este tema, ver: Calheiros, Orlando. "O próprio do desejo: a emergência da diferença extensiva entre os viventes". *Cadernos de Campo*, São Paulo, n. 24, pp. 487-504, 2015.
5. Os objetos, como os corpos, são a manifestação de um "desejo", neste caso, do desenho do Inimigo. Não é de estranhar que até o contato – e até hoje – os Aikewara produzissem tão poucos objetos. Não produziam bancos, suas casas eram de arquitetura simples para os padrões indígenas locais, mesmo os diademas eram raros, destinados, sobretudo, aos mais velhos (até pouco tempo crianças não podiam utilizá-los).
6. Kopenawa, Davi & Albert, Bruce. *A queda do céu: Palavras de um xamã yanomami*. Companhia das Letras: São Paulo, 2015.

A POLÍTICA COMO SHOW DE CELEBRIDADES – DESAFIOS DO JORNALISMO EM UM BRASIL PANDÊMICO
[Fabiana Moraes]

Nos últimos anos, você acordou polarização, dormiu polarização. Almoçou polarização, jantou polarização. Brigou polarização, bebeu polarização. Sua vida e quase todos os seus verbos foram acompanhados por um único substantivo. Mas repare: você, principalmente, leu "polarização".

No mundo pandêmico, a palavra ganhou reforço através de uma estrutura midiática acostumada a binarismos diversos, explícitos em termos como "gente do bem" ou, pior, em invenções como "cloroquiners" e "quarenteners", empregados em matérias da *Folha de S.Paulo* (abril e maio de 2020) para definir os que defendem o uso do medicamento hidroxicloroquina e os que seguem o isolamento social. O fato é que a covid-19 não só sublinhou ainda mais nossas diferenças sociais e raciais: ela demonstrou como nossa imprensa tropeça nas próprias platitudes ao se negar a trabalhar com a complexidade lá fora. Assim, constrói mitos e heróis, vilões e desgarrados, tudo a depender das suas necessidades econômica e política do momento.

É preciso passear sobre as operações discursivas que os meios de comunicação realizam nesse ambiente viral e assustador – e falar em "polarização" é importante para entender o futuro que se avizinha. A democracia brasileira conviveu durante décadas com o pluripartidarismo sem que jornalistas precisassem recorrer a toda hora a termos que conformassem as legendas como "extremistas". Isso era coisa para, no máximo, tratar aquelas com poucas chances de atingir postos majoritários, como o Partido Socialista dos Trabalhadores Unificado (PSTU) e o Partido da Causa Operária (PCO), ambos à esquerda, ou o Partido de Reedificação da Ordem Nacional (Prona, já extinto), à direita. O Partido do Movimento Democrático Brasileiro (PMDB), hoje Movimento Democrático Brasileiro (MDB), o Partido dos Trabalhadores (PT) ou o Partido da Social Democracia Brasileira (PSDB), por exemplo, transitavam entre centro, centro-direita e centro-esquerda, sem ocuparem os postos máximos da radicalização política.

Se nosso espectro político majoritário foi historicamente "equilibrado" ao centro com matizes à esquerda e à direita, o que muda no cenário para que a imprensa e mesmo nós, sociedade perpassada mais pelo senso comum do que pelo senso crítico, passássemos a ver tudo pela lente "radical"?

A resposta está no crescimento da ultradireita brasileira, uma explosão de visibilidade embalada por ao menos três fatores. O primeiro é a consolidação de um contexto político e social mais conservador em todo o mundo, no qual misturam-se, entre outros componentes, o colapso político de vários países causado por violentas disputas internas e uma onda de imigração (foram 272 milhões de imigrantes em 2019, 51 milhões a mais do que em 2010, segundo relatório da Organização das Nações Unidas [ONU]); a precarização global do trabalho, resultando em um aumento de preconceito e violência sobretudo entre populações imigrantes; e o aumento da concentração de renda entre os mais ricos e a consequente pauperização dos já pobres. O Relatório do Desenvolvimento Humano da ONU em 2019 mostrou que o Brasil vem em segundo lugar nesse insustentável placar, perdendo apenas para o Catar: lá, o 1% mais rico concentra 29% da renda total do país, enquanto aqui o mesmo percentual concentra 28,3%.

O segundo fator cresce se valendo dos sentimentos de raiva, impotência e medo derivados do contexto esboçado acima: trata-se da instrumentalização política de dados e algoritmos, principalmente nas redes sociais. O mais célebre escândalo do uso indevido dessas informações foi protagonizado pela Cambridge Analytica, empresa que utilizou dados pessoais de usuários do Facebook para influenciar as eleições presidenciais americanas em 2016. Vários super-ricos homens brancos estão nessa trama decisória para o atual estado global das coisas: Alexander Nix, CEO da empresa suspenso em março de 2018 após ser desmascarado por um jornalista do canal britânico Channel 4; o empresário norte-americano Robert Mercer, um dos principais doadores do Partido Republicano nos Estados Unidos, financiador da Cambridge Analytica com cerca de 15 milhões de dólares; e, finalmente, Steve Bannon, um rosto que se tornou familiar entre nós. Ideólogo com forte influência no bolsonarismo, Bannon também dirigiu a Cambridge Analytica e foi o assessor mais influente de Donald Trump até ser demitido, em 2017.

O terceiro fator para o crescimento da extrema direita no Brasil, apesar de seu precedente também global, ainda é pouco investigado entre nós – e é sobre ele que quero me deter mais especificamente. Trata-se da celebrificação do campo da política. Não é exagero dizer que, se antes era comum ver um político tornar-se celebridade por conta das aparições e dos deslocamentos pertinentes ao cargo, hoje temos justamente o inverso: constrói-se primeiro a celebridade, investe-se na performance, e depois da imagem firmada midiaticamente é que se disputa um lugar ao sol na vida pública. Essa é a realidade, por exemplo, de nomes como o do republicano Donald Trump e do comediante e atual presidente ucraniano, Volodymyr Zelenskiy.

Trump, tocado "magicamente" pela graça da riqueza, vista como uma qualidade de caráter por muitos, era presença comum em programas televisivos, filmes, capa de revistas de economia ou de fofocas. Em 2004, pelo canal NBC, tornou-se o rosto do bem-sucedido reality *O aprendiz*, no qual ensinava aos gritos seus poderes "sobrenaturais" – ser bilionário – aos simples mortais. Era o epítome da meritocracia e do elogio aos valores socialmente atribuídos ao macho: bater na mesa e manter-se "frio" foram qualidades aplaudidas e incentivadas por Trump, que espraiava ali os mesmos marcadores pelos quais seria eleito 12 anos depois. Não surpreende que o programa tivesse como produtor executivo, além do próprio Trump, outro célebre que chegou até a política depois de estampar seu rosto e músculos em dezenas de filmes: Arnold Schwarzenegger, duas vezes eleito governador da Califórnia. O ator seguiu os passos do colega Ronald Reagan, governador do mesmo estado em duas ocasiões,

1966 e 1970. O voo de Reagan, porém, foi mais alto: em 1981, pelo mesmo partido de Trump, o ex-ator elegeu-se presidente dos Estados Unidos – em 1984, seria reeleito.

O caso de Zelenskiy, eleito com apenas 41 anos, é ainda mais flagrante da força da performance e do "parecer ser" que impulsionam a política atual: seu rosto virou fenômeno depois de protagonizar um programa de sátira política (Servo do Povo) no qual seu personagem, um professor, tornava-se acidentalmente... presidente da Ucrânia. Toda sua corrida até a Presidência foi moldada como em um reality show, com câmeras o perseguindo e mostrando seu cotidiano. Na pauta, outras marcas dessa ascensão de célebres aos postos de poder: o cansaço com a política nomeada como tradicional, o resgate de "valores morais" e a promessa de implosão da velha ordem, algo parecido com o nosso "contra tudo que está aí". O comediante/presidente elevou à máxima potência a frase de Guy Debord[1] proferida em 1967: "a realidade surge no espetáculo, e o espetáculo é a realidade".

Em solo brasileiro, o paulistano João Doria (PSDB/SP) traçou uma carreira similar às de Trump e Zelenskiy, forjando primeiramente sua imagem midiática, o famoso que merece atenção por seu "sucesso", para só depois adentrar as estruturas do poder institucional. É verdade que antes de se tornar apresentador do programa Show Business (durante 24 anos), Doria havia passado pela vida pública como secretário de turismo de São Paulo (1983-86) e em seguida como presidente da Embratur (1986-88). A experiência não o atraiu tanto quanto a carreira de empresário-estrela: o fato é que o gosto pelos holofotes passou a fazer parte do DNA do paulistano, que chegou a apresentar duas temporadas da versão brasileira do reality show O aprendiz na Record, substituindo Roberto Justus. Trinta anos depois de ocupar cargos públicos, João Doria percebeu que o fazer político que testemunhou no fim dos anos 1980 havia mudado radicalmente, com o entretenimento sendo o "valor" maior de um campo antes dominado por certa sisudez. Havia nesse ambiente outro trunfo para

Doria: a popularização do empreendorismo e da primazia do sucesso individual como ideologias que perpassavam classes. Em 2016, vestiu seu cashmere, deixou a televisão de lado e candidatou-se à prefeitura de São Paulo. Venceu a disputa com Fernando Haddad (PT) e, dois anos depois, abandonou o cargo para concorrer ao governo de São Paulo. Venceu novamente.

O fenômeno Doria está conectado fortemente a uma cultura na qual o fazer sucesso é, para uma parcela significativa da população, em especial àquelas mais jovens, ser reconhecido massivamente. Os discursos políticos não são tão importantes quanto as performances públicas. Nesse sentido, mesmo políticos que iniciaram suas carreiras a partir de movimentos de direitos civis e sindicatos, a exemplo dos ex-presidentes Barack Obama e Lula, também captaram a necessidade de extrapolar a face institucional de seus cargos e levarem, para a arena pública, um bom bocado de suas vidas privadas.

Esse é um fenômeno estudado por sociólogos como Richard Sennett, autor de *O declínio do homem público*,[2] que há muito percebeu a importância do entretenimento em uma sociedade secularizada. "Políticos são as novas estrelas do rock", disse ele, apontando para o fato de que, se quiserem se manter vivos publicamente, esses "profissionais" precisam agir para além de seus cargos. Aqui, é impossível não se lembrar de uma das maiores críticas feitas à ex-presidenta Dilma Rousseff (PT): a de que lhe faltava "carisma". De fato, essa característica foi apontada por Max Weber em *Economia e sociedade*[3] como uma das formas de dominação social, junto aos tipos tradicional e legal-burocrático. Essa dominação carismática, no entanto, difere das últimas por seu caráter irracional e revolucionário e sua destituição do passado. Mas onde Weber via irracionalidade, Sennett verá técnica: para o último, o carisma atual é construído *racionalmente*. De fato, como viabilizar, hoje, a construção de figuras famosas senão através de aparatos como assessorias de imprensa, aplicativos e ferramentas de melhoria de imagem, treinamento para a mídia?

O amplo alcance dessa política que se sabe espetáculo e do espetáculo que se sabe política espraiou-se ainda mais com a popularização de aparelhos telefônicos, redes sociais, aplicativos e a cultura do "ao vivo": no Congresso Nacional, o número de parlamentares falando diretamente para seus seguidores durante votações e discursos tornou-se, para usar uma expressão dos tempos da pandemia, "o novo normal"; em Panelas, pequena cidade do interior de Pernambuco, onde foi realizado um Big Brother versão local, o criador do programa, Glaubson Ramos, vem nos últimos anos tentando popularizar sua imagem como apresentador e radialista de olho nas eleições deste ano, 2020. Glaubson também investe em programas de humor usando como protagonistas moradores e moradoras da cidade, a exemplo de Coelho, um homem de longos cabelos louros, olhos azuis e roupas superestilizadas, características comuns nas celebridades midiáticas. A graça e a "autenticidade", sabe ele, podem render uma vaga na Câmara de Vereadores. Aqui, ele se une ao já citado presidente da Ucrânia, Volodymyr Zelenskiy, e ao fictício desenho animado Waldo, personagem da série britânica *Black Mirror* que se torna popular a ponto de disputar um cargo no Parlamento. Sua estratégia? Palavrões, bravatas, críticas ao velho sistema político. É a descrição de uma criação ficcional, mas poderíamos estar falando do atual presidente brasileiro, Jair Bolsonaro. É sobre ele, sua celebrificação e suas relações com a imprensa que hoje o chama de extremista e antidemocrático, uma das pontas da sociedade "polarizada", que agora vamos tratar.

Bolsonaro, o presidente que ama a hidroxicloroquina, guarda diversas semelhanças com as celebridades citadas anteriormente, mas também exibe alguns ineditismos: já habitava o mundo da política há mais de duas décadas, quando passou a ser cada vez mais assediado pelas televisões em busca de um personagem "autêntico". Assim, saiu da mediocridade de seus dias como parlamentar para ocupar horários nobres em programas populares que o semiólogo Umberto

Eco classificaria de *lowbrow*,[4] a exemplo do Superpop. Ali, ele, muito "engraçado", destilava homofobia, racismo, autoritarismo, machismo. Os apresentadores e as apresentadoras falsamente chocados respondiam com críticas leves e jogavam mais gasolina na conversa: era a escada para que ele reforçasse sua comunicação violenta. Mas estava tudo bem: era apenas um político do baixo clero vivendo em um país que naturalizou o preconceito dirigido às pessoas negras; apenas um cara folclórico sendo, segundo o meio televisivo, "autêntico". Bolsonaro fazia (e faz) parte de uma nova ordem, daquilo que o diretor do McLuhan Program in Culture and Technology, Derrick de Kerckhove, apontou no prefácio do livro *Nos limites do imaginário – O governador Schwarzenegger e os telepopulistas*, de Vicenzo Susca:[5] "Na emergente sociedade mundial, não há mais a necessidade de um chefe de Estado – ou ao menos esse não é importante. Aqueles dos quais dispomos, portanto, estão ali para fazer-nos rir." Ele está correto: os absurdos proferidos por Bolsonaro foram, antes de sua ruína, o seu trunfo frente a uma audiência catequizada não só pelo "contra tudo o que está aí", mas também pela leveza prometida pelo espetáculo – afinal, a política sempre foi encarada como um esporte chato. O parlamentar também já estava ciente de que esse comportamento gerava interesse. Melhor ainda: essa mídia toda vinha de graça. "O fato de que as marionetes possam alcançar e manter o poder a despeito da acumulação de evidências contra elas significa que a dimensão do político perdeu a 'seriedade' que lhe era atribuída há algum tempo", continua Kerckhove.

Há, no entanto, um problema em creditar apenas a esses programas televisivos a popularização de Bolsonaro (e da sua família): se tais programas o tornaram mais "palatável" aos ouvidos das audiências à medida que suas falas foram se repetindo e, portanto, se naturalizando, é a imprensa profissional, voltada para o debate político "de qualidade", que passa também a abrir espaço para a toxicidade de suas declarações. Assim, garantem um outro nível de importância

– e de credibilidade – ao então deputado federal já declarado fã da tortura no período militar.

Que recursos discursivos foram utilizados por essa imprensa para colocar uma certa seda na áspera figura do então deputado federal? Afinal, construídos historicamente como lugares de "equilíbrio" e "neutralidade", termos que iremos discutir em breve, esses espaços não poderiam simplesmente jogar na cara de seus leitores e leitoras frases como "O erro da ditadura foi torturar e não matar" (dita em 2008 e 2016) ou "Vamos fuzilar a petralhada aqui do Acre" (2018). Eram, para reativarmos um termo citado no início deste texto, extremistas demais. Mas, sabendo que aqui a palavra era cabível, jornalistas que comumente se intitulam como imparciais passaram a adjetivar Jair Bolsonaro simplesmente como "polêmico", palavra tão adorada por esta imprensa quanto a colega "polarização". Estava assim permitida em jornais e revistas como *Folha de S.Paulo*, *Veja*, *Correio Braziliense*, *Jornal Nacional*, *Época*, *Jornal do Commercio*, *O Povo*, etc., a presença daquele que antes era apenas uma espécie de pateta televisivo eleito pelo povo.

Assim, "O afrodescendente mais leve lá pesava sete arrobas" (Clube Hebraica, Rio de Janeiro, 2017) foi uma frase polêmica.

Assim, "Eu não sou estuprador, mas, se fosse, não iria estuprar, porque não merece" (Congresso Nacional, Brasília, 2014) foi uma frase polêmica.

Assim, "Você é burra e analfabeta" (Congresso Nacional, Brasília, 2014) foi uma frase polêmica.

Assim, Jair Bolsonaro foi deixando cada vez mais o posto de político para ocupar o de celebridade "controversa", o que terminaria catapultando-o para a Presidência da República nas eleições de 2018. Há algo, de certa maneira, cômico se não fosse nacionalmente trágico: durante toda a campanha do então candidato do PSL, a imprensa brasileira, hoje tão assombrada com os extremos, simplesmente se recusou a classificar Bolsonaro de "extrema direita". Na *Folha de S.Paulo*, por exemplo, o argumento lido em uma circular interna assinada pelo secretário de redação Vinícius Mota atentava que o Manual de Redação do periódico restringia o uso de "extrema" para direita ou esquerda apenas para designar "facções que praticam ou pregam violência como método político". É uma boa mostra de nossa imparcialidade jornalística, assentada sobre a técnica: para o jornal, racismo e misoginia não poderiam ser lidos como atos violentos.

A reverberação continuou, é claro, e aprendemos da forma mais dolorosa que não nomear as coisas pelo que elas são ajuda a cavar abismos: em fevereiro de 2020, pouco mais de um ano depois de vestir a faixa presidencial e sentar na cadeira destinada ao posto máximo do Executivo no país, Jair Bolsonaro disse que a repórter Patrícia Campos Mello, da *Folha de S.Paulo*, "queria dar um furo". Naquele mesmo mês, no dia 29, falou para um apoiador negro durante um ato no Espírito Santo que ele pesava "oito arrobas". "Bolsonaro participou de evento do Aliança pelo Brasil por videoconferência quando deu a polêmica declaração", foi a legenda usada pelo *Correio Braziliense* no mesmo dia. Semanas depois, zombava de uma pandemia que já dizimava milhares de pessoas.

O apoiador do regime militar continua a ser a mesma pessoa – jamais indicou que teria atitudes diferentes ao tornar-se presidente –, e a nossa imprensa, em que pese a insistência da legenda do *Correio*, finalmente começou a tratá-lo como uma ameaça real à já limitada democracia brasileira. Vimos um *drops* dessa ação no momento em que Flávia Lima, ombudsman da já citada *Folha*, revelou uma conversa realizada no interior da empresa, quando, durante uma reunião, o diretor de Redação do veículo, Sérgio Dávila, admitiu que hoje vê problemas na cobertura que o grupo realizou a respeito da operação Lava Jato. Aliás, a Lava Jato é, assim como Jair Bolsonaro, outra grande estrela dessa lógica celebrificante que permeia a "imprensa séria":

entraram para a história do nosso jornalismo, por exemplo, as capas das revistas *IstoÉ* e *Veja* a respeito do primeiro encontro entre o ex-presidente Lula e o ex-juiz federal Sergio Moro, quando ambas criaram espécies de cartazes de luta livre para tratar do assunto.

O tratamento que procurou poupar o atual presidente de críticas mais profundas, assim como a quase assessoria de imprensa à disposição do Ministério Público Federal (MPF) de Curitiba são dois exemplos de momentos nos quais a imprensa brasileira não percebe (ou não quer perceber) a própria importância e, em vez de cumprir seu papel de filtro, prefere simplesmente ser uma espécie de condutor oco – como se isso fosse possível – entre a fala tóxica de Jair Bolsonaro, a seletividade política do MPF e o público. É um falso desejo de mostrar-se imparcial frente às coisas do mundo, uma forma de lavar as mãos e, assim, blindar-se de críticas e cobranças das audiências. "Só publicamos os fatos", nos diriam aqueles mais obtusos ou pretensiosos, parafraseando a escritora e jornalista Janet Malcolm. Deve-se inferir então que, se um veículo "só noticia", podemos dispensar profissionais como repórteres, editoras e editores e passarmos a nos contentar com notícias feitas por algoritmos, algo já possível no ambiente jornalístico.

A pretensão de entender-se e vender-se como imparcial que ainda caracteriza o jornalismo – e não somente o brasileiro – tem relações profundas com a própria profissionalização da prática. Aqui e lá fora, a notícia como produto que podia ser vendido para massas cada vez maiores precisava ser embalada da forma mais "transparente" possível, e, para isso, um dos recursos mais poderosos foi a própria ciência, em especial uma de suas correntes, o positivismo. Já faz tempo que a pesquisadora Cremilda Medina, da Universidade de São Paulo (USP), analisou a influência na imprensa de nomes como Auguste Comte (1798-1857). Em linhas muito gerais, o estado positivo é um "regime definitivo da razão em que a observação é a única base possível dos conhecimentos acessíveis à verdade, adaptados sensatamente às necessidades reais".[6] Essa perspectiva foi aplicada em nosso fazer jornalístico, que passou a se vender como um instrumento de verdades ilibadas. Um método, diz Medina, também cartesiano de produção noticiosa que terminou sustentando durante dois séculos os modos de fazer e pensar uma prática cujo "material" é essencialmente complexo e atravessado por conflitos: a vida cotidiana. Assim, manuais de redação ao redor do planeta traziam a importância de uma neutralidade e de uma objetividade que significariam, também, a melhor ética. Mas a questão, como maravilhosamente definiu o cientista austríaco Heinz von Foerster (físico, filósofo e escorpiano), é que "a objetividade é a ilusão de que as observações podem ser feitas sem um observador". Ou seja: a professada neutralidade jornalística só poderia ser possível se repórteres fossem entes descorporificados, sem história e interações sociais.

No Brasil, o crescimento do jornalismo comercial na segunda metade do século XIX se encontra tanto com o enorme cortejar ao fazer científico que marcava a sociedade – com o darwinismo social e o positivismo, dois grandes paradigmas, dominando corações e mentes – quanto com outro fator fundamental para entender a nossa imprensa na atualidade: a abolição da escravatura. Se a Constituição de 1824 não considerava índios e escravos cidadãos, agora seguíamos em tese para um horizonte de não diferença. Estávamos enamorados da República e queríamos nos lançar de vez às luzes da razão, o mundo novo que o Iluminismo havia prometido a partir da Europa. Mas a ciência, o grande trunfo dessa racionalidade, nos dizia que, no fim, não éramos tão iguais assim: a cor escura da pele conseguia, por exemplo, explicar por que pessoas negras eram menos capazes de realizar raciocínios mais sofisticados.

As teorias raciais de cientistas estrangeiros, como Gobineau, Louis Agassiz, Louis Couty e José Ingenieros, traziam dados "puros" sobre a realidade brasileira e influenciavam nomes como Nina Rodrigues, seguidor do psiquiatra e cientista italiano Cesare Lombroso e responsável por dissecar a cabeça de Antônio Conselheiro, o sertanejo que maculava nossa jovem, branca e ilustrada República. Ambos apostaram que características mentais, físicas e fisiológicas podiam explicar que pessoas eram ou não mais predispostas à delinquência. A elite intelectual brasileira abraçou esta e outras teorias deterministas europeias, extremamente hierarquizantes na fixação de raças superiores e inferiores e que relacionavam a biologia à história. O jornalismo, é claro, fazia parte dessa elite, e um naco significativo de barões do café e ex-escravocratas, por exemplo, passou a investir ou a participar no negócio jornal. Dessa forma, era comum ler em jornais como o *Correio Paulistano* (edição de 2 de setembro de 1890) notícias como:

> Menino de rabo – um menino recolhido actualmente em uma casa de caridade apresentava um phenomeno significativo. O menino Francisco Bicodo com 10 a 12 annos de idade, caboclo, mulato e aparentemente regular em suas funções tem anomalias. Diga-se a causa pelo seu nome, o menino tem no final do espinhaço um rabo de mais ou menos 7 cm como se fora um cão. Como não se fora um macaco e a enrola-se e tende a crescer. Agora os darwinistas devem bater palmas de contentes e exultar de prazer vendo no rabo do menino um ponto de apoio a sua doutrina scientífica.

É importante saber que, ora, vejam só, a notícia extraída do livro *Retrato em branco e negro: Jornais, escravos e cidadãos em São Paulo no final do século XIX*,[7] de Lilia Schwarcz, surgia em veículos que já se declaravam publicamente como neutros, apartidários, uma forma de atrair mais pessoas para suas páginas "democráticas" e superar uma suposta parcialidade da imprensa. O primeiro número do *Correio Paulistano* afirmava que "os jornais quase que exclusivamente ocupam-se de interesses de sua parcialidade política e o que mais de questões muitas vezes pessoais tem transviado a nossa imprensa de seu santo ministério. O *Correio Paulistano*, pois, aspira nesta província ao caráter de publicação imparcial".

Essa professada imparcialidade dos jornais de então reverbera substancialmente na imprensa atual através de uma mesma chave: as publicações anunciam que não possuem amarras com partidos políticos, logo, estão fora de ideologias. Assim, questões como racismo, misoginia, machismo, xenofobia etc. são assuntos *fora da política*, esta percebida nos jornais quase sempre em seu aspecto partidário. Nessa equação é possível, como vimos, afirmar que Jair Bolsonaro não precisa ser classificado como um ultradireitista.

O fato é que o jornalismo "neutro" empresarial, das redes e dos conglomerados mais assentados, passou a se constituir como norma. Tudo aquilo que não está nele seria, assim, um desvio, uma anormalidade situada, como tão bem já salientou a pesquisadora e jornalista Márcia Veiga. Um veículo como, por exemplo, *The Intercept Brasil* (TIB), é criticado por se posicionar demais, ou, pior, por ser "ativista". Mas, se entendemos que o TIB foi "ideológico" ao publicar as mensagens da Vaza Jato, devemos pensar o mesmo em relação ao *Jornal Nacional* no momento em que este vazou a histórica ligação telefônica entre Dilma Rousseff e Lula.

Para marcar esse lugar que parece limpo e equilibrado, esse "estar acima das paixões", nossos veículos naturalizaram o discurso criminoso de um político celebrizado midiaticamente. Primeiro, ele era apenas um ser "polêmico"; depois, já presidente, um extremista que está em uma ponta enquanto Lula (cujo governo foi marcado por alianças com partidos como o PMDB) está na outra. É fundamental perceber como o ex-presidente vai ser continuamente construído como o Bolsonaro do outro lado do espelho. Está posta a "polarização" que – sugerem esses veículos – nos apequena enquanto sociedade e da qual precisamos nos livrar; afinal, precisamos valorizar a democracia à brasileira, na qual indígenas e pretos são tratados como cidadãos de segunda classe e uma distribuição de renda mais justa é uma ideia estapafúrdia. A objetividade jornalística,[8] é fato, ajudou não só a propagar um racismo estrutural e epistêmico, como também nos trouxe de presente um Jair Bolsonaro, o homem que pode ser julgado por crimes contra a humanidade por conta de sua postura pública em relação à pandemia.

Enquanto imprensa e outras instituições fundamentais para a manutenção de nossa relutante democracia assinarem embaixo das práticas autoritárias e preconceituosas, vamos seguindo o bonde em direção ao precipício. No volante, alguém "autêntico" que foi confundido pela imprensa séria como um tiozão do pavê que às vezes soltava um impropério. Lembro-me de quando uma repórter disse em um podcast que Bolsonaro era um cara "meio Sergio Mallandro".

Engraçado.

Folclórico.

Polêmico.

Agora, são muitos os que já não se divertem nesse cenário político e epidêmico tão absurdo que parece ficcional. "O avesso do fantoche é o terrorista, e como podemos verificar, em alguns casos precisos, essa situação torna-se inversa, já que as brincadeiras e os jogos do primeiro fomentam o seu avesso sangrento", escreveu Kerckhove. É uma análise que é também um retrato de um Brasil, em que, depois de pouco mais de um ano na Presidência, o presidente-celebridade resolve levar até a imprensa que o ajudou a chegar ao poder um humorista, o Carioca, vestido como ele mesmo, Jair Bolsonaro.

Ali, março de 2020, com a pandemia já cheirando o pescoço do país, o presidente é questionado sobre o PIB, que crescera apenas 1,1% em 2019. Em vez de falar com os repórteres, Bolsonaro estimula que o humorista distribua bananas e responda em seu lugar. Caos instaurado, perguntas não respondidas, bananas distribuídas, selfies, apoiadores transmitindo ao vivo, gargalhadas, "mito".

Houve algo muito importante naquele dia e que talvez ainda não tenhamos entendido: Bolsonaro agiu com imensa coerência quando colocou um humorista para ser nosso presidente. Ali nos deu, jornalistas, uma lição: ao ajudarmos a eleger um cara "meio Sergio

Mallandro", demonstramos que podemos ser tratados como idiotas. Dos atos tantas vezes violentos contra a imprensa, talvez aquele tenha sido um dos mais didáticos e mesmo lúdico: tivemos uma experiência única e mesmo lúdica de ver alguém sem qualquer capacidade para responder pela República ocupar os holofotes da política para fazer graça, distrair, ocupar a nossa atenção.

E não estou me referindo ao humorista.

NOTAS

1. Debord, Guy. *A sociedade do espetáculo*. Rio de Janeiro: Contraponto Editora, 1997.
2. Sennett, Richard. *O declínio do homem público: As tiranias da intimidade*. Trad. Lygia Araújo Watanabe. São Paulo: Companhia das Letras, 1999.
3. Weber, Max. *Economia e sociedade*. Brasília: Ed. UnB, 1991 (vol. 1).
4. Eco, Umberto. *Apocalípticos e integrados*. São Paulo: Editora Perspectiva, 2008.
5. Susca, Vicenzo. *Nos limites do imaginário: O governador Schwarzenegger e os telepopulistas*. Porto Alegre: Editora Sulina, 2007.
6. Medina, Cremilda. *Ciência e jornalismo: Da herança positivista ao diálogo dos afetos*. São Paulo: Summus Editorial, 2008.
7. Schwarcz, Lilia M. *Retrato em branco e negro – Jornais, escravos e cidadãos em São Paulo no final do século XIX*. São Paulo: Companhia das Letras, 2017.
8. Moraes, Fabiana. *O nascimento de Joicy: Transexualidade, jornalismo e os limites entre repórter e personagem*. Porto Alegre: Arquipélago Editorial, 2015.

A REVOLUÇÃO DOS INVISÍVEIS – UMA DEFESA FILOSÓFICA DA RENDA BÁSICA
[Tatiana Roque]

A categoria "texto de filósofo" foi um caso à parte na pandemia. Houve a leviandade de Giorgio Agamben querendo enxergar "estado de exceção" até na fiscalização de normas sanitárias, essenciais para manter as pessoas em casa em prol da vida coletiva.[1] Mereceu o puxão de orelha de Jean-Luc Nancy.[2] Um dos que têm acertado é Bruno Latour, ao trazer o negacionismo para o centro do debate e apontar que o problema não é cognitivo, mas geopolítico.[3] Seus gestos de barreira, contudo, parecem insuficientes diante de desafios que, como ficou mais evidente na pandemia, dependem da política institucional.

Achille Mbembe viu seu conceito de necropolítica ganhar repercussão e perder força, com uso generalizado e pouco preciso. Parece que ele próprio não insiste mais na ideia, lançando agora o "brutalismo". Mbembe alerta para o problema das fronteiras, cujo controle está por trás do crescimento da extrema direita na Europa. Populações inteiras começam a ser consideradas "excedentes", por meios mais ou menos sutis. São os sem lugar, os não nomeados, os "despossuídos", para usar a expressão de Ursula Le Guin, os produtos das "expulsões", associados por Saskia Sassen à brutalidade da economia global. Todos os invisíveis. Aqueles que só aparecem quando morrem nos barcos em que tentam se salvar, migrando para um continente que já teve seu momento. Estes que, mais perto daqui, apareceram nas filas em busca do auxílio emergencial.

Houve o caso de Tania Aparecida Gonçalves, acolhida por nossa Rede Brasileira da Renda Básica (RBRB). Dada como morta no cadastro, não conseguia validar seus dados para obter o auxílio. Expressou em poucas palavras os diferentes escândalos desta pandemia: "me ajuda por favor consta que estou em ÓBITO MORTA não sei mais o que fazer TO VIVA E CONSTA QUE ESTOU MORTA EM ÓBITO JÁ FIZ DE TUDO QUE POSSA IMAGINAR." A mensagem chegou assim para uma diretora da RBRB, Paola Carvalho, com milhares de fotos para provar que estava viva. Paola pegou o caso nas mãos e conseguiu registrar Tania, que ainda aguarda a primeira parcela do auxílio. A exigência de CPF e registro, para entrar no cadastro do governo e receber as três parcelas de 600 reais, escancarou a invisibilidade de uma imensidão de pessoas. Quem já estava no Cadastro Único, com situação regular, recebeu mais rápido. Outros tiveram de batalhar antes para não ficar invisíveis.

Uma das maiores conquistas, em meio a tantas tragédias, foi a renda básica. A ideia entrou na agenda pública para ficar, como dispositivo de proteção, mas também de visibilidade. Os que formavam as enormes filas na Caixa Econômica Federal, correndo risco de contágio, puderam ao menos contar suas histórias em cadeia nacional. Depois da batalha para que os invisíveis conseguissem entrar no sistema, tornou-se unânime celebrar o avanço representado pelo Cadastro Único em nossas políticas sociais – criado em 2001, estruturado a partir de 2003 com o Bolsa Família e outros programas sociais dos governos do PT, como o Minha Casa Minha Vida.

O desafio agora é ir além do "emergencial" e aprovar uma renda básica permanente no Congresso Nacional.[4] A medida passou a ser abraçada por políticos e especialistas de diferentes matizes (o que é ótimo), mas com argumentos excessivamente economicistas e tecnocráticos. Gostaria de aproveitar este texto mais reflexivo para defender a renda básica como instrumento – ou dispositivo, em termos foucaultianos – para que os invisíveis sejam vistos. Obviamente, isso vai além do cadastro: além de contas em banco e acesso à internet, essas pessoas precisam de uma renda garantida regularmente (além de outros direitos universais, como saúde e educação gratuitas). A renda básica pode ser encarada como uma remuneração pela única coisa que continuou a importar quando tudo parecia perder o sentido: manter os gestos cotidianos que garantem a reprodução da vida. Cozinhamos mais, vendemos e compramos comidas de vizinhos de quem mal sabíamos o nome; pagamos (espero!) para que as faxineiras e trabalhadoras domésticas pudessem ficar em suas casas, cuidando dos filhos delas – e não dos nossos. Conseguimos extrair sentido de coisas que não imaginávamos dar tanto prazer, como fazer pão. Nada disso teria sido possível, contudo, sem os entregadores. Depois de enfermeiras e médicas, essa foi, sem dúvida, a categoria profissional mais importante da pandemia, a de quem arriscava sua vida para pouparmos a nossa. Até tentamos prestar mais atenção aos entregadores, mas nada comparável ao poder disruptivo da atenção que prestaram a si mesmos e ao valor social de seu trabalho. Fizeram até uma greve de sucesso, no dia 1º de julho, passando a ser vistos como ativistas e militantes, sujeitos de um novo discurso político sobre suas condições de trabalho. Transformar essa precariedade em algo digno requer novas formas de proteger esses trabalhadores.

No Brasil, o sistema de proteção social é excessivamente vinculado ao emprego formal. Por isso, a esquerda defende a criação de empregos, frequentemente pela via do crescimento econômico. Há uma série de motivos, porém, para sermos céticos em relação à possibilidade de universalizar a proteção social por esse caminho. Mesmo os modelos econômicos mais acertados não serão capazes de gerar empregos dignos para todo mundo em tempos de automação e emergência climática. A pandemia mostrou que a mobilização permanente – da rua, do comércio, da extração de recursos naturais ou da circulação de mercadorias, onde o capital se reproduz – é incompatível com a desmobilização que o futuro exige.

Um artigo publicado na revista *Science* mostrou que locais próximos a florestas tropicais, onde mais de 25% da vegetação original foi perdida, tendem a ser focos de transmissões virais entre animais e humanos. Morcegos, por exemplo, que são os prováveis reservatórios de Ebola, Sars e do coronavírus que transmite a covid-19, passam a se alimentar nas proximidades de povoados quando o seu hábitat florestal é perturbado por atividades humanas. Mariana Vale, professora de Ecologia da UFRJ que participou do estudo, disse que "a relação entre desmatamento e tráfico de animais silvestres e o surgimento de doenças emergentes é muito bem estabelecida". Mesmo assim, ações ambientais estão essencialmente fora da agenda de prevenção de pandemias.

A imagem que o Antropoceno inaugurou, e que a pandemia tornou sensível, é a de seres humanos que se tornaram uma força destrutiva da natureza em escala planetária, gerando tantos riscos para si mesmos que cogitamos um mundo sem nós. "Com a pandemia, vivemos a primeira crise econômica do Antropoceno." Esse foi um dos melhores textos econômicos publicados durante a crise sanitária, escrito pelo cientista político alemão Adam Tooze.[5] Não sabemos como o vírus surgiu, mas certamente se disseminou de modo tão vasto e rápido devido ao modo de vida que impera no planeta – essencialmente urbano, favorecendo transportes a grandes distâncias e aglomerações densas demais. Será possível, após a pandemia, seguir com "os negócios de sempre"? O diagnóstico de Tooze foi no ponto: "Conforme circulava ao redor do mundo, a covid-19 embaralhou a linha do tempo do progresso." Nunca esteve tão evidente "o compromisso entre a atividade econômica e a morte", sublinhou em seguida.

A medida concreta mais essencial para interromper a atividade econômica foi a renda básica. Sem isso, nem o isolamento social insatisfatório que tivemos teria sido possível. Estava nítida a separação entre quem podia ficar em casa facilmente porque tinha alguma renda garantida – seja em forma de salário, ajuda da família, herança, dinheiro no banco, sejam bens – e quem não tinha. A exemplo dos entregadores, uma outra categoria não tinha renda garantida e produziu os momentos mais emocionantes da pandemia: artistas e trabalhadores da cultura (nada mais simbólico do que as *lives* da Teresa Cristina, que funcionaram como um bálsamo no isolamento). O que muitas dessas artistas e os entregadores têm em comum? Uma boa parte de seu trabalho, principalmente das que não são famosas, é invisível, por isso essas pessoas têm renda e garantias muito inferiores às que merecem.

Esses trabalhos compõem a esfera da reprodução social, para falar em termos marxistas. Exatamente como o trabalho doméstico, apontado por feministas que já criticaram o marxismo por deixar em segundo plano – e invisibilizar – as tarefas de reprodução da vida. Essas feministas apontaram algo essencial ao dizer que o trabalho doméstico é um trabalho como todos os outros: o afeto e o cuidado são fatores econômicos. Elas foram as primeiras a chamar atenção para todas as formas de geração de valor tornadas invisíveis pelo modo como o trabalho é definido, em sua identificação prioritária com a produção: o trabalho na fábrica. O movimento por salários para o trabalho doméstico – surgido nos anos 1970 e liderado por Silvia Federici e outras feministas – propunha uma nova definição de trabalho, fundada em tarefas que sempre estiveram envolvidas na produção, mas de modo indireto. Como não eram reconhecidas como trabalho produtivo, não eram remuneradas. E para justificar que não fossem remuneradas, eram vistas como tarefas feitas por afeto ou amor: cuidar do marido, criar e educar os filhos. Hoje, esses mecanismos já são vistos como meios de invisibilizar o trabalho de diferentes grupos excluídos, como as empregadas domésticas, que acreditamos (ingenuamente?) deixar suas casas para cuidar das nossas por amor. A preponderância da figura do trabalhador, sob o modelo da fábrica, fez com que mesmo a esquerda tenha deixado de lado as trabalhadoras invisíveis: mulheres negras e brancas, homens negros ou imigrantes. Exatamente as pessoas que são empurradas para fora, expulsas, as sobras ou dejetos, denominados por Mbembe, que preferi chamar de invisíveis.

O paradigma da reprodução social pode fundar uma nova economia política – é o que sugerem autoras como Silvia Federici, Federica Giardini e Anna Simone.[6] Isso inclui não apenas o setor de cuidados, mas todas as atividades que dependem essencialmente de capacidades afetivas, corporais, relacionais e linguísticas. Inserem-se aí, portanto, entregadores e atendentes de telemarketing, mas também pessoas que trabalham com cultura ou outras tarefas criativas. A principal característica desses trabalhos é envolver uma parte significativa de atividades que produzem riqueza, mas não podem ser medidas, pois são difíceis de quantificar. E o mundo do trabalho, hoje, ainda é organizado de forma que trabalhos não quantificáveis não são remunerados. Capacidades afetivas, corporais, criativas, relacionais ou linguísticas são bem pagas quando conseguem virar exceção: o jogador de futebol e o cantor famoso, o grande designer reconhecido e as celebridades da moda e da TV. Mas quantos futebolistas precarizados existem por trás de um milionário? Quantos músicos? Quantas atrizes, modelos, designers ou fotógrafas? Milhões e milhões.

Em todas essas atividades, exatamente do mesmo modo que donas de casa, entregadores ou empregadas domésticas, há enorme parcela de trabalho desvalorizado por não ser quantificável. O saber, a criatividade, as habilidades corporais e até mesmo a saúde dessas pessoas são introduzidos na lógica da valorização do capital de modo indireto, como fatores subjetivos, que não podem ser medidos. A consequência é o aumento de um capital intangível (educação, formação, força física) na determinação do crescimento e da riqueza, mas sem que seja revertido para as pessoas que detêm esse capital. O caso dos professores é o mais aberrante. Todo mundo defende, mas logo se esquece das qualidades de paciência e obstinação para ensinar aritmética ou biologia para crianças desconcentradas e desatentas, vítimas elas próprias dos videogames. Em muitos setores essenciais à economia, há dimensões cognitivas, comunicacionais e afetivas que são dominantes, mas tornadas invisíveis e, portanto, não pagas. Um dos melhores exemplos é o domínio da informação: dados sobre tudo que fazemos alimentam um pequeno número de empresas (as chamadas Gafa, acrônimo para Google, Amazon, Facebook e Airbnb). E essas empresas não pagam absolutamente nada por isso. Não à toa, são as que mais valorizam seu capital na bolsa.

As feministas mostraram que sólidas estruturas de poder foram responsáveis pela invisibilização do trabalho doméstico. Destinadas a extrair trabalho de forma gratuita, foram usadas de forma ainda mais violenta pelo racismo (criado para justificar a escravidão e a exclusão de populações inteiras). O modo mais efetivo de recusar o trabalho gratuito é remunerar todos os trabalhos afetivos, cognitivos, culturais, criativos ou corporais que são feitos sem ninguém ver. Esta é a importância da renda básica: um salário para toda a economia reprodutiva, mesmo que não seja produtiva no sentido do capital.

Todas as capacidades que tornam as pessoas capazes de interagir, se comunicar, aprender, criar relações servem à economia reprodutiva. Essas atividades, anteriormente, estavam no campo da reprodução da força de trabalho, ou seja, eram submetidas ao trabalho, tido como fator central do crescimento econômico. A vida, em toda a sua extensão, sempre precisou de trabalho para ser reproduzida, mas esse trabalho nunca foi pago. Nada pode valorizar tanto a vida comum, portanto, interrompendo a produção de pessoas "excedentes", quanto a afirmação de que todo mundo tem direito a um salário de subsistência. A renda básica prepara para as crises vindouras, desde a transição para a automação até o Antropoceno, dando poder aos invisíveis para ser sujeitos das mudanças urgentes de que precisamos.

A renda básica desvincula a proteção social do emprego formal, e isso é uma vantagem, pois garante dignidade contra trabalhos precários e tempo livre para a atividade política. A renovação política tão almejada precisa criar modos concretos para recusar a invisibilidade a que são submetidas as pessoas essenciais nesse processo – não haverá projeto transformador sem elas. Em outros tempos, o agente da mudança chamava-se "sujeito político". E a esquerda foi construída tendo a figura do trabalhador como sujeito político. Hoje, essa categoria é insuficiente, o que explica alguns impasses, como as disputas envolvendo pautas "identitárias" (que vimos aqui ser plenamente econômicas, porém). A noção de classe trabalhadora não dá conta dos desafios complexos gerados pelo neoliberalismo, pois ela separa quem devia unir e une quem devia separar: separa os informais dos formais; une os formais ricos aos formais pobres. Além disso, coloca-se em tensão com as lutas das ditas "minorias", que vêm ocupando o centro da cena política. As estratégias de feministas, movimento negro ou LGBTI+ insistem na reivindicação de mais visibilidade, o que está no cerne de uma economia que produz invisibilidade. Falta apenas foco, em nossas análises econômicas, sobre a migração do capitalismo para uma nova fase. Não à toa, diante da tendência à diminuição da oferta de empregos gerada pela automação, o único setor que tende a crescer é o de cuidados.

Nosso sistema econômico acumula capital produzindo invisíveis por toda parte, logo, a visibilidade simbólica é um fator econômico – não se trata de mera "representatividade". Todos e todas que se sentem invisíveis estão no mesmo barco e não têm motivo para lutar uns contra os outros. Recentemente, franceses de um país invisível (as cidades do interior) vestiram coletes amarelos fosforescentes para se fazer ver, trazendo mais invisíveis para as ruas. Mas "invisíveis" não pode ser o nome do novo sujeito político, pois indica mais uma condição. Sugiro aqui como etapa de uma construção que tem de ser política e coletiva – e não vai ser resolvida em "texto de filósofa".

O que impede a convergência dos invisíveis na formação de um novo agente da mudança? Por que as novas personagens que entram em cena parecem criar grupos fragmentados e desunidos? Associar as raízes do conservadorismo às consequências do projeto neoliberal, grande produtor de invisíveis, é essencial para pensarmos saídas. Isso inclui: os pobres de sempre, a classe média que tem empobrecido, mulheres, negros, trabalhadores precários e desempregados (com ou sem glamour). São essas pessoas que carregam a economia reprodutiva nas costas.

No Brasil, que sempre funcionou à margem do capitalismo global, as populações invisíveis sempre deram um jeito de manter a economia se reproduzindo e gerando condições de subsistência. Informais de todos os tipos, mães de família e vizinhança, criativos e fazedores tão valorizados na cultura eletrônica dos *"makers"*. A nova política vai surgir da organização dessa ralação, do "corre" (como dizem os paulistas). Mas essas pessoas precisam de tempo livre para se dedicarem a projetos coletivos. Isso só é possível se tiverem garantido o básico: moradia, saúde, educação e dinheiro no bolso. Os três primeiros são direitos reconhecidos em nossa Constituição e precisam ser cumpridos. Ainda falta garantir uma renda básica universal. O social está em crise e eivado de fragmentações. Um modo concreto de refazer os laços é reconhecer o direito à vida independentemente de qualquer coisa, inclusive da produção e do crescimento econômico. Enquanto estivermos no capitalismo, reconhecer quer dizer pagar. Um direito a renda básica tem o papel de selar um compromisso coletivo com os invisíveis e deixar que surjam na cena. Depois, quando estiverem menos ocupados, inventarão um nome para si mesmos.

NOTAS

1. Os textos de Giorgio Agamben na pandemia foram traduzidos e reunidos aqui: https://bazardotempo.com.br/giorgio-agamben-e-a-pandemia-subsidios-para-um-debate/.
2. Eccezione virale, 27 fev. 2020, https://antinomie.it/index.php/2020/02/27/eccezione-virale/.
3. Latour, Bruno. *Onde aterrar? Como se orientar politicamente no antropoceno*. Rio de Janeiro: Bazar do Tempo, 2020.
4. Foi instalada no mês de julho de 2020 uma Frente Parlamentar pela Renda Básica, reunindo deputados de diferentes espectros e secretariada pela Rede Brasileira da Renda Básica.
5. "We are living through the first economic crisis of the Anthropocene", *The Guardian*, 7 maio 2020.
6. Ver o número da revista *Viewpoint Magazine* sobre o tema: https://viewpointmag.com/2015/11/02/issue-5-social-reproduction e o artigo: "Le symbolique, la production et la reproduction. Éléments pour une nouvelle économie politique". In: C. Laval, L. Paltrinieri, F. Taylan (org.). *Marx & Foucault. Lectures, usages, confrontations*. Paris: La Découverte, 2015.

ENTREVISTA COM SILVIO ALMEIDA

Ao longo da pandemia, o professor de Direito Silvio Almeida se tornou uma das vozes mais necessárias e precisas no diagnóstico dos impactos da covid-19 em diversos âmbitos da vida social e política do país. Nesta entrevista, Almeida nos recorda que o colonialismo precisou produzir subjetividades que naturalizassem a morte. Este traço da formação do Brasil fica ainda mais evidente em uma pandemia na qual se absorve, sem choque, com uma naturalidade entorpecida, a morte de milhares e milhares de pessoas diariamente, na sua maior parte negros e pobres. O professor sinaliza ainda para o fato de que estamos em uma encruzilhada, o que consiste em uma chance de se escolher por qual caminho seguir. E nos caberia então buscar traçar, desde já, uma rota que nos levasse a um mundo radicalmente diferente daquele em que vivíamos. Pois, em suas palavras, o que pode acontecer de pior é simplesmente voltarmos ao "normal".

Entrevista concedida a Luisa Duarte e Victor Gorgulho.

VICTOR GORGULHO: Hoje, 29 de julho de 2020, estamos no Brasil chegando a dois milhões e meio de casos de covid-19, mesmo com uma grande subnotificação de infectados pelo coronavírus. Quase 90 mil mortos na pandemia. A gente sabe que toda crise econômica acentua as desigualdades e aprofunda os abismos sociais de qualquer sociedade. Em um país como o nosso, que é um dos mais desiguais do mundo, sabemos, essas desigualdades vêm acarretando efeitos nefastos no contexto da pandemia. Portanto, acho que seria importante começarmos te escutando a respeito das ações – e muitas vezes das não ações – do governo brasileiro diante da crise causada pela pandemia.

SILVIO ALMEIDA: Essa questão traz uma série de elementos, que são fundamentais, para serem analisados e discutidos, antes da resposta efetiva à pergunta. Primeiro deles: acho que este governo, tal como ele se apresenta hoje, não é uma causa do que nós estamos vivenciando. Ele é, sim, uma consequência, ele é um sintoma. O sintoma de um processo acelerado de decomposição da vida social, que tem causas estruturais, como você muito bem coloca. E aí a gente tem que discutir um outro ponto, que é: o que a gente entende por crise. A crise econômica, ou as crises econômicas, ao longo da história, não são apenas provocadas por fatores conjunturais. Obviamente, é uma série de contingências históricas que provocam a aceleração dos processos conflituosos, e que a crise encadeia. Mas as crises só acontecem porque já existem, no modo com que a sociedade se organiza, fatores que levam essas crises aos patamares onde elas costumam chegar. Estou falando do quê? Estou falando da organização política e econômica contemporânea, que é feita a partir da metabolização de conflitos, que são conflitos inerentes à sociabilidade em que a gente vive. Estou falando, aqui, do capitalismo.

O capitalismo é, portanto – usando aqui uma linguagem clássica –, um modo de produção, mas vamos entender modo de produção não apenas do ponto de vista de uma significação. Vamos entendê-lo como os modos e todas as formas a partir das quais organizamos nossas vidas, tendo como ponto de partida – aliás, tendo como ambiente – certas formas sociais que necessariamente precisam ser produzidas para que a sociedade se reproduza. Eu estou falando de uma sociedade, como a nossa, que necessariamente precisa reproduzir relações econômicas baseadas na troca mercantil. Estou falando de uma sociedade que precisa produzir relações de pobreza e que tem o Estado como o seu eixo fundamental. Não é o único, mas é um eixo fundamental. A sociedade se organiza em torno da figura do Estado como centralizador. Usando de uma forma o dinheiro como a mediação das trocas mercantis. Estou falando aqui, também, da forma jurídica, do Direito como um fator fundamental. Então, veja, qualquer sociedade contemporânea que tenha as características que nós consideramos como sendo características de sociedades capitalistas vão ter esses elementos – obviamente, adaptados a realidades históricas específicas. Uma sociedade como essa tem conflitos fundamentais. Tem conflito de classes, para começar. Tem conflitos entre grupos, entre os indivíduos que perseguem, dentro desse sistema e dessa lógica, objetivos diferentes, mas que convergem todos para a reafirmação do sistema. As pessoas querem dinheiro, querem ter uma casa, mas tudo converge, portanto, para que as expectativas dos indivíduos tenham algum tipo de anuência com aquilo que o sistema pode oferecer. E isso cria uma lógica da concorrência. Sabemos como funcionam os conflitos e como eles precisam de limites. Por isso é preciso haver o Poder Judiciário, por exemplo. Porque os conflitos têm que ser absorvidos pelo próprio sistema, que, por sua vez, precisa ter uma resposta prévia para os conflitos que virão a aparecer.

O que é a crise, afinal? A crise se caracteriza quando você tem uma impossibilidade de o sistema se reproduzir metabolizando esses conflitos e dando a esses conflitos um elemento regulatório. É quando você não tem como regular mais esses conflitos. O que a gente chama de fascismo, de alguma maneira, é uma espécie de sintoma de um sistema que não consegue se reproduzir sem que a violência apareça na sua forma mais crua, na sua forma mais evidente.

Se a gente pegar outras crises que antecederam a crise na qual estamos montados hoje, são crises que foram desencadeadas justamente por desarranjos fundamentais no regime de acumulação. Você não tinha uma regulação que pudesse dar conta desse desejo de acumulação que permitiria a reprodução da sociedade tal como ela se reproduz dentro da lógica da normalidade da economia contemporânea. Nesse sentido, precisamos ver o governo atual do Brasil. Mas não apenas, pois temos nos Estados Unidos e na Europa a ascensão dos chamados "governos autoritários" ou, como alguns querem chamar, "governos iliberais". Isso porque não querem dizer apenas "governos autoritários" ou "governos que são comprometidos com a lógica do liberalismo no campo econômico", eles querem colocar também outros governos, que não se pautam pela lógica do liberalismo clássico ou, pelo menos, do chamado neoliberalismo. Desse modo, a ascensão desses governos é resultado de um ambiente já de crise, que não consegue mais dar respostas institucionais dentro dos parâmetros que nós consideramos adequados durante muito tempo, dentro do ponto de vista teleológico normalizado. Exemplo: a democracia. Estamos com um problema sério em relação a isso: os governos não conseguem dar soluções para os conflitos sociais que se instauram dentro de uma lógica que seria democrática. Ou seja, as pessoas começam a questionar, e a desmoralizar, os sistemas de decisão política que nós tradicionalmente vemos como os mais legítimos como ideia e que respeitam, pelo menos, a vontade popular.

Então chegamos na pandemia. Como é que eu vejo as respostas do atual governo? Eu as vejo como as respostas possíveis dentro de uma lógica de preservação do sistema em que a gente vive. Se a gente quiser preservar esse sistema tal como ele ocorre hoje, vai ser necessário estabelecer uma dinâmica em que a morte se sobreponha à vida, não tenha dúvida disso. Não há como manter o funcionamento de uma economia ou, pelo menos, como reproduzir os parâmetros da vida social hoje, que são parâmetros que levam à destruição ambiental. Quando se for falar de pandemia, é preciso falar de como cada vez mais a lógica do capital avança sobre a natureza, destruindo a natureza e provocando processos destruidores da relação que nós, seres humanos, temos com a natureza que nos circunda. A pandemia é também o resultado disso, de alguma forma. Recentemente, o Emicida falou uma coisa interessante: "O nosso problema não são os chamados patógenos, não são os microrganismos. Porque o microrganismo que nos mata é o mesmo microrganismo que nos permite produzir o queijo, por exemplo." A gente pode trabalhar com a natureza, pode ter uma interação com a natureza. Isso não significa que ela vá nos matar, mas significa que nós podemos ter uma interação que seja diferente, um outro tipo de interação. Mas nós escolhemos e até decidimos permanecer com um sistema econômico e político que faz com que o avanço sobre a natureza, em nome da civilização, se dê também com a produção cada vez maior de morte e destruição. Entramos num terreno em que a única forma de garantir a "normalidade" é, justamente, fazendo com que um número maior de pessoas tenha necessariamente que morrer. É o que Achille Mbembe chama de necropolítica.

LUISA DUARTE: Já que você tocou no nome do Achille Mbembe. Se concordarmos que o vírus atua à nossa imagem e semelhança, apenas reproduzindo e estendendo a toda a população as formas dominantes de manejo biopolítico e necropolítico – principalmente necropolítico –, que já estavam trabalhando desde antes da pandemia, como podemos pensar à luz da pandemia uma certa formação do Brasil?

Não sei se você divide essa impressão, mas a minha sensação é de que enquanto estavam morrendo mil pessoas por dia em países europeus, o assunto parecia mais grave, tanto na imprensa quanto no imaginário da população, do que agora, quando morrem mais de mil por dia aqui, em sua maioria pobres e negros. Se essa impressão faz sentido, podemos deduzir que isso se deve ao fato que a história do Brasil foi marcada desde o início pela necessidade de naturalizar as mortes para que o projeto colonial se fizesse? E, nesse sentido, o fato de que tais mortes, aquelas naturalizadas durante a pandemia, são sobretudo de negros e pobres, não nos mostra a terrível insistência dessa história entre nós? E quando digo "naturalização das mortes", é também no sentido da inevitabilidade da natureza. Parece que aqui é e será assim. Nesse contexto, seria bom te escutar a respeito desse cruzamento entre as reverberações da pandemia e a história do Brasil.

SA: Perfeito. Eu quero pegar um ponto específico da questão, que é justamente a noção de "colônia" que está diretamente relacionada às origens da sociedade brasileira. Quando a gente fala de colônia e, mais ainda, de colonialismo, não estamos falando de um momento da História, não estamos falando de um evento. Estamos falando de um conjunto de práticas que se revestem e se revelam, dentro da relação colonial. Melhor dizendo, este é um conjunto de técnicas de gestão e, portanto, de técnicas de submissão, técnicas de assujeitamento – vamos usar essa expressão. Portanto, o colonialismo é aquilo que pode ser praticado fora de uma relação especificamente colonial, em termos históricos. O que Frantz Fanon já disse e Achille Mbembe repete, e outros autores brasileiros também. Eu não posso deixar de citar os autores clássicos do pensamento brasileiro. Não quero deixar de citar Clóvis Moura, a gente tem que falar de Florestan, de Caio Prado. Ou seja: há uma longa tradição e mais recentemente tem Lélia Gonzalez. Ou seja, existe uma necessidade de ler a História do Brasil a partir dessa relação não tão somente com o Brasil colonial, mas com o colonialismo e com como o colonialismo vai atravessando essa história, inclusive nas práticas que submetem o Brasil, mesmo nos seus períodos em que se sobrepõe ao colonial a relação com o imperialismo. Relação esta com a economia e com o capitalismo que reproduz em muito as relações coloniais, no sentido de produzir, de usar o colonialismo como técnica de gestão nas suas relações com os países da periferia do mundo. Nesse sentido, o que o colonialismo tem de fundamental para compreender essa relação que nós temos com a pandemia? O que o Brasil tem, de específico, em relação com a pandemia? O colonialismo precisa produzir também subjetividades que naturalizem a morte. Ele precisa produzir, portanto, uma alteridade radical. Essa alteridade radical tem o racismo como um dos seus elementos fundantes. O outro precisa ser o "radicalmente outro", aquele que muitas vezes não precisa apenas ser inimigo, mas que precisa ser eliminado para que eu possa reproduzir a minha existência. A existência do outro, desse "radicalmente outro", é justamente aquilo que me impede de viver a plenitude da minha vida, da minha existência. A gente pode até traduzir: é quem me impede, por exemplo, de exercer plenamente a minha liberdade econômica. Ou seja, por que eu sou obrigado a usar máscara? Eu não sou obrigado a usar essa máscara! O outro, portanto, é aquele que me impede de viver a plenitude da minha existência.

No Brasil, se você pensar o colonialismo, tem que pensar a escravidão. A escravidão como um dos elementos concretos fundamentais, e como uma das manifestações materiais da vida econômica no colonialismo, ela produziu um processo de desvalorização da vida que ainda está presente entre nós. Profundamente. A gente se acostuma com morrerem mil pessoas, 2 mil pessoas, 3 mil pessoas, e com os números de mortes no Brasil, ou seja, morrerem 70 mil pessoas assassinadas em um ano. Esse é um número que chocaria em qualquer outro lugar, não é? Os praticantes do colonialismo ficariam chocados se isso acontecesse dentro do território deles. Mas dentro da colônia, para aqueles que vivem na periferia do mundo, certamente esses números não são assustadores. Esse é um dos aspectos que mais me assustam na pandemia, esses números, a maneira com que eles são divulgados e absorvidos. E mesmo aquele tom grave dos jornais: "Hoje chegamos a 80 mil mortes!" De fato, o impacto que esses números poderiam ter é absorvido por aquilo que Deleuze chama de microfascismo. Nós temos, portanto, uma espécie de tecido que recobre a sociedade brasileira. Esse tecido é de relações profundamente violentas, e que vão sendo absorvidas todos os dias, no cotidiano. O colonialismo produz esse tecido que acaba absorvendo a morte de pobres e negros como algo absolutamente natural. A morte não nos choca.

Tanto é que tenho dito que todos os projetos de interrupção desse carrossel da morte em que o Brasil se converteu, e que faz parte do que a gente entende por Brasil – porque o Brasil é isso, colônia, escravidão, colonialismo, ditadura –, tudo isso mostra que a gente tem um trabalho não apenas para interromper as máquinas que produzem o assassinato, mas para interromper também as máquinas que produzem as subjetividades que fazem da morte algo absolutamente normal. Temos subjetividades que são absolutamente compatíveis com esse tipo de morte. Tanto é que, se um dia nós fizéssemos a experiência e retirássemos da televisão, dos meios de comunicação, ao menos por um dia, essas notícias e a naturalização da morte, a gente ia estranhar. "O que aconteceu hoje? Não morreu ninguém? O que está acontecendo hoje? Será que ninguém vai morrer? Onde está meu espetáculo?" Veja que o nosso desafio é muito maior: precisamos interromper as máquinas de produção do desejo pela morte. Existe uma orientação, um desejo de morte, e é esse o nosso ponto. Um desejo que não vem da falta, como diziam Deleuze e Guattari. Vem da existência de um dispositivo de desejo pela morte que é reproduzido pelo maquinário social, político, econômico do nosso tempo.

LD: A partir dessa última passagem, "sim, as subjetividades estão colonizadas a ponto de haver dispositivos de desejo dessa morte", quais seriam, portanto, as estratégias de quebra desse circuito?

SA: Falar de tática, de estratégia, nos leva a pensar em qual seria a "vitória final". Porque a gente tem que ter estratégia para alguma coisa, tática para alguma coisa. Qual é a nossa estratégia, qual a nossa tática para sair dessa situação? Primeiro é preciso saber o que nós queremos. Se nós queremos sair dessa situação, nós precisamos, portanto, começar a imaginar, a ter uma fantasia organizada – lembrando aqui Celso Furtado –, do que seria o mundo para além desse mundo. Temos que começar a pensar que – e isso é o que me separa de diversos teóricos, o que me faz divergir inclusive em certas coisas do Achille Mbembe – precisamos colocar as coisas na mesa. O capitalismo produz esse tipo de coisa. A gente gosta de imaginar o fim do mundo, e isso não é à toa, os filmes distópicos, imaginar o mundo do Mad Max, mundos que tenham zumbis, mas a gente não consegue imaginar um outro mundo, porque nosso único horizonte para imaginar um mundo diferente deste é imaginando um mundo distópico. A gente não consegue imaginar um mundo em que o capitalismo não esteja presente, que seja um mundo em que não haja zumbi ou em que as pessoas não se matem por causa de gasolina no deserto. O nosso desejo, o nosso desejo de morte, ele passa muito também pelo nosso desejo por continuar vivendo num mundo do fetiche da mercadoria. Percebe? Então, a gente precisa reorientar o nosso desejo para que a nossa vida possa se reproduzir a partir de outros parâmetros. Para que a gente possa imaginar: como se pode ter uma realidade diferente com a natureza? Como se pode ter uma relação diferente com o outro? Como se pode sair dos processos de mercantilização da vida? Porque daí a gente começa a criar táticas e estratégias para chegar nesse outro mundo.

Por exemplo, vamos falar de coisas muito concretas. Você quer ver uma coisa que em muito diminuiria o número de mortes pela covid-19? É uma coisa simples, uma estratégia. Sabe qual estratégia? Vamos parar de mercantilizar a saúde! Saúde é uma coisa que não está no mercado. Acabou. Saúde é uma coisa que não se vende. Não se pode mercantilizar a saúde. "Ah, mas a gente não pode fazer isso." Ah, dá para fazer. Por que não dá para fazer? Vamos pensar, então, por que não dá para fazer. O que a gente precisaria fazer? Veja como a gente já começa a pensar, pelo menos, em coisas que poderiam ser concretas. Como é que a gente faz para que a saúde não seja mercadoria? "Ah, mas isso não pode fazer." Como não? A gente fez o SUS. "Ah, mas o SUS..." Mas o SUS existe! A gente só não está pior por causa do SUS. Os Estados Unidos não têm SUS, na China não tem SUS. Então, o que aconteceria...? Veja, se num país como o Brasil nós conseguimos ter um SUS, como seria um SUS nos Estados Unidos? Como seria um SUS na China? Ou seja, nós temos uma coisa que ninguém tem. É uma experiência social. Vai dizer que não funciona? Claro que funciona. Se não funcionasse, estaríamos numa desgraça muito mais profunda. Então, vejam que existem aberturas para que possamos pensar táticas, estratégias que vão cada vez mais nos afastando do processo de mercantilização da vida. Nós temos que reorientar o desejo. Outra coisa: nós precisamos ter um desejo pela universidade pública no Brasil. As pessoas precisam desejar esse tipo de coisa, porque um dos erros na luta política – e nesse ponto estou com vários dos autores contemporâneos que têm trabalhado isso – é a gente subestimar muito essa dimensão subjetiva do desejo, na hora em que a gente vai fazer as avaliações políticas. O fascismo é um desejo pelo fascismo.

VG: Pensando um pouco para além das nossas feridas coloniais e indo para a modernidade de maneira geral, no seu livro *O que é racismo estrutural?* você fala sobre como a ideia de raça como um artifício de classificação dos seres humanos é algo que remonta à modernidade, a quando o homem se torna objeto da biologia e da física. Então, através de atributos biológicos determinam-se e hierarquizam-se as capacidades e potencialidades dos sujeitos. Pensando no projeto de modernidade brasileira pelo microcosmo de Brasília, por exemplo, uma cidade que, apesar de pensada pelo Lúcio Costa, pelo Niemayer, por figuras ligadas à ideologia do comunismo, tem diversas contradições em sua construção, em seu funcionamento. A partir dessa questão da formação brasileira, qual balanço é possível ser feito do projeto de modernidade no Brasil? A gente pode dizer que o projeto de Brasília é um projeto colonial, por exemplo?

SA: Olha, a sua pergunta valeria uma hora de conversa, sem dúvida alguma. Tem sempre uma série de distinções. Existe toda uma distinção entre modernidade e modernização que é uma questão importante. Para falar de modernidade, estou me valendo das reflexões, por exemplo, de Paul Gilroy, quando analisa o processo de constituição da modernidade, geralmente relacionado aos acontecimentos desencadeados na Europa a partir dos séculos XV, XVI, que são esse processo de transição. A gente pode entender por modernidade a transição de uma sociedade nos moldes feudais para a sociedade contemporânea. Então, o que a gente chama de modernidade é transição. É o processo de dissolução das formas medievais para as formas sociais que vão aparecer na sua plenitude a partir do século XIX, quando se estabelece o mundo contemporâneo. Vamos relacionar a modernidade com as revoluções liberais. Temos, então, as três grandes revoluções. Podemos colocar mais de três, né? Vamos colocar as quatro que geralmente são tidas como revoluções, porque elas destroem tudo o que está ao seu redor e estabelecem uma nova ordem. Eu tenho a Revolução Inglesa, a Revolução Americana, a Revolução Francesa e, em um outro nível, a Revolução Industrial.

Pois bem. O que Paul Gilroy diz é que essas abordagens sobre a modernidade, com o Iluminismo sendo o ápice da filosofia moderna, não levam em consideração as contradições que produziram essa modernidade. Porque ela não tem só o seu aspecto positivo, no sentido daquilo que ela põe, mas é também aquilo que ela mesma nega. E é impossível considerar que esse choque entre o que a m,odernidade coloca e aquilo que ela quer negar não tenha gerado algo diferente do projeto original do daqueles que portavam a modernidade a partir do pensamento produzido na Europa. E Gilroy vai dizer que a modernidade é o encontro. A modernidade é o conflito. A modernidade é aquilo que se dá no leito do Atlântico. Portanto, as revoluções são fundamentais para entendermos a modernidade, pois é a partir delas que vão se constituir as instituições, os monumentos que vão ser lidos como monumentos da modernidade. Mas nesses monumentos, nessas instituições, tem sangue, tem luta e eles precisam ser reivindicados também por aqueles que não estão no poder.

Nesse ponto, é preciso incluir mais uma revolução, uma revolução esquecida e da qual ninguém fala nada, mas que é crucial: que é a Revolução Haitiana. A Revolução Haitiana é uma revolução moderna. Ela não é só a contraface da Revolução Francesa. Ela é uma revolução que demonstra a contradição de todas as outras revoluções. É uma revolução moderna, por estar reivindicando o novo dentro do novo. Olha isso! É a revolução que quer fazer a revolução dentro da revolução. O Brasil precisa pensar a ideia de república que é refundada na modernidade, trazida pela Revolução Americana, e na Revolução Francesa, posteriormente. Essas duas ideias de república funcionam dentro de uma base escravista e com o racismo como algo fundamental. A Revolução Haitiana vem refundar a ideia de república a partir da república que é feita por aqueles que eram "os condenados da terra". Olha só: se a república é o estabelecimento do comum, daquilo que é de todos, então nós, negros, não podemos ficar fora dessa. Tem que ser uma república que inclua os negros. E a condição de escravo não pode ser aceita dentro de qualquer coisa que se considere república.

A modernidade não é só os textos de Kant. Porque se formos ler o que Kant fala, a gente tem que ler também o que Kant escreveu sobre os negros e os asiáticos – e ele escreveu páginas terríveis sobre isso. Basta ler o que Kant escreveu nas suas considerações sobre o belo e o sublime, em que ele diz "concordo com David Hume, quando ele diz que os negros nunca produziram nada em prol da humanidade". Isso também é Kant. O mesmo Kant que é tido como base dos direitos do homem, dos direitos humanos.

Temos, então, que entender, que ler Walter Benjamin na sua genialidade quando diz que todo monumento da cultura é um monumento à barbárie. É isso, acho que Walter Benjamin define. Então, veja, Brasília carrega todas as suas contradições: é um monumento à cultura, mas é um monumento da barbárie.

Esse é o grande enigma do pensamento social brasileiro. Porque o Brasil, nos seus processos iniciais, a partir do século XIX, com a independência, coloca duas grandes questões. Quais são as duas grandes questões que se instauram na História do Brasil? Primeira grande questão: Como a gente faz para fazer disso uma nação? E a nação, vai dizer Benedict Anderson, é algo que precisa ser imaginado, precisa ser criado, é preciso criar a ideia de nação. Um grande sociólogo, Norbert Elias, que escreveu *O processo civilizador!*, vai dizer também que a ideia de nação, essa integração, essa unidade imaginária, imaginada, ela precisa ser criada. Portanto, toda nação precisa criar uma literatura sua, toda nação precisa ter todos seus músicos, seus arquitetos. Não é? Vejam que isso é fundamental. Mais uma vez voltando à questão da formação das subjetividades: a ideia de nação é isso, é como você vai criar subjetividades que estejam acopladas a esse projeto de país. Então, essa é a primeira pergunta.

A segunda é a seguinte: Onde fica o Brasil no concerto do capitalismo internacional? É o pensamento econômico brasileiro, e aí você tem tradições, que vêm, por exemplo, de André Rebouças pensando o Brasil e sua vocação agrária: "O Brasil precisa acabar com a escravidão e o Brasil precisa fazer uma reforma agrária." O André Rebouças está dizendo isso, ele é um homem negro e é um dos pilares do pensamento econômico brasileiro. Está pensando o Brasil como nação e o Brasil como economia, dentro das economias do mundo, dentro do capitalismo. Ou seja, como é que a gente faz pra construir esse processo? É a modernização. E aí vai entrar também uma ideia – e vários sociólogos disseram isso – de que a modernização no Brasil é uma modernização conservadora. É aquela modernização para que tudo continue no mesmo lugar. É o Falconeri, do *Il Gattopardo* [O leopardo]. Então, a modernização conservadora é isso.

Quando você fala de Brasília, a gente tem que levar em conta que Brasília é essa contradição e que, portanto, ali está a grande ode às capacidades humanas de superar as adversidades, mas está ali, também, o monumento à barbárie. Toda barbárie também está ali sintetizada, e isso torna as grandes obras geniais. Eu acho que pensar Brasília – assim como pensar o que foi, por exemplo, a arquitetura soviética ou o futurismo, é justamente isso. Você apontar para o outro mundo, você apontar para as contradições. Por isso é muito interessante quando a gente pensa, voltando para a questão racial, sobre o racismo e como ele se conecta com a política e também com a estética. Eu acho muito interessante a proposta do afrofuturismo. O afrofuturismo tem a ver imaginar o mundo para além desse mundo, e imaginar o que seria um mundo sem o racismo.

LD: Seria importante escutar de você a respeito das manifestações decorrentes do assassinato de George Floyd por um policial, nos Estados Unidos, e os protestos que dali seguiram. Como você enxerga as consequências dessas manifestações? E, ainda nesse contexto, podemos afirmar que no centro da crise política atual norte-americana está um debate análogo ao atual debate no Brasil em torno do poder das polícias? Seria correto afirmar que o movimento Black Lives Matter é também uma luta pelo fim da impunidade policial, pelo fim da licença dada a esse setor da sociedade para cometer crimes? Caso seja correto afirmar isso, podemos dizer que não há caminho possível para a inclusão social que não passe pelo fim da impunidade policial? Parte da crise da democracia norte-americana e da crise da democracia brasileira poderia, assim, ser descrita por um dilema comum? Será a sociedade civil capaz de mobilizar uma coalizão suficientemente forte para submeter as forças de segurança aos princípios de universalidade na aplicação da lei? Ou nós viveremos de fato a escalada de um novo ciclo totalitário, sustentado pela aliança entre os conservadores religiosos e as forças policiais mobilizadas e articuladas politicamente – pensando muito no Brasil? Me desculpe, são muitas perguntas em uma só, eu sei.

SA: Vamos tentar fazer uma síntese do que você falou, porque acho que tudo remete a uma raiz comum. Vamos lá. Eu acho que os protestos nos Estados Unidos são parte daquilo que a gente estava falando no começo. Ou seja, desse desarranjo pelo qual o mundo passa e que é resultado de uma crise que se pode, em termos de História econômica, chamar de a crise da crise do pós-fordismo. Acredito que, como muito bem falou Cornel West, o que se deu nos Estados Unidos nas manifestações junto com o assassinato de George Floyd foi uma "tempestade perfeita". Você tem essa crise que já vinha devastando os trabalhadores nos Estados Unidos – especialmente os negros e latinos –, uma crise que fazia com que as condições de trabalho ficassem cada vez mais degradadas. A precarização do trabalho é evidente. Os estudos de economia mais recentes, como os de Thomas Piketty, mostram que você tem uma diminuição acelerada da base salarial nos Estados Unidos que vem desde os anos 1980, e todas as grandes tragédias dos Estados Unidos – como, por exemplo, a crise econômica de 2008 – tiveram como alvo principal a população negra dos Estados Unidos. Então, as pessoas que perderam suas casas por conta da crise do *subprime* de 2008, e a maioria dessas pessoas é negra. Soma-se a isso o histórico de violência das polícias, sendo que a polícia violenta também é sintoma de uma sociedade fundada numa fortíssima divisão racial. Nos Estados Unidos, até o sistema político-eleitoral em muito se move a partir dessa distinção entre negros e brancos. As formas de legitimação e estruturação da desigualdade econômica dos Estados Unidos levam em consideração a questão racial e como ela é manejada para permitir a naturalização do sistema econômico e político. Eu quero dizer com isso que os negros, apesar de terem uma proporção no conjunto da população em torno de 13% ou 14%, segundo os dados, eles têm um peso eleitoral simbólico bastante grande quando da definição das estratégias eleitorais dos dois grandes partidos. Ou seja, a questão racial é muito, mas muito delicada na amarração político-social dos Estados Unidos. Há um histórico de violência policial, que é também decorrência dessas características próprias da sociedade americana, com uma polícia que tem no controle dos negros uma de suas tarefas fundamentais. Ainda que nos Estados Unidos não exista uma polícia militar. E essa é a novidade que se instala neste momento nos Estados

Unidos, com Trump mandando a polícia para Portland e para outras cidades dos Estados Unidos. E tudo isso somado à pandemia, que agrava a situação econômica, que agrava também – é importante dizer – uma situação subjetiva de desespero, de desamparo. Porque estamos vivendo isso, as pessoas estão vivendo sem horizonte. É o sujeito que tem três ou quatro empregos e não tem como imaginar o que vai ser da sua vida. E vive um dia após outro para trabalhar e continuar sobrevivendo.

LD: E paralelamente a isso os bilionários cada vez mais bilionários.

SA: Claro, tem essa questão também. Veja que o papel da polícia, dos exércitos, se torna cada vez mais importante num mundo em que você tem uma desigualdade tão brutal. O manejo dessas desigualdades tem que ser feito por meio da violência. Há uma incapacidade profunda das instituições tradicionais de estabelecer espaços de consenso e de diálogo que possam absorver essa insatisfação das pessoas. Como é que você vai absorver uma situação dessas? Olha só a situação da Amazon. O dono da Amazon ficou mais rico durante a pandemia. E nós sabemos que há uma profunda precarização do trabalho, que está associada a esse lucro extraordinário da pandemia. Tudo isso faz com que a situação George Floyd seja desencadeada. É como se houvesse uma bolha que fosse furada. Já havia a bolha, e tudo isso fez com que as coisas ganhassem uma proporção violentíssima.

Agora, quais são as propostas que nós estamos colocando? *Defunding the police*, ou seja, mexer no orçamento da polícia. Há críticas a essa proposta mesmo dentro da comunidade negra. Não há uma unanimidade nem quanto a isso. Tanto que, na última semana, os prefeitos negros – porque há um grande número de prefeitos negros nos Estados Unidos – apresentaram um plano de reforma policial sem o *defunding the police*. Porque eles entendem que – e esse é o grande paradoxo – parte da comunidade negra se sente muito fragilizada e vitimada, justamente pelo que eles consideram criminalidade. A criminalidade, portanto, não atinge só pessoas brancas, atinge pessoas pobres e negras nos Estados Unidos, que se sentem desamparadas. Veja que há profundas contradições em torno dessas questões.

No Brasil há uma situação que guarda uma série de similaridades, mas apresenta também profundas diferenças. Quais são as similaridades? A questão racial é estrutural e estruturante da sociedade brasileira, tal como é nos Estados Unidos. A desigualdade é grande, profunda, acentuada entre negros e brancos, e há um histórico de violência policial. A violência policial está no horizonte do que se entende por ordem; a segurança pública é vista como repressão, como manutenção de uma certa ordem. E que ordem é essa? Ordem pública, no sentido de preservação da paisagem social, de manutenção das pessoas no "seu devido lugar", além da defesa da propriedade daqueles que a têm. Essa é a ideia de ordem: a manutenção da propriedade privada e das hierarquias da sociedade intactas. Ponto. Essa é a lógica do funcionamento das polícias, de uma maneira geral, no Brasil e nos Estados Unidos. São dois países que vivem crises, mas que têm também suas diferenças, que dizem muito sobre a questão racial. Por exemplo: quando formos olhar a questão racial nos Estados Unidos, temos que pensar a questão demográfica. Já falamos aqui da proporção entre negros e brancos. Outra coisa é a diferença do PIB, o Produto Interno Bruto. Estamos falando de 23, 24 trilhões contra 7! Isso faz toda a diferença. Estamos falando de um país altamente industrializado, de um país cuja indústria, muito menor, está em processo de destruição e decomposição desde os anos 1980. E vamos lembrar o seguinte: falar de indústria não é falar de uma questão lateral. Não, não é uma questão lateral. Porque sem indústria, nos países capitalistas, não se tem processo de formação de mercado. Vamos lembrar que no capitalismo a ideia de igualdade e liberdade está diretamente relacionada à sua posição dentro do mercado, à sua capacidade, portanto, de se estabelecer como trocador de mercadoria. Percebe, então? Isso virou o índice de cidadania. Além disso, se você não tem indústria, não tem mercado, não tem demanda – e falo dentro de uma lógica keynesiana – e não tem investimento em tecnologia. E se não tem investimento em tecnologia, para que precisa ter universidade? Você percebe, então, que a desindustrialização vai destruindo, atingindo em cheio também a pesquisa, a ciência, a tecnologia. E um dos fatores para não se ter indústria é justamente porque você não tem capacidade de criação de tecnologia! Note como essas coisas estão todas interligadas. Vamos colocar mais um elemento nisso? Vejam que as pessoas que seriam beneficiadas, ou que seriam incorporadas a essa lógica do desenvolvimento econômico nos marcos do capitalismo, são justamente as pessoas negras, porque o Brasil é um país em que 54% da população é negra. Não tem como criar um processo de desenvolvimento, nem de industrialização no país, de formação e de criação do mercado, a não ser preparando as pessoas para o mercado, o que é feito com educação, com universidade. Não seria possível fazer isso sem incorporar o debate racial como um dos elementos fundamentais. Vamos ter que discutir a questão racial para discutir os elementos essenciais para o desenvolvimento do Brasil. Eu não estou falando novidade. Outras pessoas nas décadas de 1960, 1970, já falavam isso. Estou lembrando aqui de Alberto Guerreiro Ramos e tantos outros, como Clóvis Moura, outros que vão acentuar essa ligação entre desenvolvimento e antirracismo no Brasil.

    Pois bem, nos Estados Unidos há esse debate, feito a partir de outras bases. O que reflete inclusive na indústria cultural do país. Olha só a posição que os negros ocupam no imaginário. Lá é criado um lugar para o negro dentro do imaginário social. Mas há um detalhe importante: isso não quer dizer que exista um racismo pior que o outro. São duas desgraças de países para o negro viver, como é o mundo de maneira geral. É uma desgraça. Os pensadores racistas no Brasil são muito sofisticados. Conseguimos produzir uma máquina de repressão e uma máquina de reprodução ideológica muito forte, a ponto de as pessoas olharem para o Brasil e acharem que o Brasil é um país que serve de exemplo para os outros em termos de convivência racial! Com a quantidade de pessoas que são mortas, a ponto de falarmos de um genocídio no Brasil! E há pessoas que negam a existência desse extermínio em massa de negros, dizendo que no Brasil não tem racismo, ou, pelo menos, que "o racismo é algo comportamental, que não é algo sistemático ou estrutural". Para haver gente que tenha coragem de dizer isso publicamente é necessário que se crie todo um processo de produção do imaginário que naturalize a morte de pessoas negras; a ponto de alguém ter coragem de escrever um livro que diz que não existe racismo no Brasil! Tem que ter não só coragem, mas também muita certeza de que você vai ser plenamente aceito por uma camada da sociedade que vai te confortar. Que vai falar "Ufa, não sou racista mesmo, eu estava incomodado com isso! Tem racistas, mas não somos todos racistas".

Veja que nos Estados Unidos existem aqueles que vão negar o caráter estrutural do racismo, obviamente. Mas dentro do que foi a História da formação social dos Estados Unidos e do Brasil, lá a questão racial é muito mais marcada, muito mais evidente. A modernização dos Estados Unidos se tornou possível, e modernização tem a ver com industrialização e, portanto, com a entrada no capitalismo. A modernização dos Estados Unidos teve seu momento mais conflituoso sabe quando? Na Guerra Civil! E qual foi o acordo que tornou possível a pacificação? Foi um acordo escrito com sangue negro! Foi em 1896, quando falaram o seguinte: "Vamos parar de brigar?" Porque o Sul perdeu muito. "Vocês aí do Sul podem continuar tratando os negros do jeito que vocês tratam. Beleza!" "Então podem fazer isso, inclusive, utilizando leis, separando negros de brancos." E isso foi um acordo institucional, foi uma decisão da Suprema Corte americana.

E como se deu a modernização do Brasil? Se deu em outras bases, nos anos 1930. O que aconteceu? O Brasil foi do racismo científico para o quê? Para o discurso da democracia racial. Para você fazer um acordo como esse... A modernização do Brasil não pode ser compreendida sem entendermos o velho tendo que entrar em acordo com o novo. E, geralmente, o que está no meio, o que serve de troca, é justamente o corpo negro, é o que vai servir de base para essa troca. A modernização é a modernização conservadora. É justamente isso. E os negros continuam no mesmo lugar onde sempre estiveram, notam? Essas diferenças são importantes para a gente pensar o papel das forças policiais na proteção do sistema de produção de desigualdade.

Pegando o ponto final da sua pergunta, se temos condições de estabelecer uma questão democrática em torno da polícia? Eu não sei se a gente tem condição de estabelecer uma questão democrática nem em torno do voto, quanto mais da polícia! Esse é o problema. O que está em jogo aqui não é se a gente controla ou não a polícia, a questão é se a gente consegue estabelecer ou não uma dinâmica democrática de maneira geral! Percebe? A gente ainda hoje tem dúvidas sobre o que é uma democracia e sobre quais as condições possíveis de democracia mesmo. Vamos lembrar uma coisa, sobre a qual as pessoas que estão estudando relações raciais têm se debruçado constantemente, que é a maneira com que as redes sociais funcionam. E você me perguntou do Black Lives Matter, né? O Black Lives Matter tem uma diferença, ele é um movimento que surge a partir das condições da crise do pós-fordismo. Ele está ligado aos novos movimentos sociais, que estão ligados às novas mídias sociais, e essas novas mídias estão, de alguma maneira, ligadas à lógica do neoliberalismo. O que as pessoas chamam de "identitarismo" está relacionado a esse conjunto de coisas. O Black Lives Matter não é como o Movimento dos Direitos Civis, porque Movimento pelos Direitos Civis é um movimento fordista. O que eles estavam pedindo? Inclusão. O que eles estavam querendo? "Nós queremos as vantagens do desenvolvimento na era de ouro do capitalismo pós-guerra!" "Nós queremos ser cidadãos dos Estados Unidos." "Nós queremos o direito de não apanhar da polícia simplesmente por sermos negros." "Nós queremos os direitos que são dos brancos." Isso é Civil Rights Movement. Veja que até a estética das lideranças era outra, era uma coisa muito masculina, reproduzindo a família, do fordismo. É o homem que é o pai, o pai que acolhe os filhos, que cuida dos seus filhos. Aqueles homens marchando muito sérios, terno escuro com a camisa branca, aquela coisa da *politics of respectability*, a política de respeitabilidade, em que o sujeito tem que ser uma referência moral da comunidade à qual eles pertencem. Esse é o perfil das lideranças daquele tempo, mesmo das mais radicais. E radicais, aqui, eu falo como elogio. Você vai pegar até mesmo um Medgar Evers e nota isso. A gente tem que lembrar que há um papel fundamental das mulheres na luta pelos direitos civis, há um papel fundamental dos sindicatos, mesmo dos mais radicais, de esquerda, do Partido Comunista norte-americano na luta pelos direitos civis. E que depois um certo imaginário vai encobrir. Apesar de ter o problema da Guerra Fria aí no meio também, você tem um problema que é tipicamente do mundo fordista, do mundo pós-guerra. O Black Lives Matter é outra coisa, é hashtag #blacklivesmatter também. Há uma concatenação grande com Occupy Wall Street. O modelo é o modelo Occupy, de ocupar as ruas. Os comícios trazem a marca do *"Very performative"*. Existem os movimentos liderados por mulheres, o que marca também profundamente a identidade do Black Lives Matter. Movimentos que têm o perfil que a gente pode chamar de "altermundista", que se ligam à causa ambiental e a outras causas.

Agora, isso não é novidade, as pessoas é que querem achar que o movimento negro é uma coisa só. Mas não é. Por isso que nós, negros, sobrevivemos, porque ele tem a capacidade de se organizar a partir das especificidades da luta de seu tempo, de seu tempo histórico. Agora a gente estava falando da modernização do Brasil. Como era o movimento nos anos 1930? Era a Frente Negra Brasileira. E o que a Frente Negra reivindicava? Reivindicava que os negros tinham que ter lugar no mercado de trabalho que se abria. Olha só que coisa: tinha até carteirinha da Frente Negra Brasileira, respeitabilidade. Porque você quer ter lugar no mercado de trabalho. Porque o mercado de trabalho se abre por conta da industrialização no Brasil. Não é à toa que a carteira de trabalho se torna um índice de cidadania. Eu me lembro que o meu avô andava com uma camisa curta com bolso, e ele andava com uma carteira gigante, cheia de coisas, de documentos, dinheiro, fotos de santos, aquela coisa. E ele andava com a carteira de trabalho no bolso!

LD: Um dos debates mais urgentes da atualidade é aquele em redor dos destinos da democracia. Podemos afirmar que não possuímos no Brasil uma cultura democrática. Vários casos flagrados por câmeras de celulares ao longo da pandemia, por exemplo, são reveladores disso. No lugar do cidadão, surge o consumidor – e um consumidor muitas vezes de verve claramente racista. E ainda tendo como mote a pandemia, que mostrou que governos autoritários foram capazes de controlar mais rapidamente o alastramento da doença, podemos dizer que corremos o risco de ver as pessoas preferindo viver em uma sociedade ordeira e sem liberdade, abrindo mão da democracia?

SA: Sem dúvida. A essa pergunta eu respondo rapidinho! O dilema fundamental é: viver sob a égide da economia capitalista ou... viver! Acho que esse é o grande dilema que vai se apresentar. Mas do ponto de vista das brumas da ideologia, a coisa vai se exprimir da seguinte forma: a democracia liberal é capaz de proteger o nosso modo de vida? Porque os arranjos políticos são esses, para proteger um certo modo de vida, a democracia liberal. Ou seja, votar de quatro em quatro anos está sendo suficiente? Estou conseguindo sustentar meus filhos? "Poxa vida, eu votei num candidato, aí o cara ficou quatro anos e é uma desgraça, atormentando a gente, acabando com a nossa vida. Tá bom, eu espero mais quatro anos e voto de novo. Aí vem uma outra desgraça, pior ainda, desestabiliza tudo. Ou então um governo 'mais ou menos', eu voto de novo, mudo o presidente." Ou seja, você começa a pensar: "Será que eu quero viver desse jeito mesmo? Com a estabilidade da democracia liberal que me faz tomar decisões periódicas, mas nada na minha vida muda, e às vezes muda até pra pior? Ou eu prefiro viver numa sociedade de ordem? Em que eu não precise ficar toda hora tomando decisões, mas pelo menos posso ter o mínimo de previsibilidade sobre como a minha vida vai ser no dia seguinte? Será que não é isso que eu prefiro?" Vai se apresentar esse dilema. Tanto é que – usando um vocabulário da política do Achille Mbembe – não se está colocando alternativa entre governos democráticos e governos fascistas. O que se coloca hoje, e que tem aparecido em artigos que criticam o Black Lives Matter, não lembro se no *Financial Times*, ou no *Economist*... Mas, enfim, de qualquer maneira eles estavam lá criticando os protestos. Eles usavam o termo "iliberal". Não era nem o liberalismo contra o fascismo. Não era nem a democracia liberal contra o fascismo. Era o liberalismo contra posições "iliberais". Isso já denuncia o conflito, pelo menos visto pelo ângulo do liberalismo, que vai se dar não contra regimes fascistas, mas contra regimes que não se pautem pela lógica do liberalismo de um ponto de vista político. Aqui, entra a questão central de governos que admitam uma maior intervenção do Estado na economia. O problema do liberalismo não é com o fascismo, eles até convivem bem com o fascismo em certa medida. O problema é com a possibilidade de interferência na economia, no sistema de propriedade privada. E eu não estou falando só do Estado, estou falando da sociedade como um todo. Eu tenho notado isso, porque daí aparece, de maneira subjetivada, o conflito Estados Unidos × China. Todo esse movimento – e eu acompanhei muito bem nos Estados Unidos – começa com um discurso da construção do "radicalmente outro". Os meus amigos chineses ou de ascendência chinesa nos Estados Unidos já estão profundamente preocupados com o que vai acontecer. E veja que numa guerra... Porque vamos lembrar que não existe nenhum momento da história até agora que tenha havido troca de guarda na liderança econômica sem uma guerra.

LD: Por fim, seria importante escutar você a respeito do futuro. O Brasil viu o século XX ser marcado por projetos de futuro que caíram no erro de achar possível projetar o futuro sem elaborar o passado, a memória. Seja do genocídio indígena, da escravidão, da ditadura militar. Se o Brasil sempre foi o país do futuro, talvez o futuro tenha chegado e seja distópico. Se, por um lado, nunca tivemos no centro do debate público pautas essenciais, como a da luta antirracista, ao mesmo tempo nunca parecemos viver em uma sociedade tão violenta e hostil. E falo em sociedade porque penso que essa característica ultrapassa a conjuntura atual, na qual temos Jair Bolsonaro no poder. Pois como você já afirmou, estamos diante dessa espécie de encruzilhada – palavra usada por você recentemente em uma *live* com a antropóloga Lilia Schwarcz. Como você enxerga o futuro do país? Que encruzilhada seria essa?

SA: A gente precisa ter como horizonte um projeto de valorização da memória. Não apenas de recuperação da memória, mas de fazer com que se olhe para o futuro já sabendo que vamos ter que lembrar, depois, daquilo que vamos passar daqui em diante. Ou seja, nós vamos ter que pensar que no futuro vamos precisar nos lembrar daquilo que vai se passar daqui para a frente. A memória vai ter que ser algo fundamental para nós. A gente vai ter que carregar as memórias do passado para poder avançar em direção ao futuro. Porque muito do que a gente está falando do Brasil, do que o Brasil é hoje em termos de violência e de desprezo à vida – que é uma das características centrais da História do Brasil – é o que está na base do que o Victor chamou aqui de modernização.

Eu estive conversando esses dias com um economista, o Ricardo Henriques, e ele falou uma coisa interessante. Ele falou que esse salto do Brasil em direção ao futuro é sempre um salto que nos coloca dentro dos mesmos problemas, mas de maneira diferente, justamente porque a gente sempre deixa para trás questões que são absolutamente fundamentais para que se possa avançar em direção a alguma coisa nova, dentre as quais a questão racial no Brasil. A gente dá um jeito de caminhar, mas caminha como quem está com amnésia. Com amnésia também se vai em direção ao futuro, mas sem ter a menor possibilidade de projetar-se para além daquilo que vive, porque não tem memória. A gente sempre acaba sucumbindo em relação aos problemas estruturais que marcam a nossa História. Quais são esses problemas? Eu estou elaborando inclusive no novo livro. O primeiro problema versa sobre o que é o autoritarismo. Um autoritarismo que sempre nos remete à lógica da colônia. Ou seja, das hierarquias sociais, do mando da destruição do outro. E o segundo, o subdesenvolvimento. Veja, isso faz parte da elaboração do pensamento social brasileiro. Em terceiro lugar, o racismo. Então a gente sempre acaba caindo de maneiras diferentes no mesmo lugar. Esses problemas são acentuados porque todos os projetos de desenvolvimento não atacam essa questão ou, pelo menos, deixam uma dessas questões em descoberto.

A questão racial é, na minha concepção, a que tem mais força porque está incrustada no imaginário das pessoas de maneira muito violenta. Eu acho que, ao mesmo tempo a crise nos coloca numa encruzilhada. E lembremos que encruzilhada nas religiões de matriz africana é uma coisa muito boa. Quando você está numa encruzilhada é porque tem possibilidades de escolher caminhos diferentes a seguir. Então, ao mesmo tempo em que você vê a pandemia... E eu não estou fazendo o discurso de que "crise é oportunidade", a pandemia é uma desgraça completa. Mas o que eu quero dizer é que, da mesma maneira que você tem esses grupos autoritários hoje no poder no Brasil e em outros lugares do mundo, que são grupos "antivida", que estão pensando na destruição, vão aparecer também formas de contraposição, alternativas novas. Porque esses grupos autoritários nos apresentaram – pelo menos para uma parte de nós – aquilo que nós não queremos. Então, vamos ter que, de alguma maneira, tentar dar um outro caminho. E isso foi Exu que nos apresentou, portanto, teremos possibilidades de caminhar por outras plagas, por outros caminhos. E acho que um desses caminhos, necessariamente, a gente vai ter que analisar e ver se é possível que ele nos leve a um mundo radicalmente diferente deste em que a gente vive. Espero sinceramente que a gente não volte ao "normal". Não podemos voltar ao normal. Essa é a minha ideia. Eu sou contra qualquer tipo de volta à normalidade. Que nós possamos voltar para algo sem pandemia, mas para algo que esteja muito longe de qualquer normalidade. É isso.

ENTREVISTA COM ELIANA SOUSA SILVA

Eliana Sousa Silva é fundadora da ONG Redes da Maré, organização que atua nas 16 favelas que compõem a Maré, no Rio de Janeiro. O escopo de atuação da ONG – que se dá nas áreas de educação, segurança pública, cultura, entre outras – precisou ser largamente ampliado diante das adversidades impostas pelo contexto da pandemia. No mesmo momento em que conversava conosco, direto do Centro de Artes da Maré, Eliana coordenava a distribuição de mais uma leva de centenas de cestas básicas, com itens de alimentação e higiene pessoal, para a população local. Em suas palavras, a pandemia jogou luz sobre a ausência do Estado em territórios como a Maré e tornou ainda mais imprescindível a atuação de ONGs e demais frentes autorregulamentadas nesses mesmos territórios. A diretora da Redes nos fala, ainda, a respeito da guerra de narrativas ao longo da pandemia e sobre as repercussões da atitude negacionista do presidente Jair Bolsonaro nas comunidades da Maré.

Entrevista concedida a Luisa Duarte, Victor Gorgulho e Isabel Diegues.

LUISA DUARTE: Eliana, onde você está?

ELIANA SOUSA SILVA: Estou no Centro de Artes da Maré. Está tranquilo aqui, nesse período do mês estamos fazendo mais trabalhos internos. Eu estou de máscara porque aqui dentro do galpão tem outras pessoas. Mas hoje cedo já teve operação policial aqui, gente baleada...

ISABEL DIEGUES: E você está bem apesar do caos?

ESS: Sim, dentro dessa perspectiva que a gente tem, está dando para fazer o trabalho, mas o momento é bem triste.

LD: Sim, muito. Podemos começar com você apresentando, de forma breve, a Redes da Maré? Podemos passar pelas missões da Redes e seus eixos, e daí chegaremos em como a Redes está atuando durante a pandemia no Complexo da Maré.

ESS: A Redes é uma organização que surge na Maré com algumas características. Talvez a primeira coisa importante a se dizer é que quando falamos em Maré, no meu caso, estou sempre me referindo a um nome que foi colocado para definir um conjunto de favelas, então eu sempre uso o nome Marés para poder expressar a complexidade da Maré. Essa composição de 16 favelas é recente; até o início da década de 1980, a Maré era formada por nove favelas (Parque União, Parque Rubens Vaz, Nova Holanda, Praia de Ramos, Parque Roquete Pinto, Parque Maré, Marcílio Dias, Baixa do Sapateiro e Morro do Timbau). Duas dessas foram conjuntos habitacionais construídos pelo governo estadual: a Nova Holanda e a Praia de Ramos. Na sequência, diferentes governos, no âmbito de políticas habitacionais, construíram mais sete conjuntos habitacionais (Conjunto Esperança, Vila do João, Conjunto Pinheiro, Vila do Pinheiro, Conjunto Bento Ribeiro Dantas, Nova Maré e Salsa e Merengue), nos anos 1980, 1990, 2000 e sucessivamente, e formatou esse espaço com o nome Maré.

A Redes da Maré foi pensada em uma perspectiva de criar um trabalho a partir de pessoas que tenham inserção em alguma dessas 16 favelas. É uma organização fundada por pessoas que nasceram ou cresceram nas favelas da Maré. Acho que isso diz muito como característica dessa organização, porque são pessoas que têm essa referência de origem e que, de modo geral, já eram inseridas em movimentos sociais – movimentos de base, movimentos comunitários, movimentos de partido político. Eu cheguei aos 7 anos da Paraíba na Nova Holanda, e em 1984, aos 22 anos, fui presidente da Associação de Moradores da Nova Holanda. Ou seja, essas pessoas não são só moradoras, todas têm inserção em movimentos coletivos. E a terceira característica da formação da Redes é o fato de essas pessoas terem tido a oportunidade de acessar a universidade, o que diz muito também sobre o trabalho que a gente foi formatando ao longo do tempo. E por que juntar essas pessoas na origem da Redes? Olhando para o contexto da Maré, essas pessoas eram, em tese, privilegiadas. Eu não vejo assim, mas quem olha de fora vê como a elite da favela. Como se chegar ao ensino médio e poder ir para a faculdade fosse um privilégio. É um privilégio no contexto do Brasil, mas não deveria ser.

E o que juntou essas pessoas? Na época, eu tinha terminado o mestrado em Educação. Eu fiz faculdade de Letras – Português-Literaturas na UFRJ, depois fiz o mestrado e o doutorado em Educação pela PUC. Isso foi na década de 1990. A minha dissertação foi uma reflexão sobre uma questão que para mim ainda é muito presente: Como as pessoas se engajam em movimentos coletivos? Como as pessoas tomam consciência do papel que cada um de nós tem como ser político? E a minha dissertação foi também sobre o papel político e pedagógico que um trabalho como o da associação de moradores tem. E foi nesse processo que decidi continuar trabalhando na Nova Holanda, mas não queria mais estar no papel de presidente da associação de moradores, porque a pessoa vira o prefeito local, uma vez que não temos políticas públicas estabelecidas. Eu era muito crítica a isso, a essa visão. Quando terminei o mestrado em 1995, resolvi entender o perfil populacional da Maré para identificar como, a partir do perfil educacional, a desigualdade se materializava. Todos falam "o Brasil é um país desigual", mas como a desigualdade se concretiza e molda o modo de viver e as oportunidades das pessoas? Como a vida é afetada? Analisando os dados do IBGE da população da Maré nos anos 1990, encontramos um dado da desigualdade: o acesso à universidade. Por que algumas pessoas vão para a universidade, em um contexto como esse? Eu era parte desse grupo que, na época, identificamos como menos de 0,5%. Isso foi antes das políticas governamentais de incentivo ao acesso à universidade. Do ponto de vista de políticas públicas, esse é um número muito pequeno, o Brasil era, e continua sendo, um país em que pessoas de origem popular, pessoas pobres, não acessam as universidades públicas, e foi isso que fomos buscar. Vi que tinha achado o dado da desigualdade, concretamente. Isso era 1997 e eu dava aula num pré-vestibular comunitário da UFRJ, e, conversando com outras pessoas de lá, pensamos em articular algo. Então, antes de existir a Redes, existia um movimento para agregar essas pessoas, esse menos de 0,5%, e entender o nosso papel. Talvez seja uma visão um pouco ingênua da minha parte, mas essas pessoas que vão para a universidade deveriam ter consciência de que neste contexto você foi além, e isso criou uma desigualdade dentro dessa realidade, então temos o dever de nos comprometer. Eu estou falando de uma coisa bem genuína do meu sentimento à época. Passei um ano atrás dessas pessoas na Maré, muitos eram colegas meus de infância, e assim formatamos o primeiro pré-vestibular. A primeira turma foi em 1997, usamos o espaço de uma igreja católica, e cada um dava aula na sua especialidade.

Essa é a origem do nosso trabalho e foi muito importante. Sempre quando tenho que falar desse trabalho, falar desse lugar, dessa intenção de projetar o que a gente queria. Como pensar projetos que mudem a vida das pessoas? Como engajar as pessoas para que elas mesmas se mobilizem? Eu já tinha consciência de que não dava para esperar muita coisa do governo. E achava, e continuo achando, que as soluções estão aqui. Vem daí a ideia da potência da favela. Na Nova Holanda, por exemplo, todas as casas eram de madeira e a gente mesmo conseguiu um recurso da Caixa Econômica para fazer tudo de alvenaria. Então, eu sabia que a força estava aqui, talvez não soubesse formular bem conceitualmente isso na época, eu tinha 22 anos apenas, estava na universidade, mas eu sabia o que queria desde o início. Logo no primeiro ano, o nosso pré-vestibular, que foi a origem de todo esse trabalho, contou com noventa alunos e aprovamos 33 em universidades públicas. Isso foi uma grande conquista, deu certo, e ficou claro que, se a gente investisse, isso era potente. Porque a ideia – e isso é o pressuposto original da Redes – é que a gente vá agregando na Redes da Maré pessoas que tenham essa origem e ao mesmo tempo queiram se engajar em uma mudança. A mudança tem que ser formulada também por essas pessoas.

Dando um pulo desse momento inicial para o que a Redes da Maré se tornou, e todos os percalços para chegarmos a esse formato institucional, somos uma organização que tem a missão de criar projetos estruturantes ou criar um ambiente em que direitos se estabeleçam de maneira plena. Porque quando olhamos para as favelas, de uma maneira geral, e a Maré não é diferente, percebemos que os direitos são flexibilizados. O efeito da falta de políticas públicas faz com que a gente naturalize a falta de direitos muito básicos para a população que mora em favela e periferia. Então, olhamos para a educação e pensamos o que podemos fazer para que o direito à educação realmente aconteça. Porque hoje não temos isso. Fomos conquistando escolas, espaços, mas sabemos que as crianças da Maré não têm o direito a educação efetivado. E não tem por quê? Porque a escola não é uma escola de qualidade, porque o ambiente que temos aqui não é um ambiente em que direitos são reconhecidos plenamente, e não existe um esforço do Estado para que isso aconteça.

Tem a pauta da segurança pública que interfere diretamente nisso, pois você tem a escola, mas a escola não funciona como deveria, e a justificativa para isso é a falta de um outro direito, segurança. Então, a Redes olhou para isso e definiu como missão atuar numa perspectiva de longo prazo. Nós crescemos aqui, sabemos o que é a favela de fato, a favela não é isso que é dito sobre ela, e esse é um ponto importante também, pois a gente começa a entender a questão da representação, quanto a identidade de uma pessoa com essa origem pode definir o que a gente quer desse lugar. Escolhemos, assim, quatro eixos de trabalho em que acreditamos poder materializar tudo isso que estou falando. Se a gente trabalhar esses eixos numa perspectiva de longo prazo, conseguiremos melhorar a vida. E eu estou falando de coisas muito concretas, estou tentando não só ter uma visão das questões conceituais e uma visão política, mas também um olhar crítico e ainda pensar sobre a necessidade de se criar um ambiente em que direitos se estabeleçam.

Então, o nosso primeiro eixo de trabalho é a Educação, por acreditar que a educação foi fundamental em nossas trajetórias, em nossas vidas, e quando você acessa a educação, você pode não se tornar uma pessoa crítica nem comprometida com nada, mas ela te dá autonomia e mobilidade. A educação que eu recebi, posso levá-la para qualquer lugar e não dependo de ninguém. Essa ideia da autonomia é muito importante no nosso trabalho. O segundo eixo é Arte, Cultura, Memórias e Identidades. Esse é um eixo muito importante do nosso trabalho, que fomos formulando e unimos essas quatro dimensões. Trabalhamos a arte não só numa perspectiva do acesso, mas, assim como na educação, trabalhamos uma perspectiva que contribua para a existência. Identificamos que as políticas nessa área são muito frágeis, e, quando pensamos em desigualdade nesse campo, fica claro que as pessoas que moram em favelas e periferias não têm acesso à arte como um direito. Entendemos que todos deveriam vivenciar a arte, não porque isso vai te dar cultura ou aumentar o seu repertório, mas porque isso também te constitui como pessoa. Escorar dimensões da vida que todos deveriam ter o direito de acessar. E a forma de materializar isso é construindo espaços como o Centro de Arte da Maré ou desenvolvendo projetos de criação artística.

Os outros eixos são Segurança Pública e Desenvolvimento Territorial. Desenvolvimento Territorial atravessa todos os outros eixos porque trabalha a questão da vida, a questão urbana, que tem que se materializar aqui, ou seja, acesso a água e esgoto, maior número de escolas, a questão ambiental. Esta é uma questão estratégica, já que a Maré está localizada entre as principais vias de acesso à cidade do Rio e aqui é onde as pessoas respiram o pior ar – isso está dito num relatório da Feema [Fundação Estadual de Engenharia do Meio Ambiente], que constatou isso depois da construção da Linha Amarela e da Vermelha, quando já existia a avenida Brasil. Deveria haver um projeto forte de plantação de árvores. E novamente esbarramos na questão de direitos, neste caso, das pessoas respirarem um ar com qualidade. E o último eixo é o da Segurança Pública. A primeira coisa é atentar para o fato de que segurança pública é parte dos Direitos Humanos, e o Brasil demorou a fazer isso. A gente reconhece que redes ilícitas e redes criminosas se instalam aqui justamente porque não temos esse ambiente de direitos estabelecidos e o Estado não tem o mesmo critério em relação às questões de políticas públicas. Precisamos enfrentar esse dilema. Como aqui tem grupos armados, é permitido que certos direitos sejam suspendidos e se naturalize que se pode morrer. Aqui as relações nesse campo da segurança são estabelecidas a partir de violências que formatam uma visão muito equivocada das favelas.

LD: À luz disso tudo que você falou, ou seja, dessa extrema desigualdade, fica claro que a pandemia vem mostrar que não existe um corte onde o passado é apagado; na verdade, a pandemia reproduz uma série de desigualdades que já existiam antes dela. Não é à toa que a população pobre e negra é a mais radicalmente afetada nesse momento. Como a pandemia vem jogar luz nesses diversos problemas estruturais – o sucateamento na saúde pública, o problema da moradia, do saneamento básico? Você pode nos dizer como eles se tornam ainda mais presentes em meio a uma pandemia no conjunto de favelas da Maré? Tendo em vista essas missões da Redes, que você acabou de nos relatar, e sabendo que a Redes vem articulando uma série de ações na Maré desde o início da pandemia, queria que você nos contasse que ações são essas, que articulações foram necessárias para que essas ações acontecessem e como elas dialogam de alguma maneira com esses eixos.

ID: Eu gostaria de fazer um complemento à pergunta da Luisa. A impressão que eu tenho é que a situação nas periferias e nas favelas do Rio de Janeiro, principalmente, não foi tragicamente pior porque havia já uma organização anterior, estratégias anteriores, que foram sendo desenvolvidas ao longo desses quase 30 anos. Essas estratégias foram fundamentais para que isso que vocês estão fazendo hoje seja bem-sucedido e com isso vocês evitaram milhares de mortes nesse território, então eu queria pensar à luz dessa preparação que houve ao longo desse tempo.

ESS: Acho que as duas questões se complementam. De fato, a pandemia jogou mais foco – principalmente para quem é de fora – sobre esses problemas. Quem são esses pobres? As populações das favelas sempre foram vistas como exército inimigo, como em uma guerra. Não considero ser essa a visão correta para se definir o contexto das favelas. Mas, em geral, é assim que, de forma superficial, as pessoas olham para os conflitos ali estabelecidos. É fato que isso conforma a atuação e o tratamento do Estado de maneira a não reconhecer os direitos dos moradores de favelas e periferias em isonomia com os de outras partes da cidade, onde residem, por exemplo, pessoas de classe média e ricas.

Com a pandemia, percebo que de exército inimigo as populações de favelas passam a ser vistas como o lugar onde moram os pobres, as pessoas que vão ser mais afetadas pela pandemia. E quando a pandemia chegou, e foi de uma maneira rápida, tudo era emergencial, ficamos pensando o que uma organização da sociedade civil como a Redes da Maré teria que fazer num momento desses. Não dava para fechar, ir embora e todo mundo fazer isolamento, não temos essa opção, não tive essa opção. A gente precisava dar alguma resposta e isso tem a ver com esse processo histórico. Escolhemos trazer respostas que dialogassem com nossos eixos de trabalho, tudo que estamos fazendo tem a ver com demandas que já existiam. A primeira ação da campanha foi dizer não ao coronavírus. Não foi planejado, as pessoas se encontraram para pensar e alguém disse "a gente tem que dizer não a esse vírus", e assim ficou "Maré diz NÃO ao coronavírus", esse é o nome da campanha. Na primeira semana em que foi declarada a pandemia, em março, a Redes fez um plantão, não fechamos os prédios – a Redes hoje tem sete prédios espalhados nas 16 favelas. Todos os dias tinha alguém lá para saber o que os moradores estavam entendendo daquele acontecimento mundial e quais eram as suas demandas. E ficou claro que a primeira demanda estava relacionada à questão da segurança alimentar. Pessoas que antes tinham redes para acessar alguma comida aqui ou ali, começaram a aparecer e pedir comida. Com isso, fomos ao Censo da Maré e fizemos um recorte de renda, a Maré tem 47 mil domicílios, vimos qual o perfil da população e separamos 6 mil famílias mais pobres como meta inicial para atender. Fizemos uma campanha e iniciamos uma captação de recursos para 6 mil cestas de alimentos e os seus tamanhos, porque a maioria das cestas é muito pequena e não dá para 15 dias, para famílias de quatro ou cinco pessoas. Formatamos uma cesta básica para um mês e um kit de higiene pessoal e de limpeza, em função dos protocolos para não contaminação. Logo no primeiro mês, pulamos da intenção inicial de atendermos 6 mil domicílios para 7.272 domicílios. Esta foi a primeira ação que formulamos, que nos levou a criar um sistema informatizado, porque a demanda começou a ser muito grande, para além do nosso cadastro. Criamos também um canal de WhatsApp chamado "De olho no corona" para as pessoas reportarem ali se elas precisavam de cesta de alimentos. Recebemos 70 mil mensagens nesse canal, muitas pessoas desesperadas... Ainda não conseguimos processar todas. Isso aconteceu no primeiro mês. No segundo mês, chegamos ao número de 13.009 famílias que precisavam de cesta básica. Foi um esforço enorme para captar recurso para essas cestas, que são dadas por três meses. Acredito que iremos chegar a 15 mil, pois ainda estamos filtrando essas 70 mil mensagens. É bastante cansativo, pois eu fico diretamente na captação. Esta semana uma parte das famílias irá receber a terceira cesta e uma cartinha, que estamos escrevendo para explicar a campanha.

A outra frente tem a ver com a população de rua, que está ligada ao Espaço Normal, projeto do eixo Desenvolvimento Territorial, um espaço onde se atende a população que faz uso abusivo de álcool e outras drogas, é um projeto que já faz parte da Redes da Maré. Durante a pandemia, tivemos que fechar o espaço de acolhimento para essas pessoas, pois ele é pequeno e não dava para mantê-lo aberto, pois ia contra todos os protocolos de segurança que a pandemia solicita. Então, para não perder o contato com essas pessoas, passamos a produzir refeições diárias, de domingo a domingo, que são entregues nessa cena – nós não chamamos de cracolândia, chamamos de cena de uso de crack. No primeiro mês, fizemos duzentas refeições, e agora, no terceiro mês, já são trezentas. É uma forma de levar material de limpeza, medir a temperatura deles e saber quem está doente para encaminhar ao hospital. E quem prepara essas refeições é um grupo ligado a outro projeto da Redes, o Maré de Sabores, que está dentro da Casa das Mulheres da Maré. São mulheres que receberam uma formação em gastronomia e formaram um bufê que presta serviços na cidade. Elas tinham, antes da pandemia, de 15 a vinte contratos mensais e tiravam uma renda considerável mensalmente. Mas durante a pandemia isso não iria acontecer. Então, essa foi uma forma de mantê-las organizadas trabalhando, e elas recebem uma ajuda de custo para manter a casa. A maioria delas é responsável pela família. Essa é uma frente da Redes relacionada às mulheres. As mulheres têm todo um capítulo à parte no nosso trabalho.

Ao longo do tempo, fomos entendendo os grupos prioritários dentro da população geral, e continuamos estudando para entender a condição da mulher, pois as mulheres são responsáveis historicamente por tudo que a gente tem de coletivo e de luta, sempre tem mulheres à frente desses grupos. Ao mesmo tempo, há muita violência em relação às mulheres, elas têm uma condição de vida difícil, trabalham fora, trabalham em casa, e ainda tem o machismo e o patriarcado que estruturam as relações de gênero em nosso país. Temos esse espaço para pensar em como melhorar a condição de vida das mulheres e gerar renda para elas. Temos cinquenta mulheres costureiras que estão fazendo máscaras. Conseguimos um recurso para comprar material e pagar pelo trabalho de produção, e elas produzem 20 mil máscaras semanais, já faz um mês e meio que elas vêm sendo distribuídas para a população da Maré. A nossa ideia é fazer 300 mil máscaras, serão duas máscaras para cada morador.

A outra frente está ligada à saúde, que dialoga diretamente com a pandemia e tem dois braços, a comunicação e a saúde propriamente dita. Neste braço que lida com a saúde, temos uma equipe multidisciplinar, que já é da Redes, com assistente social, redutor de danos, psicólogo. No canal de WhatsApp "De olho no corona", pedimos que as pessoas nos reportem as suas dúvidas. Além das diversas dúvidas sobre o momento, começaram a reportar situações que estavam acontecendo sobre pessoas com sintomas, pessoas que moram sozinhas e estavam doentes, e isso gerou uma enorme planilha. Essa equipe, então, entra em contato com as pessoas, faz visita domiciliar e logo, desde a primeira semana, começamos a articular a rede de saúde que existe.

Na Maré tem sete clínicas da família e uma UPA, elas já estavam funcionando de forma precária antes da pandemia. As pessoas com alguma doença ficaram sem o apoio num primeiro momento, e aqueles que se contaminavam com a covid-19 não tinham uma referência no território que pudessem buscar de forma adequada. Em algumas situações, os profissionais desses serviços estavam sem EPIs [Equipamentos de Proteção Individual] e, por isso, alguns deles não se sentiam seguros de estar de forma plena no trabalho. A partir disso, fizemos um levantamento e com a campanha "Maré diz NÃO ao coronavírus" captamos um valor para comprar EPIs para os profissionais da saúde, para que as sete clínicas pudessem continuar funcionando de forma a atender à demanda do momento.

LD: Existe uma questão importante nesse ponto aqui. Como vocês, diante da ausência do Estado, vão cumprindo vários papéis. Inclusive, pelo que eu li nos seus diários no blog da Companhia das Letras, um dos papéis é reportar a diferença entre os números oficiais divulgados pelo estado e pela prefeitura de contaminados e mortos e um levantamento feito por vocês, no qual os números triplicam.

ESS: Exatamente. Quando começamos a entrar em contato com as pessoas que nos procuravam, vimos que havia um conteúdo que devia ser trabalhado para depois informar a população. Fomos chamados para retirar pessoas mortas de casa, famílias que não tinham condições de arcar com o enterro, pagar ambulância... E começamos a comparar com os números divulgados oficialmente sobre pessoas doentes ou mortas na favela da Maré. Foi quando decidimos escrever sobre isso e criamos o boletim já mencionado, que sai toda quinta-feira por Whatsapp, chamado "De olho no corona", com informações sobre a saúde das pessoas, o que está acontecendo na Maré e essa subnotificação. Enquanto a prefeitura diz que tem 260 pessoas contaminadas, nós estimamos oitocentas e poucas pessoas. Enquanto eles dizem que tem cinquenta pessoas mortas, nós contabilizamos cento e tantas pessoas mortas. O Samu não está vindo retirar as pessoas como estava fazendo antes. Então, essa frente da saúde está entendendo o sistema público que não funcionava e continua sem funcionar, e nós começamos a estabelecer parcerias diretamente com os profissionais, e conseguimos mobilizar recursos para que eles possam atender as pessoas. Muita gente passa mal porque é diabético e tem que tomar insulina ou tem câncer e deixou de ser atendido pelo médico, as pessoas estão morrendo sem ser de covid-19. Conseguimos um parceiro em São Paulo, chamado "Todos pela Saúde", que quer montar uma estrutura para o isolamento das pessoas que estão contaminadas e fazer testagem na população, tudo isso em parceria com a Fundação Oswaldo Cruz e a Prefeitura do Rio de Janeiro.

Estamos buscando, justamente, juntar todas essas intuições e viabilizar algo relevante na área da saúde para a população da Maré.

Na frente da saúde, além dessa questão, outra coisa muito importante que conseguimos foi um recurso para desinfetar as mais de novecentas ruas da Maré, um produto chinês que cria uma película na superfície onde é colocado e tem uma durabilidade maior e atua na prevenção da contaminação. Não há comprovação sobre a eficácia desse tipo de ação, mas entendemos que limpar as ruas e jogar esse produto é algo relevante para o cuidado com a população da Maré. Fizemos, então, um projeto e conseguimos um recurso significativo, e contratamos 16 pessoas para trabalhar de maneira concentrada, elas atuam em uma comunidade por vez.

E ainda temos a frente da Comunicação, que eu considero fundamental. Comunicação no sentido de mobilizar as pessoas para elas entenderem como podem se cuidar. Todos os protocolos preconizados para a população não se contaminar dizem que é necessário o isolamento social e lavar bem as mãos com água e sabão e usar álcool, o que não é pouco para a população da favela, pois elas, muitas vezes, não têm as condições materiais para fazer o isolamento que a classe média e rica tem. A maioria das casas tem 50 m^2, com diferentes gerações morando na mesma casa, dormindo no mesmo quarto, então, como fazer isso? A partir da experiência de lidar com pessoas usuárias de drogas, começamos a trabalhar o conceito que usamos nesse grupo, que é o de redução de danos. O que podíamos fazer para reduzir o dano em relação à contaminação das pessoas em uma região em que há adensamento? Na Maré são 140 mil pessoas morando em 4,5 quilômetros, pessoas compartilhando suas vidas nos mais diferentes níveis. E tem uma questão importante, que é a rua como extensão da casa. Não há condições de isolamento dentro da casa, a rua é o lugar onde se socializa, é onde se faz muita coisa que, em outro lugar, se faria em casa. Então, a frente da Comunicação vem produzindo materiais que são validados pela Fiocruz – temos uma parceria com a Fiocruz para não negligenciar naquilo que precisa ser dito tecnicamente. Com o projeto "Se Liga no Corona", produzimos um podcast, que eu mesma faço, e falamos da situação da Maré, de como as pessoas estão se contaminando, e junto com isso tem um boletim semanal.

LD: Ainda na esteira da ausência do Estado e a força de uma ONG como a Redes numa hora dessas, de atuar diretamente na alimentação, com itens de higiene etc. A gente sabe que uma instituição, um braço que vem ocupando um papel muito importante na vida das pessoas, principalmente em favelas e periferias, é a igreja evangélica. Me ocorreu pensar que a igreja evangélica, que tem tanto poder hoje em dia, tanta influência, inclusive nas escolhas políticas, como ocorre no Rio de Janeiro, poderia estar atuando durante a pandemia. Mas, pelo que eu soube, há uma certa paralisia por parte delas. As pessoas que estão precisando de amparo não estão procurando isso nas igrejas evangélicas. Será que isso pode gerar uma mudança de olhar, de perspectiva para a própria igreja evangélica e para a importância do trabalho social de uma ONG como a Redes?

ESS: Com relação à ação do Estado, de fato, não existe nenhuma ação robusta presente, nenhuma estratégia. Eu sempre digo que se tivéssemos prefeito, teríamos uma comissão, um comitê da covid-19, analisando o que está acontecendo na cidade, definindo prioridades, liderando um processo sério para lidar com essa situação. Nós não temos isso em nível municipal nem em nível local. Temos sete clínicas da família e nenhuma delas foi orientada para a pandemia. Não tem ninguém da assistência social, da Secretaria de Desenvolvimento Social em um programa como políticas públicas de distribuição de alimentos. Você olha para o lado e vê que não tem Estado, é abandono. Isso é muito sério, é muito grave. E nós sabemos que não podemos substituir o Estado, nós somos uma organização da sociedade civil, sabemos bem o nosso papel e estamos atuando de maneira emergencial, produzindo inteligência para poder cobrar e ser crítico na pós-pandemia. É curioso que as igrejas não tenham entrado de forma consistente no combate à covid-19, ao contrário, temos alguns dirigentes das igrejas que têm pedido ajuda para funcionar através da doação de máscaras para os fiéis. Agora, o que isso vai significar do ponto de vista concreto da relação das pessoas com a igreja, eu ainda não saberia dizer. A fé é uma coisa complicada, delicada. E o que as pessoas estão entendendo disso tudo?

ID: Quase mais importante do que o que está sendo feito é saber qual é a narrativa que está sendo construída a respeito disso. O que as pessoas estão entendendo do papel de cada um desses grupos é o que fica para depois.

LD: Vivemos a época das guerras de narrativas. Como você sente o pulso, a vivência da pandemia pelos moradores da Maré? Eu acho que algo mudou ao longo da pandemia entre nós, brasileiros. No início, havia mais medo do que agora, sendo que no início havia menos mortes do que agora. E queria entender como isso está ocorrendo dentro da Maré. No Brasil, parecia que a gente se assustava mais quando tinha muitas mortes na Europa, numa classe mais abastada de São Paulo, e, quando as coisas voltaram ao normal, e o normal do Brasil são negros e pobres morrendo, a coisa se anestesiou, como se sempre tivesse sido assim e sempre será assim. Então, gostaria de entender como é isso do ponto de vista dos moradores da Maré. E entender também no que toca à narrativa, a gente discute muito a questão do Bolsonaro, que sempre tratou como gripezinha e diz que a economia tem que andar, enquanto governadores e prefeitos e a classe média apoiam o isolamento social, quando na verdade não se teria que escolher entre subsistência e saúde. Do ponto de vista do morador da Maré, como isso é visto? E em relação ao governo Bolsonaro, os moradores de modo geral tendem a apoiá-lo, ou não?

ESS: De fato, no início da pandemia, as três primeiras semanas, eu diria que o sentimento que você expressou era exatamente o que estava acontecendo, as pessoas tinham muitas dúvidas, muito medo, expressavam uma ansiedade sobre o futuro, era tudo nebuloso. E as respostas a esse medo vinham de lugares loucos, como "Jesus sempre disse que a gente ia chegar a uma situação dessas", o Apocalipse, eu ouvi muitas coisas desse tipo. Por um lado, tinha o medo, mas havia essa crença de que era algo maior, que tínhamos que passar por isso. Mas, depois, durante o processo, quando houve aquela fala inicial do Bolsonaro, de que ele era um atleta e toda a população iria mesmo se contaminar, que só morre quem já tem outras doenças, foi na terceira ou quarta semana da pandemia, essa fala causou um grande estrago. A gente estava começando a convencer o comerciante a abrir só uma portinha para venda, criar distanciamento, até toque de recolher o pessoal estava organizando, estávamos num processo correto e, de repente, todos começaram a relaxar e eu passei a receber no meu celular mensagens de moradores com vídeos desmentindo a pandemia, *fake news*...

LD: Chegaram muitas *fake news* sobre a pandemia, pelo WhatsApp, que vocês tiveram que desarmar?

ESS: Eu comecei a fazer o podcast porque era preciso ter um canal para esclarecer as coisas para as pessoas, e está fazendo efeito, tem gente que fica aguardando o podcast na sexta-feira para saber o que está acontecendo. As pessoas carecem de uma notícia local, de confiança. Eu me dei conta de que a Redes pode criar um discurso, e temos um público formador de opinião aqui dentro, podemos ser um *influencer* [risos]. Eu, que não participo de redes sociais, não entendo nada disso, decidi fazer esse podcast e fiquei chocada, pois os moradores vêm atrás. A gente cria uma mensagem no WhatsApp e distribui para quase 3 mil pessoas. É realmente preciso desmentir essas narrativas enganosas, temos que ter uma estratégia, essa é uma das coisas que aprendi, por isso passei a vir aqui todos os dias para conversar com as pessoas, porque elas realmente acessam esses discursos que vão contra elas próprias. É muito sério, pois a pessoa escuta uma fala que só vai prejudicá-la, parece que a pessoa está cega. É necessário muito tempo conversando com as pessoas para esclarecer tudo, e elas escutam porque veem que você está ali trabalhando, entregando uma cesta, preocupada com ela.

ID: Quando elegemos o Bolsonaro, mesmo as pessoas mais bem informadas não tinham intimidade com essa ideia da *fake news*, os robôs, a manipulação através dessas pequenas pílulas de informação. Hoje, dois anos depois, a gente tem uma outra relação com isso. Eu queria entender que efeito isso tem dentro das favelas e periferias e qual a relação que a Redes estabelece com isso? Como se dá essa disputa de narrativas em meio a uma crise tão aguda como a pandemia?

ESS: Eu diria que essa é a questão estratégica do momento em que vivemos. Essa pessoa eleita tem influência. E eu nem me refiro à pessoa em si, nem digo que as pessoas gostem dela, mas vejo o que essa figura representa e o que ela joga tem uma aderência muito grande do ponto de vista do pensamento. Entendo que essa pessoa é um instrumento para alguma coisa sobre a nossa sociedade, sobre os nossos valores, sobre a maneira como trabalhamos a questão da ética. As pessoas se identificam muito com essas falas, essas escolhas e essa maneira de olhar o mundo. A questão econômica eu acho um bom exemplo, pois é fato que as pessoas precisam sobreviver, e os moradores querem que o comércio e as coisas abram porque eles não têm reserva de dinheiro. É preciso lidar com isso, entender esse lado e sair do antagonismo "abre ou fecha", eu não posso julgar, pois estou aqui vivendo com as pessoas esses dilemas. Tem uma parte da sociedade que pode ficar em casa por cinco, seis, sete meses, e vai ter o que comer, seja porque essas pessoas têm um trabalho que permite isso, seja porque acumularam riqueza e podem ficar sem trabalhar. O pobre não tem essa escolha. Então, quando o presidente diz que é para voltar a trabalhar, o pobre irá pensar que ele está preocupado com a sobrevivência dele. É tudo muito sutil, as pessoas não são idiotas, e esse cara, o presidente, acaba falando um monte de coisas que é verdade, porque quem diz que todos devem se isolar, de modo descontextualizado, não vai ter aderência. Tanto que eu digo no podcast que, se puderem, fiquem em casa, mas se alguém precisar sair, tome tais medidas de proteção. Tem que dar um outro caminho para uma pessoa que não tem outra opção além de ir trabalhar. Isso tudo é tão cruel, porque só é assim porque vivemos em uma sociedade desigual, e as pessoas irão olhar os fatos de lugares diferentes.

ID: E tem uma coisa curiosa, que mesmo na sua reflexão, que é de alguém que sabe, confirma e até ocupa a falta que o Estado faz nessas comunidades, você não fala sobre uma coisa que aconteceu no mundo inteiro, que é o Estado entrar com dinheiro para que as empresas não quebrassem. Na Inglaterra, por exemplo, o Estado imediatamente pagou o salário de todas as pessoas que estavam em casa, quer dizer, o empresário não produz, não recebe, mas também não gasta. Na Holanda, todos os profissionais liberais receberam 4 mil euros no primeiro mês da pandemia, independente de estarem empregados ou não. A gente nem considera essa possibilidade. Contamos com seiscentos reais, que não resolve a vida de ninguém, mas atua minimizando um problema muito grande. Mas se o Estado nunca esteve presente, por que estaria agora, não é?

ESS: Esse é o ponto. A gente ainda não tem a experiência, como país, para considerar uma proposta como essa. Eu estou trabalhando com o que é possível, com a realidade. De fato, na Inglaterra, o Estado entrou com 80% do salário das pessoas, as empresas que podiam entravam com 20%. Eu li isso logo no início da pandemia. Mas nós somos um país que naturaliza essa quantidade enorme de mortes, um país que banaliza a vida, estamos ainda num processo muito primário, em todos os sentidos. Quer dizer, uma proposta dessas fica retórica.

LD: Acho que agora temos o gancho para falar das operações policiais, porque o Estado não só não entra com apoio, como permanece entrando, como sempre entrou, com tiro e bala, promovendo essa guerra fictícia que só serve para levar a mais mortes. Começamos a conversa com você aflita porque hoje mesmo, no dia em que estamos fazendo esta entrevista, 17 de junho de 2020, em plena pandemia, com o STF tendo proibido operações policiais nas favelas, ocorreu uma operação policial na Maré.

VG: As operações policiais são basicamente as políticas públicas nas favelas e que seguem vigentes mesmo num momento como este de pandemia.

ESS: No início da pandemia, tínhamos uma expectativa sobre o que iria acontecer em relação a isso, não acreditávamos que a polícia fosse, por exemplo, fazer operação policial, para a gente isso era impensável. E na Maré já tivemos três operações desde o começo da pandemia, a de hoje e mais duas durante esses dois meses. E sabemos de operações que aconteceram em outros lugares, como no Alemão, no morro da Providência, no Salgueiro. Não houve nenhuma mudança na "política de segurança", que não é política de segurança, isso é uma forma da polícia atuar que desconsidera o que é uma política de segurança pública. E somos esse país que naturaliza que possa existir aqui, na mesma cidade, condutas e formas distintas da polícia atuar – quando a polícia entra na Maré, por exemplo, ela não considera as pessoas que moram aqui como cidadãos, moradores de um bairro, e cometem todos os tipos de violência, abuso e violação que não cometem em outros bairros. A postura que a polícia tem nas favelas não tem nenhuma relação com a postura que ela tem em outros lugares. Houve uma diminuição no número de homicídios nesse período, apesar das operações policiais que aconteceram, mas não era para ter acontecido nenhuma. Isso também diz respeito à atuação do Estado, pois a polícia poderia estar tendo outro papel na pandemia, poderia estar engajada na questão humanitária, pois estamos vivendo uma crise humanitária. Uma crise que envolve questões de saúde, econômicas e políticas. A polícia poderia estar sendo redirecionada até para se aproximar da população de um outro jeito, e assumir o papel que deveria ser o da polícia em um momento em que há demandas muito básicas.

LD: Essa questão da polícia é seminal. Estamos vivendo isso, coincidentemente ou não, nos Estados Unidos. Afinal, foi a morte de um negro por um policial o estopim para esses protestos contra o racismo e, no limite, contra isso que a gente chama de necropolítica. Porque lá, como aqui, são os negros pobres que estão morrendo em números muito mais altos durante a pandemia. Em um dos seus textos, você disse que a favela está sendo finalmente vista – e diz isso num tom positivo – como um lugar não só do inimigo, mas um lugar onde moram pessoas pobres, vulneráveis, onde mora gente, em suma. E ao mesmo tempo estamos com esse debate muito candente sobre as polícias, até porque esse sujeito que ocupa a Presidência do Brasil encontra nas polícias um grande aliado. Será que existe uma janela de oportunidade, no meio dessa tragédia que é a pandemia, da favela passar a ser vista com outros olhos, uma janela para alguma mudança num sentido mais amplo para que a gente paute de uma maneira mais firme essa questão das violências policiais?

VG: E para complementar, podemos pensar ainda, além das questões que dizem respeito à polícia, ou estaríamos sendo muito utópicos, sobre uma possibilidade de mudança de paradigma em relação à solidariedade social, especialmente vindo das classes altas e médias, do branco, em relação às classes desprivilegiadas?

ESS: Esse debate mundial sobre a atuação da polícia é essencial para rever o papel da polícia localmente. É muito importante quando vemos alguns segmentos da polícia dos Estados Unidos ao lado de quem está protestando, é uma imagem poderosa para o Brasil. Aqui, a coisa ficou tão extremada que parece impossível agir em intermediações entre os lados. Ainda não sei o que essas imagens podem produzir, mas é importante que elas existam, que o chefe de polícia tenha um posicionamento ou que o prefeito esteja a favor de quem protesta, mesmo que seja retórico. Eu não sei a profundidade disso, mas acho relevante essa retórica de que existem novas possibilidades. No Brasil, a gente chegou a um grau de intolerância dos dois lados que coloca essa pauta quase como impossível de ser enfrentada, e ela precisa ser enfrentada aqui. Ela é estratégica.

Quando eu falo que os pobres estão sendo vistos de maneira diferente, tem um tom crítico irônico da minha parte. Estamos chamando atenção o tempo todo para esse trabalho, pautamos a mídia, acessamos muitas pessoas de classe média e alta – pessoas do bem, comprometidas, parceiras, inclusive, da Redes da Maré –, mas que não acreditam em muitas das brutalidades que eu conto que acontecem aqui. Acham que é fantasia, e eu fico furiosa, pois vivo isso desde criança, e as pessoas vivem numa bolha e não conseguem entender que quando elas não acreditam nisso, estão sendo permissivas para que isso aconteça. Eu não tenho, hoje, uma expectativa positiva de que no pós-pandemia vamos ter uma mudança em função da experiência que estamos vivendo agora, das pessoas olharem para a Maré e não falarem de tiro, de violência etc.

Com relação à polícia, eu não vejo nenhum fato que mostre ou traga uma perspectiva diferente. O STF está fazendo algo agora porque existiu uma ação civil pública anterior da Maré, que tem a ver com a nossa luta e essas práticas todas que estamos falando aqui. Estamos fazendo muita coisa agora porque a gente já vinha trabalhando de maneira emergencial em muitas frentes a longo prazo. Para mim, tudo é urgente e sempre foi, não tem mais o que esperar. Não temos o tempo do planejamento, não temos de verdade, eu vivo situações limites o tempo inteiro, preciso fazer escolhas. Então, em relação à nossa polícia, eu não acho que vá mudar nada. Pelo contrário, no pós-pandemia, eles vão achar que estão autorizados a continuar a fazer o que faziam. Não tem reflexão, não tem.

Tem uma coisa que está acontecendo e acho interessante, é o fato da pandemia ter permitido – em função dessa ideia de emergência e porque a imprensa está mostrando que tem gente na favela passando fome, sem fogão, e a mídia é estratégica – que eu chegasse em pessoas que eu queria há muito tempo para falar sobre o trabalho da Redes para doações. Só conseguimos mobilizar recursos para atingir 13 mil famílias de uma vez com uma cesta básica decente porque eu cheguei nessas pessoas. Então, temos que saber olhar para isso e canalizar para alguma coisa. Há esses setores dominantes, não só do ponto de vista do indivíduo, mas certas fundações que podem influenciar muito dentro de uma perspectiva de política pública, se a gente souber canalizar isso, talvez haja ganhos aí. Neste momento, a Redes conseguiu mobilizar desde a pessoa que doa dez reais a uma pessoa que doa 1 milhão. Isso não é fácil e para mim todos os dois têm o mesmo valor no sentido do doar, do processo. Muita gente está querendo me acessar para poder ajudar. Isso é incrível, não posso deixar de reconhecer. Muitas pessoas dessas organizações querem representar a gente, receber o dinheiro para depois passar para a Redes. E isso é uma batalha, porque a gente pode receber o dinheiro direto, sem atravessador, porque cada vez que atravessa é menos dinheiro para quem precisa. Mais gente começou a perceber que temos um trabalho que é relevante, que podemos prestar conta, que somos responsáveis no uso dos recursos. Acho que isso é uma das coisas mais positivas para mim, desse lugar onde estou, como sociedade civil. E é desse segmento da sociedade que eu preciso me aproximar para que me ajudem a cobrar do governo.

LD: E acho que temos pautas importantes entrando em cena em meio à pandemia. Existe um novo debate sobre a manutenção da renda básica para além da pandemia no Brasil e no mundo.

ESS: A pauta racial também. A favela é diversa, tem nordestino, indígena, negro, mas mesmo nas favelas os negros também morrem mais. Existe um discurso para se ajudar a todos igualmente, mas é preciso que se olhe para a desigualdade mesmo dentro da favela. E agora, aproveitando o que está acontecendo nos Estados Unidos, a gente tem mais propriedade para falar, as pessoas estão mais abertas a ouvir.

LD: Para finalizarmos, quais aprendizados para o futuro você e a Redes vêm acumulando com essa experiência da pandemia na Maré?

ESS: Acredito que tenham muitos aprendizados de ordens diferentes. No caso da Redes da Maré, existe essa missão muito organizada para pensar projetos estruturantes, projetos de longo e médio prazo, que tragam uma perspectiva de reconhecimento que os cidadãos das 16 favelas são pessoas com direitos iguais a qualquer outra pessoa da cidade. Então, como a gente constrói essa ideia e enfrenta isso numa perspectiva de trazer o poder público, trazer o Estado para fazer esse reconhecimento e estabelecer de maneira republicana formas de quebrar esse ciclo? Pois esse ciclo gera toda forma de preconceito e racismo que faz parte dessa lógica, que sustenta essa lógica, e é responsável pela violência que existe muitas vezes nas favelas.

Foi um aprendizado muito importante ter que dar respostas muito rápidas a demandas que surgiram também de maneira muito rápida.

Claro que as questões emergenciais não podem suprimir a perspectiva de longo prazo, embora seja preciso atuar na emergência. Pois o nosso papel como organização é entender e responder às demandas que surgem e atentar para as questões que são colocadas. Na questão da saúde, por exemplo, que não era uma área em que tínhamos muita atuação, ficou clara a fragilidade do sistema de saúde público, que está bastante sucateado. E a saúde acabou virando um tema e uma questão para a Redes pensar e responder emergencialmente. Mas esse foi um ponto positivo para nós enquanto equipe e instituição, a percepção de que temos a capacidade de responder emergencialmente com base nas nossas articulações e no nosso conhecimento de território. Foram mais de duzentas pessoas envolvidas em diferentes frentes, atuando de maneira responsável. Ficou claro que quando precisamos formar um coletivo, ele acontece e gera uma mudança. O trabalho tem uma raiz, uma legitimidade, o reconhecimento e o envolvimento das pessoas, houve um número de voluntários muito grande ajudando, por exemplo, na entrega das cestas. Ao contrário do governo, a sociedade civil se articulou de maneira ágil, efetiva e séria nesse processo. Ficou evidente a força do coletivo para respostas coletivas.

Aproveitamos também esse momento para construir um banco de dados com informações de 15 mil famílias das 16 favelas, e, com isso, ganhamos uma capilaridade territorial importante para estudar, entender e trabalhar daqui para a frente, o que será muito importante na perspectiva de gerar informações e poder chamar o Estado para assumir as suas responsabilidades. Precisamos usar esse aprendizado para pautar as políticas públicas.

ENTREVISTA COM O MOVIMENTO DE LUTA NOS BAIRROS, VILAS E FAVELAS - MLB

Fundado em 1999, em Pernambuco e Minas Gerais, o MLB – Movimento de Luta nos Bairros, Vilas e Favelas – é um movimento social que se articula em torno da luta pela moradia e o direito à cidade. Hoje, com frentes em diversos pontos do Brasil, o movimento encontra-se na linha de frente do debate em torno do déficit habitacional nas regiões urbanas do país. Nesta entrevista, os coordenadores nacionais do movimento, Poliana Souza e Leonardo Péricles, junto a Aiano Bemfica, cineasta e militante do MLB, relatam como o contexto pandêmico acentuou ainda mais as fragilidades de uma conjuntura já delicada e nos revelam a discrepância entre o Brasil que pode fazer quarentena e aquele para o qual esse direito foi, desde o dia um, impossível de ser exercido. Em conversa realizada diretamente da Ocupação Eliana Silva, em Belo Horizonte, onde vivem Poliana e Leonardo, os coordenadores nos relatam um contexto de luta por direitos mínimos (como saneamento básico), de combate à desinformação via grupos de WhatsApp e de resistência às políticas de remoções, não interrompidas pelo Estado mesmo durante as circunstâncias de extrema vulnerabilidade impostas pela pandemia.

Entrevista concedida a Luisa Duarte e Victor Gorgulho.

VICTOR GORGULHO: Onde você está, Poliana?

POLIANA SOUZA: Estou em Belo Horizonte, Minas Gerais, na ocupação Eliana Silva.

LUISA DUARTE: Podemos começar com uma breve apresentação do envolvimento de vocês com o Movimento de Luta nos Bairros, Vilas e Favelas (MLB), iniciado na década de 1990, para então realizarmos um diálogo entre o movimento e o contexto atual da pandemia.

Sabemos que a pandemia afeta diretamente aqueles que sofrem com a falta de moradia ou que vivem em situações precárias, ou seja, a pandemia joga luz no desastre urbanístico do Brasil e no déficit habitacional. Logo, a pandemia nos leva para o centro da luta por habitação e pelo direito à cidade – eixos do MLB. Assim, de que forma a atual conjuntura reforçou a importância do papel de vocês nos locais onde atuam e quais novos desafios foram postos em cena?

PS: O MLB nasce em Minas Gerais e em Pernambuco quase ao mesmo tempo. Aqui em Minas, houve a ocupação da Vila Corumbiara, em 1996, com a Eliana Silva à frente, quando o movimento ainda não havia sido criado. Eliana Silva foi uma das principais lideranças que se destacou na organização do MLB e se engajou na luta por moradia e por direitos para trabalhadoras e trabalhadores da periferia. Esta foi uma ocupação muito complexa, com muita repressão, que ficou marcada na história da cidade, mas acabou gerando muitas conquistas, colhendo bons frutos e grandes resultados. Foram a partir dessas experiências de Minas e Pernambuco que o MLB se organizou. De lá pra cá, o MLB cresceu, a Eliana Silva entrou na luta pela regularização da habitação e, depois, pelo transporte. Assim o movimento foi se desenvolvendo e já realizou ocupações no Rio Grande do Norte e em outros estados também. Aqui, em Belo Horizonte, construiu a ocupação Irmã Dorothy. Em 2009, a Eliana Silva faleceu de câncer de mama e, com a morte dela, o MLB ficou um pouco desarticulado durante um período em Minas Gerais, embora já fosse um movimento grande nacionalmente. Em 2011, ou seja, dois anos depois, o movimento volta a se organizar com algumas lideranças que já trabalhavam com a Eliana. A primeira ocupação que fizemos em Minas Gerais, após essa reorganização, foi batizada com o nome de Eliana Silva, em sua homenagem. Era uma ocupação muito grande, com cerca de 350 famílias, e que sofreu despejo 21 dias depois. E posso afirmar que foi o despejo mais violento que o estado de Minas Gerais já viu, com uso de caveirão, cachorro, helicóptero, cavalaria e outros abusos por parte da prefeitura, da PM e do governo do estado.

Em outros estados, o MLB nunca parou. Em Pernambuco, por exemplo, ele continuou fazendo diversas ocupações e se envolvendo, inclusive, com a política habitacional que havia em alguns municípios, construindo programas e participando da construção da cidade. Fizemos parte, por exemplo, do processo de iniciação do programa Minha Casa Minha Vida, participamos das conferências municipais e da construção do Ministério das Cidades. Mas aqui em Minas teve um outro caminho, que foi o de não conseguir diálogo com as esferas governamentais, principalmente durante a gestão de Márcio Lacerda, que nem adotou a política habitacional do Programa Minha Casa Minha Vida, dificultando o acesso de milhares de famílias sem teto à moradia.

Eu entro para o MLB em 2012, no processo de ocupação Eliana Silva. Entro por causa da luta por moradia, eu não tinha casa, assim como quase todas as famílias; quer dizer, o que me move é a necessidade muito concreta de precisar de uma moradia. E o MLB é um movimento que, muitas vezes, transforma as pessoas que entram pela necessidade da casa em lideranças. A maior parte da direção do MLB é formada por pessoas do território, pessoas sem casa e que vão se forjando na luta. Na época, eu tinha 27 anos, mas tem gente que ingressa ainda mais cedo.

Hoje o MLB tem mais de 20 anos de existência no Brasil, com trabalhos em 17 estados, em alguns municípios com mais facilidades e em outros com menos. Em Minas Gerais a gente nunca conseguiu acessar as políticas habitacionais, então, todas as ocupações são de autoconstrução. A gente entra para a terra, mas não só com o objetivo de lutar por ela, mas também de construir a moradia, o que é um pouco mais complexo e não é a realidade do MLB em todos os estados. Há estados em que conseguimos estabelecer um diálogo para construir empreendimentos, como em Pernambuco, no Ceará, no Rio

Grande do Norte, na Bahia, quase todos os estados do Nordeste. Nos estados do Sudeste, as construções são literalmente na marra, é entrar e construir e depois lutar pela regularização, esse é um pouco do trabalho que o MLB desenvolve, especialmente aqui em Minas Gerais.

Neste momento de pandemia, a gente continua na luta, vamos nos adequando à necessidade do momento, ou seja, aquelas famílias que lutaram em um determinado momento para ter um teto, hoje elas lutam para ter água, coisas simples, básicas. Mas parece que só agora as pessoas descobriram que a periferia, as vilas e favelas não têm acesso a água todo dia. Lutas que a gente já fazia, como acesso ao saneamento básico, esgoto, coleta de lixo, e que agora ficaram mais evidentes, as pessoas falam mais disso. E no meio de uma pandemia, nós estamos aqui, construindo lixeiras coletivas nas entradas das comunidades, por medo da dengue – já que o sistema de saúde está lotado aqui em Minas Gerais, mais de 85% dos leitos estão ocupados no momento. Estamos preocupados em como será o surto de dengue este ano, porque aqui não há coleta de lixo regular. Instalamos, também, pias comunitárias na entrada de cada ocupação, pois nem todas as casas tem água, além de atuarmos em um processo de reeducação das pessoas para que lavem constantemente as mãos com água e sabão.

Há várias iniciativas, como a Rede de Solidariedade, a LONA, que são processos de diálogo com a sociedade de modo mais amplo, uma escola de formação. Fomentamos essas iniciativas sem parar o trabalho que já vínhamos fazendo, as lutas que já existiam, mas que agora estão mais evidentes na cidade.

VG: Eu queria fazer uma pergunta, aproveitando o gancho do que a Poliana disse. Gostaria de entender como se dá a articulação entre as lideranças de diferentes localidades, se essas ações vocês articulam de modo a implementá-las nacionalmente, e se há um desejo de nacionalizar as iniciativas, ainda que respeitando as especificidades de cada localidade e suas demandas.

PS: O MLB é um movimento que se organiza em coordenações. Nós temos as coordenações das ocupações nos territórios, nos bairros, vilas e favelas, que são constituídas por pessoas eleitas pelas próprias comunidades ou forjadas na luta, na construção da comunidade, ou seja, cada território tem uma coordenação. Depois, temos as coordenações municipais, que vão debater as especificidades do município; as coordenações estaduais, que debatem a questão da conjuntura do estado. A gente sabe que moradia é responsabilidade do município, mas é dos governos estadual e federal também. A discussão sobre o direito à cidade se passa nos municípios, por isso precisa de uma coordenação para discutir essa questão, pois não se discute o direito à cidade num único território, numa ocupação isolada. A coordenação reúne um conjunto de pessoas que vivem conflitos parecidos, embora cada luta tenha o seu tempo. Tem comunidade lutando para ter água, outras lutando para ter título de posse, e tem comunidade lutando para não ser despejada, mas todas se falam porque em comum temos a luta pelo direito à cidade. A coordenação nacional faz um congresso a cada quatro anos para eleger esta coordenação, além de reuniões permanentes em cada território, em cada cidade e estado. Agora, durante a pandemia, está mais difícil. Nas reuniões, trocamos experiências, é muito interessante. Eu faço parte da coordenação nacional do MLB. Então, quando o programa Minha Casa Minha Vida acabou, que foi uma das primeiras coisas que o governo Michel Temer fez, e depois o Bolsonaro extinguiu o Ministério das Cidades, acabou com as secretarias e as políticas habitacionais que existiam, tivemos muitas experiências para compartilhar. Foi um período de desespero. Estados que acessavam o programa habitacional vão agora fazer luta pela resistência e autoconstrução, e como a gente já tinha essa experiência em outros territórios, eles não precisam partir do zero.

Hoje tivemos uma reunião nacional para debater e conhecer as iniciativas, o que cada estado está fazendo durante a pandemia. O Pará, por exemplo, sofreu muito com a pandemia, muito mesmo, então, trocamos as experiências, de segurança inclusive, pois não perdemos nenhum companheiro. Como eles fizeram a campanha e não deixaram de lutar durante um pico? A gente não viveu isso em Minas, e hoje pegamos várias dicas para implementar aqui. É isso, pegamos o que está dando certo para multiplicar.

LD: Você falou rapidamente dessas iniciativas que o MLB estabeleceu durante a pandemia, e o Aiano tinha nos falado tanto da LONA – Mostra Cinemas e Territórios[1] quanto do curso Cidades em Disputa.[2] Você pode falar dessas duas iniciativas?

PS: A LONA é uma iniciativa nacional do MLB que surge na perspectiva de conseguir fazer um debate mais amplo com a sociedade, no momento em que muitas pessoas não estão saindo de casa, mas estão nas redes sociais, procurando acesso a informação, e a luta pela moradia continua em debate, então a LONA vem com esse objetivo. Fizemos várias mostras, vários debates, eu tive a oportunidade de participar de um deles com o MST durante a exibição do filme *Chão* (Camila Freitas, 2019), foi muito legal. Essas iniciativas ocorrem sempre no sentido de dialogar com setores mais amplos da sociedade, atuar no campo da informação, da cultura e da arte e fazer a disputa pela narrativa. Os meios de comunicação não estão falando da gente. Ou eles falam dos problemas, mas não estão trazendo as lutas que já existem, o trabalho que está sendo feito. Então, a LONA traz um repertório de filmes que dialogam com as nossas realidades, com coisas que aconteceram, como a nossa forma de se organizar. O Aiano pode até falar melhor, pois ele está diretamente ligado à construção da LONA. É interessante porque, além do diálogo mais amplo com a sociedade, nas comunidades, as pessoas têm assistido aos filmes, e essa é uma forma de organizar o próprio movimento dentro dos territórios. O MLB, normalmente, se organiza em assembleias, reunimos todo mundo para tomar as decisões, fazer a discussão política, fazer o debate, mas nesse momento de pandemia isso é impossível. Então, a LONA é uma forma de chegar às pessoas e de fazer a disputa pela narrativa no dia a dia. O projeto Cidades em Disputa vai no mesmo sentido, mas um pouco mais direcionado ao diálogo entre a teoria e a prática, com aulas onde diferentes temas de muita importância para o nosso movimento são tratados (saúde, pandemia, desigualdade, racismo, mulheres etc.). É um espaço de formação que criamos nesse contexto de pandemia. É uma atividade aberta onde nossas coordenações e nossas lideranças têm participado junto com estudantes e profissionais de diferentes áreas. Eu considero que essa experiência tem sido fundamental e está dando muito certo. Além disso, estamos fazendo uma rádio e um podcast.

LD: Você quer falar da LONA, Aiano?

AIANO BEMFICA: A Poliana sintetizou bem. Quando entramos nesse processo de isolamento, começamos a discutir as formas de manter essa unidade, usar esse momento para trabalhar a formação e fortalecer relações que já existiam. A gente tinha uma entrada no cinema, a partir da circulação dos nossos filmes, mas como colocar esses filmes em diálogo com outras pautas? A luta dos territórios é uma luta desde o momento da invasão ao Brasil, ali começa. Então, como conectar o nosso trabalho às pautas indígenas, quilombolas, a luta no campo? Promovemos encontro de cineastas, com realizadores e realizadoras, lideranças com essas diferentes pautas. Já o Cidades em Disputa é um curso que aconteceu em duas dimensões, uma com os inscritos, que estão estudando basicamente o problema de formação das cidades e a proposta do MLB para superar; e a outra, aberta, que são as *lives* temáticas, que debatem as questões das cidades, a cidade e o racismo, a cidade e a pandemia. E acho que foi muito importante o MLB entender que, neste momento, a gente tem que encontrar outras formas de aparecer e reunir pessoas. Porque essa é a base do movimento social, são as pessoas, ele não é uma bandeira sem vida.

LD: Quando pensamos nas dificuldades atravessadas por uma ocupação durante a pandemia, sabemos que existem tantos desafios internos, densidade ocupacional, carência de saneamento básico, água e afins, quanto desafios externos, como a constante tentativa de criminalização desses movimentos. Queríamos que vocês nos levassem um pouco para a realidade da pandemia dentro de uma ocupação hoje.

PS: É muito complexo. Primeiro, as pessoas não estão acostumadas a hábitos simples, como lavar as mãos, cuidados que não são novos, mas que para a gente se tornaram essenciais de repente. E, com isso, algumas coisas ficaram mais evidentes. A maior parte das ocupações urbanas não tem água regularizada, encanada, a gente vive de gato mesmo, e isso é um problema, porque, dependendo da inclinação da ocupação, a água não chega. Ou chega só durante uma parte do dia. E as pessoas vivem assim, elas sabem o horário que pode lavar roupa, que pode cozinhar, mas agora que você precisa ter água o tempo todo, como faz? A outra questão é a do próprio saneamento, esgoto, coleta de lixo, são problemas que se tornaram mais complexos. E ainda temos a questão da alimentação, porque a maior parte das pessoas está desempregada ou são trabalhadoras autônomas. A ocupação Eliana Silva, por exemplo, tem trezentas famílias, fizemos um cadastro no início da pandemia para entender a situação, e dessas trezentas famílias, em 207 as pessoas não trabalham de carteira assinada. Então, 207 famílias não têm como se manter na pandemia. Uma outra realidade são as próprias construções das casas. As casas nas ocupações urbanas, assim como nas favelas, que também são oriundas de ocupações urbanas, são muito pequenas, as pessoas têm no máximo três cômodos, uma casa muito grande tem cinco cômodos. E são casas muito populosas, geralmente moram ali pai e mãe, o filho casado e mais os netos, é assim que as pessoas vivem, com três ou quatro dormindo no mesmo quarto. Fazer isolamento social é impossível.

Temos casos de pessoas que estavam com sintomas e precisamos isolar a família toda, não há alternativa. E também a própria forma como as casas estão organizadas, uma muito próxima da outra, a gente divide parede com as pessoas, quer dizer, o contato acontece o tempo todo. Os lotes das casas têm 60m². Nesse momento de pandemia, tudo isso tem sido um desafio. Estamos tentando mapear as comunidades, organizando por rua, pessoas com sintomas, pessoas de grupos de risco e pessoas desempregadas. Logo no começo da pandemia, o MLB organizou a Rede Solidária, que cadastrou todas as famílias que estão desempregadas ou em áreas de risco – isso em nível nacional – e organizou a distribuição de cestas básicas. Essas cestas a gente consegue a partir de doações da cidade, fizemos uma vaquinha online que deu muito certo e outras doações que vão chegando, e as cestas são de acordo com o tamanho de cada família, pois não adianta padronizar. O governo está padronizando tudo, dá o mesmo auxílio para todo mundo, a mesma cesta para todo mundo, como se fosse resolver, as pessoas têm necessidades diferentes. Além das cestas, o MLB fez as pias, como já disse, assim como deu acesso a água sanitária e a álcool em gel.

Há outros dois grandes problemas da pandemia na periferia e nas ocupações. O primeiro é sobre o acesso ao teste. Noventa e nove por cento dessas pessoas usam o Sistema Único de Saúde (SUS), um sistema de saúde importante que precisamos valorizar, pois tem país que nem SUS tem. Mas como essas pessoas não são prioridade para o governo, quando elas chegam no SUS, não tem teste. Hoje, por exemplo, um morador veio me procurar, eles sempre vêm avisar quando estão com sintomas ou sabem que estão com covid-19. Ele passou mal, sentiu os sintomas e foi no SUS, chegando lá disseram que ele estava com pneumonia. Ele pediu para fazer o teste, mas disseram que os testes são só para quem é do grupo de risco ou que está internado. Então, ele decidiu pagar pelo teste, que custou 250 reais, pois ele sabia que poderia estar em risco. E o teste deu positivo. Ou seja, ele poderia estar andando por aí como se estivesse com pneumonia e contaminar toda a comunidade. E quantas famílias têm 250 reais para pagar pelo teste? Quase nenhuma. Então, esse é um problema real, as pessoas devem estar contaminadas por aí, andando e transmitindo para os outros. A gente não ter o direito de saber se está contaminado é muito sério. O outro problema é ainda maior, que é o fato do presidente, a maior liderança do país neste momento, eu goste ou não, encher a boca para dizer que é só uma gripezinha, que não existe problema, que as pessoas precisam ir trabalhar, que o comércio tem que reabrir, que a indústria não pode parar. Fica o movimento social fazendo campanha pelo cuidado à vida, a campanha da Rede de Solidariedade com "Cuide de você, cuide de seus vizinhos", quando a principal liderança do país diz que tudo isso é bobagem. Esse é um grande desafio que a gente enfrenta, essa contraliderança que manda as pessoas saírem para trabalhar e que Deus é a salvação, então, lotem as igrejas. A gente vai na igreja e pede ao pastor para não fazer o culto, o pastor escuta, mas no dia seguinte ele vê o presidente dizendo que Deus vai salvar a humanidade, e aí ele abre a igreja. E diz para as pessoas que não precisam nem usar máscara porque Deus salva. Na periferia, isso é um problema.

LD: A pandemia por si só já significa uma crise gigantesca. Estamos diante de uma crise sanitária, humanitária, econômica, social. Mas no caso do Brasil estamos em meio a uma pandemia vivida sob a égide do governo Bolsonaro, na esteira de um país já em desmonte no que toca a políticas públicas de toda sorte, de um Brasil que ataca e criminaliza os movimentos sociais. Ou seja, estamos diante de uma tempestade de proporções catastróficas.

PS: Primeiro quero dizer que a gente, enquanto movimento social, tem o hábito de lutar em qualquer governo. Eu não vou dizer que nos governos anteriores estava fácil para nós porque não estava. Tomamos tiro na cara, não sei se vocês conhecem a história da Gabi. Ela tinha 14 anos e tomou um tiro no rosto durante um despejo em Mário Campos, Minas Gerais, durante um governo do PT. Então, nunca tivemos muita regalia, as nossas lutas sempre aconteceram debaixo desses governos. O governo do PSDB, por exemplo, deu espadada na cara da gente, durante uma manifestação, que chegou a fazer corte, com espada, isso foi em 2014. Esses são os governos que a gente tem enfrentado. É óbvio que nada se compara a um governo fascista, que fica o tempo todo defendendo a volta de uma ditadura militar, intervenção militar, que é eleito com discurso de ódio às comunidades, com discurso de ódio a quem faz ocupação, chamando de invasor, dizendo que tem que matar, exterminar. Mas o MLB fez uma ocupação dois meses depois do Bolsonaro ter sido eleito e deu muito certo.

Então, para nós o caminho sempre foi a luta. Costumo dizer que não temos nada a perder, a não ser as nossas correntes. A intervenção da polícia nas comunidades é muito sério e acontece o tempo todo. Agora, os caras estão com mais liberdade para agir, fazer batida. E as grandes mídias só mostram a pandemia, como se mais nada estivesse acontecendo, mas a repressão continua. A polícia nunca esteve tão ostensiva dentro das comunidades como agora, e com discurso de ódio, metendo o pé na porta, e se você pedir o mandado, o que eles respondem é "meu mandado é a minha botina". Há duas semanas, a polícia colocou o Leonardo [Péricles, presidente nacional da Unidade Popular pelo Socialismo e ex-dirigente do MLB] na parede porque ele foi ajudar uma família. Entraram em uma casa aqui na esquina, tinha uma mulher e uma criança, chegaram arrombando a porta, sem mandado, e ela saiu correndo e veio pedir ajuda para a gente, o Leo foi e, quando chegou, colocaram o Leo na parede, meteram a arma na cabeça dele, o tempo todo ameaçando atirar, os moradores foram todos pra perto, dizendo "está errado, está errado", e o policial respondeu "vai reclamar com o presidente da República". Então, eles têm autoridade para fazer isso, está liberado. O Café, um jovem nosso, morreu com um tiro nas costas, logo após o Bolsonaro ser eleito. E a alegação é que ele tinha ido para cima da polícia, mas como você vai para cima e toma um tiro nas costas?

A quarentena é um privilégio, nós não temos o direito de fazer, esse não é um direito garantido. Por isso, durante esse período decidimos fazer as lutas de rua, essa é uma questão que eu gostaria de colocar. Para enfrentar o fascismo é necessário fazer esse enfrentamento na rua também. As pessoas nos acusam de estarmos indo para a rua, mas nós estamos indo para a rua de qualquer jeito, pegamos o ônibus lotado para ir trabalhar, fazer faxina... A verdade é que o povo trabalhador não teve direito de ficar em casa, o povo vai pra rua todo dia. Mas quando a gente sai para a rua para cuidar da cidade, para vender nossa força de trabalho, para ser explorado, ninguém questiona. E quando você vai para a rua com máscara e gel para lutar contra o fascismo, as pessoas dizem que você está indo contra o isolamento social. E o que a gente já entendeu é que a nossa única opção é ir para a rua acabar com esse governo e com esses governos, porque em Minas Gerais nós temos o [Romeu] Zema, que não é nada diferente, ele é só um bracinho do Bolsonaro. E ainda temos o [Alexandre] Kalil, que faz discurso de melhor prefeito do Brasil, mas ele abriu a cidade no pico da pandemia! Eles escondem os números através de subnotificações dos casos de covid-19, fazem convênio com uma empresa para abrir covas, como se isso fosse a salvação. Para concluir, o que temos feito diante do governo Bolsonaro, diante do avanço do fascismo, é ir para a rua, até porque os caras não saíram da rua, e fascismo quando acha brecha ele entra. Veja o Acampamento dos 300, em Brasília, os caras tomando a rua, como se eles fossem a última bolacha do pacote. Esses, sim, são irresponsáveis, pois teriam o direito de ficar em casa. Nós não temos.

VG: Poliana, você falou sobre essa espécie de guerra de narrativa em que vivemos hoje em dia, por conta das *fake news* e da desinformação disseminada vindo do governo federal do Brasil. Sabemos que o combate à pandemia passa pelo acesso a informação. Assim, como vocês têm tentado combater essa guerra de narrativas e as ondas de *fake news*?

PS: É muito difícil, os caras têm uma máquina muito competente, Bolsonaro foi eleito com *fake news*. Eu acompanho muitos grupos de ocupação pelo WhatsApp, e existem correntes que são um desespero. As pessoas recebem a notícia e querem passar para a frente, pois elas acham que aquilo é muito importante, mas não buscam a fonte, não têm esse hábito. E as pessoas não têm o acesso à tecnologia que a gente sempre defendeu que tivessem, o máximo da tecnologia que elas têm é o WhatsApp. Uma parte pequena usa o Facebook, uma parte menor ainda de jovens usa o Instagram, e não acessam mais nada. Jornal as pessoas não têm o hábito de assistir e nem entendem. Outro dia eu estava assistindo ao *Jornal da Globo*, e é um absurdo o tipo de comunicação desse jornal, eles falam durante 1 hora e você não entende nada, tem que ficar tentando traduzir, e por mais que eles estejam falando contra o governo Bolsonaro, que é a tática que a Globo tem usado ultimamente, fala tão difícil que o povo não entende. A gente tenta enfrentar esses desafios. Como disse, acho que a LONA é uma porta de entrada nas comunidades, nas casas, a gente conversa, fala com um público mais jovem. Temos feito, na Ocupação Carolina de Jesus, por exemplo, cinemas em diferentes andares. A ocupação Carolina acontece em um prédio, então, montamos telões nas paredes dos andares, e cada morador assiste da porta da sua casa. Foi um jeito que conseguimos para que as pessoas vissem os filmes da LONA, e tem dado muito certo. O áudio é um outro recurso, através da rádio MLB nós gravamos mensagens com informações corretas e espalhamos nos grupos de WhatsApp, isso também funciona, pois as pessoas podem não ler, mas escutam áudio. Em alguns estados, estamos organizando carros de som na rua, que vão dando as informações corretas e desmentindo as *fake news*, pois enfrentamos também o problema da subnotificação, o número oficial é muito menor do que o número real de contaminados e mortos. E isso gera nas pessoas uma sensação de que esse é um problema distante. Outra coisa que temos feito é organizar parte da nossa militância, que não pertence ao grupo de risco, para o porta em porta, que chamamos de Rede Solidária nos bairros, eles vão de porta em porta e pedem alimentos para a Rede Solidária, para ajudar a montar as cestas, e, além isso, é informativo, explicam os cuidados, conversam. Há um mês, ganhamos na Ocupação Eliana mil máscaras e fomos distribuí-las nas casas, mas quando as pessoas recebiam perguntavam se a máscara não tinha vindo da China, porque estavam falando que as máscaras que vinham da China estavam contaminadas. Aí você tem que explicar que não existe máscara da China contaminada. Isso foi um áudio que se espalhou dizendo que as máscaras que estavam sendo distribuídas vinham da China contaminadas, por isso era melhor não usar máscara. E as pessoas acreditam nisso. Um outro mito que circula é que quem bebe bebida alcoólica não pega o vírus, e muita gente começou a beber mais! É o mesmo discurso que Deus vai curar ou que é o fim do mundo, o Apocalipse, está na Bíblia, e as pessoas deixam de se cuidar por isso.

LD: Quando falamos de *fake news* estamos falando da presença das redes sociais no nosso cotidiano. Com o advento das redes, a gente testemunhou cada vez mais uma militância que se dá no espaço virtual. Se, por um lado, as redes possuem uma grande importância na divulgação de inúmeras causas, capacidade de mobilização ágil de um número expressivo de pessoas, ao mesmo tempo elas também podem ser vistas como responsáveis por aquilo que eu chamo de ativismo narcísico, ou seja, um ativismo que se dá muitas vezes com a pura finalidade narcísica compensatória e de fato pouco consegue intervir nos rumos da vida pública. E, ainda, as redes podem também camuflar a importância crucial do trabalho de base, fundamental para todo projeto político num sentido forte. Como vocês, como movimento social, enxergam o papel das redes sociais hoje?

PS: Primeiro, eu acho importante o papel da rede social, a gente dialoga com um outro público da sociedade. Para além das redes sociais, o papel da comunicação é extremamente importante. Por exemplo, tivemos o caso da Gabi, como eu disse, em Mário Campos (MG), que levou um tiro no rosto e perdeu oito dentes, quase morreu. Esse caso teve uma visibilidade enorme, chegou a ter mil pessoas assistindo ao vivo e depois o vídeo alcançou 2% da população do Brasil inteiro. Isso aconteceu porque tinha uma câmera certa no lugar certo. E só conseguimos fazer os reparos necessários, o dinheiro para a cirurgia através de uma vaquinha, por causa dessa visibilidade. O caso que aconteceu na região de Isidora, por exemplo, uma ocupação que estava para ser despejada e não foi por causa do filme *Na missão com Kadu*. Aparece o Kadu gravando com uma criança no colo e mostra a ação da polícia. Depois disso, a ONU fez uma carta para o governo do estado de Minas Gerais dizendo que a Polícia Militar não tinha condições de fazer aquela integração de posse, que era impossível fazer nas condições que estavam dadas. Então, isso é de muita valia. Mas o que a gente entende é que essa militância virtual não pode estar desvinculada do chão da terra. É necessária a luta no território. O papel da militância virtual tem que ser dialogar, divulgar, falar sobre o que acontece no território. Porque se você ficar só naquele mundo, tentando ver de fora o que está acontecendo, vai dar errado. Um pouco do trabalho que o MLB desenvolve, e acho que o Aiano pode falar disso também, é no sentido de fazer com que as redes e esse mundo digital sirva para fortalecer o que a gente faz. Tenho participado de *lives* com o objetivo de dizer para as pessoas o que está acontecendo aqui. Porque, também, se não tiver espaços como esses, as pessoas não vão ficar sabendo. Tem uma comunidade aqui do lado, a Paulo Freire, que hoje completa quatro dias sem água. Então, vamos fazer um vídeo amanhã, publicar nas redes sociais e tentar alcançar o maior número de pessoas possível.

AB: Acho importante a gente pensar sobre o que produzimos de informação. Usando a imagem como exemplo, ela atua junto ao movimento em pelo menos três dimensões: na construção de memória, na forma da gente refletir sobre o nosso passado a partir da nossa história, tanto publicamente como internamente; na disputa política e de narrativa; e na intervenção direta dos fatos. Uma imagem pode mudar o rumo de alguma coisa, e, nesse sentido, a gente não pode minimizar o papel dessa circulação, mas também não podemos reduzi-la a isso. O importante é estar associado: o território, a imagem e a rede. Isso tem que ser um amálgama, uma coisa só, funcionando para um objetivo claro. A rede social seria para a gente um espaço de atuação tática. Uma das nossas táticas é ocupar as redes, mas a nossa estratégia é modificar a sociedade. Isso é o que a gente quer.

VG: Já falamos aqui como a pandemia autoriza e acentua o discurso de criminalização dos movimentos sociais. Ao mesmo tempo, essa campanha das cestas básicas teve o apoio da cidade de uma maneira mais ampla. Será que é muito utópico a gente pensar que, diante desse abismo que a pandemia nos apresenta, pode haver o crescimento de um senso de solidariedade social, ou mesmo de algum tipo de diálogo inédito entre movimentos sociais e setores da sociedade que possam vir a mudar de mentalidade e atitude? Podemos acreditar em uma conscientização maior, ou não?

PS: Essa pergunta é complexa. Há um discurso de que o povo brasileiro é egoísta, mas não é verdade, as pessoas são solidárias. Quando fazemos uma ocupação, o que chega de doação não é brincadeira. As pessoas vão lá levar coberta, alimento, água. O brasileiro tem essa sensibilidade, mas no sentido assistencialista, cristão, desde que não afete o que é dele. Há pessoas que estão totalmente na luta, mas outras fazem porque querem ter o seu pedaço garantido no céu. É claro que essa solidariedade é importante para nós. Recentemente, construímos uma creche aqui na comunidade com uma vaquinha online, arrecadamos 50 mil reais. Esse dinheiro veio da cidade, de pessoas que quiseram ajudar. Durante a pandemia, distribuímos 8 mil cestas básicas no Brasil que só foram possíveis pelas doações de pessoas que estão preocupadas. E essa é uma forma das pessoas se engajarem na luta, de estarem inseridas no processo. Eu escuto muita gente dizendo que não tem condição de estar na rua lutando, mas quer ajudar, participar. Mas acreditar que a pandemia, que esse momento, vai mudar a concepção das pessoas, aí eu acho que é utópico. É necessário mais que uma pandemia para mudar e acabar com esse distanciamento. Nós vivemos em um sistema capitalista que não abre essa brecha. Quando se fala em divisão a discussão é outra. Então, eu só acredito nessa mudança, nessa proximidade de setores diferentes, quando a gente mudar o sistema. Dentro do sistema capitalista existem classes e essas classes não vão deixar de fazer enfrentamento uma com a outra. É necessário acabar com essa divisão de classes para que a gente viva isso que você chamou de utopia, essa proximidade entre as pessoas, o ser humano fazer pelo outro sem pensar se ele está sendo prejudicado, mas a partir da necessidade do outro.

LD: Em meio à pandemia vimos eclodir nos Estados Unidos, após o assassinato de George Floyd por um policial, uma série de manifestações antirracistas. Essa pauta, da luta contra o racismo, que deveria estar sempre no centro do debate aqui no Brasil, acabou ganhando mais espaço recentemente entre nós. Como vocês veem a relação entre essa luta e a luta do direito à cidade e do direito à moradia? Pois nos parece que são lutas irmãs.

PS: A luta pelo acesso a terra é uma luta 100% antirracista. Se você olhar para a ocupação urbana, ela tem cor e tem classe social, a maioria é de mulheres, gente negra e pobre. Eu sou uma exceção, mas mesmo assim, se eu falar disso com algumas pessoas, elas vão custar a me ver branca, porque isso está muito vinculado com a luta que a gente vive. Outro dia, eu e o Leo estávamos conversando sobre a Lei de Terras, de 1850, essa lei proibia os negros de terem acesso a terra. Isso é uma luta antiga, esse mesmo povo que foi escravizado continua sem terra até hoje. Esse é o povo que faz ocupação, são eles que estão reivindicando um espaço na cidade. E nós vivemos em um país extremamente racista, e o racismo existe até dentro da comunidade. Percebemos que essa luta nos Estados Unidos tem potencializado a condição do povo de se levantar, de ter voz, de conseguir se colocar. A gente tem feito esse debate e é interessante que se fale sobre isso. Há dois, três anos, antes da morte da Marielle [Franco], pouco se discutia sobre isso, era um debate velado.

Outro dia, no *Globo Repórter*, todos os jornalistas eram negros, mas claro que foi só por um dia. Mas pelo menos agora tem se falado sobre isso.

O que aconteceu nos Estados Unidos mostra para nós a força do povo negro, um povo que resistiu e resiste até hoje. Quando vemos o povo negro cercando a Casa Branca, isso dá uma energia, um gás para lutar. Eu acho que, no Brasil, temos que fazer alguns enfrentamentos. Parte do movimento negro aqui ainda é muito desvinculado de outras discussões, querem dividir a luta do racismo e do fascismo como se fossem duas coisas diferentes, que não são. Quem luta contra o racismo, luta contra o fascismo. Querem dividir a luta como se fosse uma luta de espaço de poder. Se os negros chegarem ao poder está resolvido? Não, não está. Temos o exemplo do Barack Obama nos Estados Unidos, ele foi eleito e qual foi a mudança real para o povo negro de lá? Esse levante agora acontece porque não foram feitas mudanças reais. A Condoleezza Rice liderou uma guerra inteira. É mulher e negra, quer dizer, temos aí a questão de gênero e raça. Então, a questão de raça não é central, ela precisa estar vinculada com a questão de classe. Esse é o debate que nós temos feito.

Várias lideranças do MLB participaram do processo de construção de um novo partido no Brasil. Coletamos um milhão e 200 mil assinaturas no Brasil inteiro, sem nenhum real de banqueiro, de empresa, sem nenhum parlamentar, sem ninguém, nós por nós, as ocupações urbanas, movimentos da periferia, movimento de mulheres, movimento da juventude... Foram dois anos coletando assinaturas e legalizamos o mais novo partido, que se chama Unidade Popular (UP). O nosso partido tem como presidente o Leo [Leonardo Péricles], que é morador da ocupação e é negro, o único presidente negro de partido no Brasil, o único na história e atualmente. Nós acreditamos nessa mudança. Fizemos um Congresso da UP no ano passado para discutir como será este ano, pois é a primeira eleição que vamos disputar, e não tivemos que discutir paridade nem de gênero nem de raça, porque essas coisas, quando você está no centro da luta, com o pé na terra, elas acontecem naturalmente. Nós elegemos pelas condições que as pessoas tinham de dirigir o processo, e quando olhamos para a nossa direção, 60% eram mulheres e a maioria esmagadora é negra. É isso, a luta antirracista acontece nesse sentido. Eu, Poliana, mulher, estou hoje num espaço de direção do MLB, quer dizer, a luta contra o machismo acontece desta forma também. Quando você está na luta concreta, você não precisa impor.

LD: Eu tomei contato com o MLB no contexto da 21ª Bienal de Arte Contemporânea Sesc_Videobrasil – Comunidades Imaginadas, na qual vocês apresentaram o vídeo *Conte isso àqueles que dizem que fomos derrotadas* (2018). Seria interessante escutar de vocês a respeito da importância desse diálogo com os territórios dedicados à cultura e à arte. Como esse vínculo entre o movimento e a esfera da cultura surge no sentido de que as construções de subjetividades mais sensíveis politicamente para a luta pela moradia, pela luta por uma maior igualdade social passa, também, pela arte e pela mobilização do registro sensível.

AB: A minha sensação é que isso atravessa quase toda a nossa conversa. Quando falamos das *fake news*, das mentiras, das máscaras da China, isso é uma disputa ideológica, pois a China é comunista e o golpe é comunista no mundo. Quando falamos da vontade das pessoas acreditarem em alguma coisa para fugir dessa situação, é uma disputa do sensível, essa vontade é movida pelos afetos, você quer se agarrar a algo com o qual você se identifique. Então, a gente vem trabalhando, dentro do MLB, com o registro naquela dimensão primeira da comunicação, esse é o nosso primeiro objetivo. Daí vamos tocar nos outros pontos, na luta pela terra, o *Conte isso àqueles que dizem que fomos derrotadas* foi feito ao longo de quatro anos, filmando as lutas das ocupações urbanas, filmando a ocupação Manuel Aleixo, a Paulo Freire, a ocupação que foi feita no mesmo terreno da ocupação Eliana Silva, tudo isso está nesse filme. O nosso primeiro olhar e intenção para essas imagens tem como foco a circulação, a disputa de narrativas, a denúncia, a intervenção no fato; depois de um tempo, o que a gente precisa é voltar para isso, se debruçar sobre essas imagens para entender a nós mesmos, para recobrar as nossas forças. E esse debruçar e recobrar as forças é que vai nos permitir montar um filme que irá disputar, depois, em uma outra instância, a terceira instância, o circuito da arte e do cinema. E quando vamos para lá, estamos levando todas essas ideias e práticas, tudo isso que nos constitui, para o campo sensível, para aquela disputa ideológica, para aquilo que vai provocar adesão, que vai despertar sentimento e trazer, por exemplo, aquela ideologia, o socialismo, esse monstro – porque o discurso hoje é mobilizado como se estivéssemos em 1964 e ainda existisse a Guerra Fria e a União Soviética para tomar a América Latina. E sabemos que não é isso, a gente precisa aproximar as pessoas daquelas ideias fundantes, que movem a gente: a organização, a forma de ação em conjunto, a forma de ação coletiva, a divisão da terra... Se o nosso primeiro trabalho é um trabalho que vem da terra, se a Unidade Popular vai ter a sua direção formada por negras, negros, indígenas é porque ela vem conectada com a terra. Então, se o nosso cinema, a nossa arte, vai chegar nos círculos da cultura, ela chegará conectada com o trabalho da terra também. E a hora que ela chegar lá, ainda que esse não tenha sido o foco central lá atrás, quando fundamos o MLB, esse é um lugar onde a gente reverbera. A gente constrói esse espaço de diálogo.

Podemos continuar escutando a Poliana por mais uma hora, né? E por quê? Porque ela fala muito bem, e ela fala bem assim desde 2012. O Leo também. Todos dois têm a luta muito viva e real acontecendo. Mas precisamos chegar em outros espaços. E a arte é um lugar, ela move o afeto, a subjetividade, a sensibilidade, e move a política também, a política dos espaços. Quando temos uma oportunidade de estar dentro do espaço restrito da arte, debatendo, enquanto movimento, mostrando nossa visão de mundo e como a gente constrói a mudança porque acreditamos nela, a arte passa a ser mais um campo de atuação fundamental e que provoca voltas. Esses filmes, através da LONA e das exibições por andar, e várias outras atividades nas quais sempre exibimos filmes, eles voltam para o movimento, eles formam outras pessoas, formam as bases, e intervêm também no andamento da comunidade, como é o caso de *Uma missão com Kadu*, outro filme nosso, de 2016, que suas imagens conseguiram inclusive intervir no despejo de uma comunidade que reúne 10 mil famílias, são 40 mil pessoas. A arte tem esse potencial aglutinador de agências, contanto que ela esteja ligada ao processo político real, comprometida, não falo do grau de realidade da imagem, mas do comprometimento em sua concepção, e assim ela consegue promover mudanças e atuar em diferentes sentidos.

PS: Tem uma coisa que eu esqueci de dizer e que talvez o Leo pudesse falar. Quando falamos da pandemia, dos desafios durante a pandemia, não falei dos despejos que estão acontecendo nesse momento em todo o Brasil.

LEONARDO PÉRICLES: Sobre os vários despejos que estão acontecendo, é uma hipocrisia imensa. Eu vou dar o exemplo de São Paulo, onde houve despejos extremamente violentos, o governador do estado falando que todos têm que ficar em casa, mas a Polícia Militar agindo para cumprir integração de posse. É aí que vemos a prioridade da propriedade privada acima da vida, a coisa vale mais do que a vida. E por que tem que fazer o despejo agora, se estamos no meio de uma pandemia e as pessoas precisam ter casa? Por que não pode ser depois? E se é tão importante fazer agora, por que antes não se decidiu para onde essas pessoas iriam? Dê uma alternativa à altura, como reza o próprio Estatuto das Cidades, isso é uma lei federal, que regularizou a parte de política urbana da Constituição. No Estatuto das Cidades diz que caso tenha que haver remoções, as condições das remoções têm que ser iguais, as pessoas têm que ser reassentadas em condições iguais ou superiores à que elas moram. Ou seja, só estou aqui falando de leis, nem parece gente de movimento, falando tanto de coisa institucional, mas, às vezes, quando fazemos o discurso que temos que pegar os terrenos que estão vazios, prédios vazios e direcionar para quem precisa, o discurso na aparência parece revolucionário, ultrarradical, mas isso está previsto nas leis do Brasil atual, debaixo desse capitalismo. O discurso revolucionário que nós vamos defender é expropriar essas propriedades que não estão cumprindo função social, ou mesmo as que estão cumprindo, porque uma parte que cumpre função social também não mereceria, pois cumprem uma função social de exploração, opressão. Mas mesmo dentro da Constituição atual isso não é respeitado, se os prefeitos seguissem os Estatutos das Cidades ao pé da letra não existiria sem-teto. Estamos falando de uma época em que não falta lei, a professora Ermínia Maricato fala disso, que no Brasil não falta lei, falta é a aplicação dessas leis. E a aplicação não é feita porque quem comanda as cidades, comanda os estados e também o governo federal, são os muito ricos, são os bilionários, que inclusive dominam a especulação imobiliária, são os donos das cidades e das terras, dos espaços. Deixam, inclusive, prédios inteiros, terrenos com milhares de metros quadrados abandonados, sem ninguém, só para valorizar e eles ganharem ainda mais com isso. E os pequenos despejos individuais – famílias de baixa renda que não conseguem mais pagar aluguel – também estão acontecendo aos milhares nesse momento.

Então, nós estamos falando do direito à vida em plena pandemia, de condições básicas e fundamentais, como lavar as mãos e ficar em casa, e isso é impossível para milhões de pessoas, por conta da falta de água em diversas comunidades, da Rocinha, no Rio de Janeiro, passando por Paraisópolis, em São Paulo, até o Vale das Ocupações, aqui ao lado, que está há quatro dias sem água. Coisas simples, que poderiam ser simples, mas não são por falta de prioridade de quem domina, que priorizam quem tem capital em vez do povo.

NOTAS

1. LONA – Mostra Cinemas e Territórios é uma mostra-plataforma online realizada pelo Movimento de Luta nos Bairros, Vilas e Favelas (MLB), que reúne obras que tematizam e atravessam questões ligadas à luta pela terra nas cidades, no campo e nos contextos indígena e quilombola. Disponível em: http://mostra-lona.com.br/index.html.
2. Cidades em Disputa são ciclos de estudo e diálogos do MLB e da Escola Nacional Eliana Silva. Disponível em: https://www.mlbbrasil.org/formacao.

PREDADORES DE NÓS MESMOS[1]
[Guilherme Wisnik]

Quando o vulcão Eyjafjallajokull entrou em erupção, na Islândia, entre março e abril de 2010, sua imensa nuvem de cinzas, rapidamente espalhada pelo vento nos céus do Atlântico Norte, paralisou os voos entre a Europa e os Estados Unidos por mais de uma semana. Economistas e analistas políticos, na época, avaliaram os prejuízos na casa dos bilhões de dólares. Hoje, exatos dez anos depois, o mundo assiste em tempo real, e impotente, à expansão de um vírus invisível por todo o território do planeta, não apenas paralisando voos, mas confinando as pessoas em suas casas, produzindo mortes em quantidades crescentes e derrubando as economias num *strike* global.

Como se sabe, grande parte do extermínio das populações indígenas na América, e em outras partes do planeta, se deveu à falta de resistência imunológica daqueles povos contra as doenças que os conquistadores ocidentais traziam, tais como gripes, sarampo e varíola. Hoje, é toda a população do mundo, predominantemente urbanizado e globalmente conectado, que se vê vulnerável a um conjunto de vírus que até tempos atrás seriam apenas zoonoses, mas que se produzem e se alastram vertiginosamente dada a hibridação acelerada e irreversível, existente hoje, entre ciência e natureza.

Isto é: animais de corte são criados em condições industriais, expostos a medicamentos e alterações biológicas, sendo depois, muitas vezes, vendidos em mercados densamente povoados por outros animais e por pessoas (sobretudo na Ásia), que se tornam hospedeiros para a propagação dos vírus. Nas condições *sui generis* dessa era que se convencionou chamar de Antropoceno, em que vamos esgotando os recursos do planeta e aumentando progressivamente a sua temperatura, fabricamos nossa própria vulnerabilidade, tornando-nos os predadores de nós mesmos. Isto é, no momento em que o mundo se torna de fato uma "aldeia global", parece que caminhamos na direção de realizar a profecia ianomâmi de que o céu vai cair sobre a nossa cabeça.[2]

Com o desastre nuclear de Chernobyl, ocorrido em 1986, escreve o sociólogo alemão Ulrich Beck, chegamos ao fim de uma era em que toda a violência que os seres humanos infligiam aos mesmos humanos era reservada à categoria dos "outros": judeus, negros, mulheres, indígenas, refugiados, dissidentes, excluídos etc. Isto é, o que aquele preocupante acidente radioativo revelou ao mundo foi a grande vulnerabilidade e o desamparo de uma sociedade que percebeu já não mais poder se esconder atrás de muros e cercas de proteção, tornando-se refém, por exemplo, da ação aleatória de ventos ou chuvas desfavoráveis que espalhassem a radiação por cima dos agora inúteis bloqueios físicos.[3] Significativamente, apenas três anos depois cairia o mais simbólico de todos os muros, em Berlim, e, com ele, toda a chamada "cortina de ferro".

Assim, aquele desastre nuclear que entra para a história como o detonador da derrocada soviética é, na verdade, como mostra Beck, o sintoma de uma nova era do mundo. Uma moderna era do perigo, que suprimiu todas as zonas de proteção. Uma "sociedade de risco", em suas palavras, que vive sob a constante ameaça de instabilidades ecológicas, financeiras, militares, terroristas, informacionais e bioquímicas (epidemias virais e bacteriológicas). Na passagem dos anos 1980 para os 90, o fim da Guerra Fria coincide com o começo do uso extensivo dos computadores pessoais e, logo em seguida, com a propagação da internet, numa economia já predominantemente financeira, e que então se tornava verdadeiramente globalizada, aumentando muito o fluxo de capitais e de pessoas pelo globo. Tudo isso no mesmo momento em que a aids, conhecida como "a peste gay", se disseminava, estigmatizando comunidades e ameaçando populações (sobretudo na África), e se tomava consciência da grave crise energética do planeta e dos impasses ecológicos da civilização industrial, debatidos na conferência Eco-92, no Rio de Janeiro.

Sob o mantra do chamado "Fim da História", tal como batizado por Francis Fukuyama,[4] o bloco capitalista, vitorioso na Guerra Fria, dizia conduzir o mundo para uma era de prosperidade e calmaria, na qual toda a ideia de conflito (base da visão marxista de história) teria sido extirpada. Um mundo "prozac", na expressão de T.J. Clark. Mas que, no entanto, apenas uma década depois, com os ataques de 11 de setembro de 2001, em Nova York, viria a se revelar uma nova era do choque e do terror.[5] Um mundo acossado por novas formas de antagonismos baseadas sobretudo em diferenças étnicas e religiosas, resultando em ataques terroristas randômicos pelo mundo. Mas, também, assolado por tufões e tsunamis (que, no caso de Fukushima, em 2011, desencadeou um desastre nuclear), além de pandemias virais de efeitos devastadores, como a que estamos vivendo agora.

No breve interregno daquele "mundo prozac", pensou-se eliminar definitivamente o inimigo, ou a ameaça, que no imaginário dualizado da Guerra Fria estava localizado no "outro": no capitalista, para uns, ou no comunista, para outros. Hoje, contudo, sabemos que a ameaça está disseminada por toda parte. Ela é invisível e de difícil detecção e controle. Pois revoltas da natureza podem eclodir em toda parte e a qualquer momento. Assim como o agente terrorista talvez seja o seu vizinho. O mesmo que, eventualmente, pode também lhe transmitir a covid-19. Assim, ao contrário do que imaginavam os profetas do "Fim da História", o nosso mundo é dominado por sentimentos crescentes de paranoia e angústia. E, na impossibilidade de localizar e culpar um "outro", nos vemos obrigados a considerar um "nós".

Identificando uma imagem recorrente em muitos dos fenômenos icônicos do mundo atual, tais como as terríveis fumaças que cobriram Nova York em 2001, as impalpáveis nuvens digitais, nas quais depositamos remotamente todas as nossas informações, e os enxames de capital financeiro se deslocando pelo planeta, venho usando a metáfora do nevoeiro para definir o estado de incerteza em que vivemos.[6] Um mundo ao mesmo tempo trágico e sublime – se tomarmos os exemplos do 11/9 e das nuvens digitais –, no qual a nossa percepção das forças que comandam as mudanças é, via de regra, embaçada ou borrada, pois os fatos são cada vez mais manipulados e distorcidos na forma de *fake news* e de pós-verdades. Uma vez instalado, o nevoeiro não permite visões de fora. Nele, estamos sempre imersos, sem distância perceptiva ou analítica, e com dificuldade para enxergar as coisas.

No livro *O novo tempo do mundo* (Boitempo, 2014), Paulo Arantes passa em revista as seguidas mudanças históricas ocorridas nos séculos XX e XXI, que vieram a comprimir progressivamente a distância entre o espaço de experiência, como dimensão presente, e o horizonte de expectativa, como projeção futura, nos termos de Reinhart Koselleck. Hoje, depois do trauma de duas guerras mundiais, da imposição de uma lógica presentista na política e na economia, por décadas de avanço neoliberal, e pela irrupção sistemática de ameaças terroristas, ecológicas e bioquímicas, vivemos um regime de urgência, uma era de expectativas decrescentes. Daí o uso de termos comuns hoje, como "guerra" às drogas ou ao terror, que normalizam estados de exceção.

Sociedades antes orientadas para o futuro, tal como no tempo das vanguardas modernas, no início do século XX, viram seus horizontes de expectativa se turvarem, reduzindo-se drasticamente. Num mundo em que o globo encolheu, só nos restou o presente comprimido e precarizado. Afinal, a economia financeira se baseia exatamente na venda antecipada do futuro por meio de dívidas e créditos. Assim, nessa nossa "modernidade virulenta", o futuro foi saqueado em nome do aumento do consumo. Pois, ainda de acordo com Arantes, "a revolução saiu de cena, mas em seu lugar ficou a Emergência, por assim dizer, intransitiva e paradoxalmente com uma energia disruptiva redobrada".[7] Nesse contexto, o paradigma do novo militante é o médico sem fronteira, investido de um *páthos* mais humanitário do que político.

Agora, condenados a um horizonte de futuro ainda mais estreito, diante de um presente angustiante que não sabemos até quando durará, não é difícil imaginar cenários distópicos para um futuro próximo. Um deles é a possibilidade de que a pandemia venha a funcionar como o grande algoz daquilo que ainda resta de liberdade no Ocidente, e que seria, após a crise, levando de roldão pelo modelo asiático de vigilância total, claramente mais bem-sucedido no controle da covid-19. Pois, enquanto as combalidas democracias ocidentais derrapam em suas malogradas tentativas de combate ao vírus, muitos dos países orientais conseguem resultados espantosamente positivos por meio de agressivas políticas de controle social – ainda que os números divulgados pela China possam estar muito maquiados.

Como relata o filósofo coreano Byung-Chul Han, em artigo recente, o sucesso do combate à pandemia na Ásia se deve ao uso extensivo do Big Data e à total ausência de proteção dos dados individuais.[8] Assim, em países como a China, por exemplo, todas as informações dos cidadãos são rastreadas digitalmente, o que faz com que as pessoas sejam avaliadas em função de seus comportamentos cotidianos. Isto é, o mesmo sistema que hoje ranqueia os cidadãos em relação ao risco de contaminação, é o que já avaliava suas condutas sociais, fornecendo dados decisivos para a aprovação ou não de créditos bancários ou vistos de viagens, por exemplo. Vigilância total, que opera não apenas por meio de câmeras de reconhecimento facial, mas também pelos smartphones pessoais, que medem as temperaturas corporais de seus usuários e enviam esses dados ao governo.

Em *Indústria americana* (2019), dirigido por Julia Reichert e Steven Bognar, vencedor do Oscar na categoria Filme-documentário, vemos um retrato sóbrio e preocupante do conflito aparentemente inconciliável entre os modelos ocidental e oriental de trabalho. Um ainda baseado no respeito a certas formas de liberdade individual e direitos trabalhistas e o outro inteiramente planificado e opressivo, no qual o indivíduo parece desaparecer diante da enorme obediência e disciplina, que representa também, ao mesmo tempo, um *éthos* mais coletivista. Mostrando a implantação de uma multinacional chinesa em território norte-americano, o filme trata da impossibilidade de tradução e diálogo entre essas culturas. Ocidente e Oriente, nessa perspectiva, parecem dois mundos aversivos, que só se relacionam pela dominação de um pelo outro, e nunca pela troca.

Portanto, levando-se em conta esses fatores, podemos imaginar, em um prazo não muito longo, um Ocidente periclitante, sucumbindo tanto à ascensão econômica chinesa quanto ao seu Estado policial digital. Híbrida combinação entre autoritarismo e capitalismo selvagem. Tomando uma conhecida formulação de Fredric Jameson, boa parte do pânico imobilista que sentimos hoje se deve a uma dupla consciência: nossa capacidade científica para imaginar o fim do mundo, por um lado, e nossa incapacidade política para imaginar o fim do capitalismo, por outro. A pandemia do coronavírus, no entanto, traz novos elementos para esse jogo. Pois, em direção divergente desta que descrevi acima, não são poucos os pensadores progressistas que estão vendo nessa crise de saúde mundial, que se desdobra em grave crise econômica e social, uma possibilidade de freio, numa escala antes impensável, ao consumo excessivo e irracional. Isto é, uma contestação ao dogma da acumulação infinita que sustenta o capitalismo. Afinal o contágio, como já havia percebido Ulrich Beck após Chernobyl, é um fenômeno democrático e igualitário por excelência, apesar de haver regimes de vulnerabilidade a ele muito diversos pelo mundo, como percebemos no caso da pandemia atual.

Slavoj Žižek, por exemplo, considera que a forte queda das bolsas de valores, e a quase paralisação da indústria automobilística, por exemplo, podem sinalizar transformações importantes no capitalismo, dando-nos a possibilidade de nos deixarmos infectar por um vírus benéfico: a capacidade de pensar em uma sociedade diferente, menos voltada para o lucro individual e mais guiada por formas de solidariedade e cooperação global.[9] Outro efeito colateral positivo da pandemia, segundo Žižek, é a percepção da importância de políticas públicas de prevenção na área da saúde e de proteção aos cidadãos, tornando flagrantes valores contrários aos que têm dominado a política mundial nos últimos tempos, na qual o subsídio aos bancos é feito por meio de austeridade econômica, com cortes nos serviços públicos e nos benefícios sociais.

Já para David Harvey, de forma complementar, a pandemia representa um "colapso onipotente no coração da forma de consumo que predomina nos países mais ricos".[10] Depois da crise financeira de 2008, estancada pelo socorro dos Estados aos bancos, e pelo papel estabilizador da China no mercado global, a economia mundial se reorganizou impulsionando ainda mais as formas de consumo de alta rotatividade. Assim, de 2010 a 2018, como mostra Harvey, o total de viagens internacionais no planeta quase dobrou, passando de 800 milhões para 1,4 bilhão. Com um expressivo investimento em aeroportos, companhias aéreas, hotéis, restaurantes, parques temáticos e eventos culturais e de entretenimento, os países centrais sustentaram quase 80% de suas economias. Esse é o capital que está em quarentena no momento, bloqueado e agonizante, embora outras formas de reprodução do capital, como os setores de tecnologia, não estejam tão afetadas.

E enquanto a paralisação da economia mundial tem efeitos colaterais notáveis na melhora das condições ambientais em diversas partes do planeta, como no caso da drástica diminuição na emissão de gases de efeito estufa, no sensível declínio da poluição atmosférica na China, ou do aparecimento de peixes nas águas (agora claras) de Veneza, o Estado norte-americano aprova um pacote de 2,2 trilhões de dólares para subsidiar todos os cidadãos do país durante a crise. O que não deixa de ser, ainda segundo Harvey, uma forma de se socializar a economia do país mais rico do mundo durante seu governo mais conservador.

De qualquer maneira, seja qual for o ângulo pelo qual se olhe para essa pandemia, o vírus – essa entidade invisível e onipresente – nos aparece como um emissário do nevoeiro. Nossos vírus não matam mais apenas o "outro", imunologicamente mais vulnerável. Essa categoria do "outro", aliás, nem existe mais enquanto tal. De nada adianta fechar fronteiras e restaurar velhos ressentimentos nacionais. Quem está sob ataque somos todos nós, juntos.

O nevoeiro, afinal de contas, não é nem bom nem mau em si mesmo. Aliás, ele talvez represente, de certa forma, a grande chance histórica que temos de viver em um mundo mais complexo do que aquele do "nós contra os outros", que imperava obsessivamente nos tempos da Guerra Fria. Um mundo onde são reconhecidos diversos matizes de gênero entre homens e mulheres, por exemplo, assim como múltiplas orientações sexuais. Nesse sentido, Steve Bannon, Boris Johnson, Donald Trump, Jair Bolsonaro e tantos outros representam a recusa violenta dessa complexidade. Surgidos de dentro do nevoeiro, eles, no entanto, pretendem restaurar, de forma regressiva, o mundo dual dos puros contra os impuros, e tantas outras falácias simplórias que inventam para sustentar seus discursos racistas e xenófobos.

Desorganizando o clima anticientífico de pós-verdades que ganhou protagonismo com a generalização do ciberespaço, o coronavírus surge como um antagonista paradoxalmente palpável, obrigando-nos a encarar o mundo real, de forma ética e coletiva. Desse ponto de vista, ele pode ser um surpreendente agente civilizatório.

NOTAS

1. Texto publicado originalmente na *Folha de S.Paulo*, caderno Ilustríssima, em 12 abr. 2020.
2. Referência a Kopenawa, Davi e Albert, Bruce. *A queda do céu: palavras de um xamã yanomami*. São Paulo: Companhia das Letras, 2015.
3. Ver Beck, Ulrich. *Sociedade de risco: rumo a uma outra modernidade*. São Paulo: Editora 34, 2010, p. 9 (trad. Sebastião Nascimento).
4. Ver: Fukuyama, Francis. "The End of History?", *The National Interest*, jul./ago. 1989. Três anos depois, o autor lançou uma versão revista e ampliada

do argumento em forma de livro, editada no mesmo ano no Brasil. Fukuyama, Francis. *O fim da história e o último homem*. Rio de Janeiro: Rocco, 1992 (trad. de Aulyde S. Rodrigues).
5. Ver: Clark, T.J. "O Estado do espetáculo". In: *Modernismos: Ensaios sobre política, história e teoria da arte*. São Paulo: Cosac Naify, 2007, p. 308 (trad. Vera Pereira). Organização de Sônia Salzstein.
6. Ver: Wisnik, Guilherme. *Dentro do nevoeiro: Arquitetura, arte e tecnologia contemporâneas*. São Paulo: Ubu Editora, 2018.
7. Arantes, Paulo. *O novo tempo do mundo: E outros estudos sobre a era da emergência*. São Paulo: Boitempo, 2014, p. 259.
8. Ver: Han, Byung-Chul. "O coronavírus de hoje e o mundo de amanhã". *El País Brasil*, 22 mar. 2020. Disponível em: https://brasil.elpais.com/ideas/2020-03-22/o-coronavirus-de-hoje-e-o-mundo-de-amanha-segundo-o-filosofo-byung-chul-han.html.
9. Ver: Žižek, Slavoj. "Žižek vê o poder subversivo do coronavírus", *Outras palavras*, 3 mar. 2020. Disponível em: https://outraspalavras.net/crise-civilizatoria/zizek-ve-o-poder-subversivo-do-coronavirus/.
10. Ver: David Harvey, "Política anticapitalista na época do covid-19", *A Terra é redonda*, 28 mar. 2020. Disponível em: https://aterraeredonda.com.br/politica-anticapitalista-na-epoca-do-covid-19/?utm_source=rss&utm_medium=rss&utm_campaign=politica-anticapitalista-na-epoca-do-covid-19.

O DEBATE DA FILOSOFIA SOBRE A PANDEMIA
[Pedro Duarte]

Nunca antes a filosofia foi tão veloz. Respondendo a desafios que a pandemia de covid-19 colocou, os principais pensadores contemporâneos escreveram sem parar sobre ela. Foram tão ágeis que seus primeiros textos datam de antes da pandemia. São de quando ela ainda era uma epidemia. O seu aspecto global não tinha sido decretado pela Organização Mundial da Saúde. Desde fevereiro de 2020, intervenções de filósofos apareceram nas mais variadas formas: artigos, entrevistas, livros, diários e conferências. Enquanto escrevo este ensaio, certamente já há mais textos de filósofos sendo publicados. Com o perdão da comparação de gosto duvidoso, é como se a pandemia do novo coronavírus estivesse sendo acompanhada por uma outra pandemia, espero que benéfica: de textos sobre o novo coronavírus.

Não é mera coincidência. Por trás da disseminação que fez um surto de epidemia provavelmente originado em um mercado de Wuhan, cidade na China, transformar-se em poucos meses numa pandemia mundial está o mesmo processo de globalização que fez a produção de textos filosóficos visando a compreendê-la transformar-se em uma profusão de posições que circulam e se referem umas às outras. Os meios tecnológicos de transporte, em um caso, e de comunicação, no outro, aceleraram tudo. Nunca uma epidemia se alastrou em tão pouco tempo. Nunca filósofos se manifestaram em tão pouco tempo. É curioso, aliás, que o termo *pan* – que designa o caráter global da palavra pandemia – seja originalmente caro à filosofia: *hen kai pan*, entre os antigos gregos, era algo como "tudo é um". Indicava a pretensão de pensar a totalidade do ser.

Nesse contexto, constituiu-se um intenso debate da filosofia sobre a pandemia. Não é apenas que a filosofia tenha participado do debate que se deu nas diversas áreas do saber, nas ciências médicas e naturais ou nas ciências econômicas e sociais. Isso também é verdade. Entretanto, as reflexões dos autores de filosofia constituíram um debate interno por si mesmas. Duas condições da pandemia podem explicar isso. Uma é que ela suscite o espanto, o *thauma*, que, segundo Platão e Aristóteles, era a origem do filosofar. A pandemia pode nos lançar à perplexidade diante do desconhecido que faz o pensamento pensar. A outra condição é o isolamento adotado para evitar o contágio, já que estar a sós foi considerada por muitos filósofos situação adequada para pensar, abrindo um silencioso diálogo de mim comigo mesmo. Hannah Arendt, ao analisar governos tirânicos, mostrou como eles destroem a vida política afastando as pessoas umas das outras, mas deixam intactas as capacidades de trabalhar e pensar, pois estas podem ocorrer no isolamento, e a rigor até demandá-lo[1] – como este que temos na pandemia. Cada um em sua casa, mas conectados pela internet, filósofos colocaram mãos à obra.

Entre eles, houve até quem escreveu para dizer que não havia muito o que dizer. O pensador francês Alain Badiou se manifestou no fim de março menos para analisar a pandemia e mais para reclamar dos equívocos dos filósofos ao abordá-la. Para ele, embora grave do ponto de vista médico, a pandemia não daria o que pensar pois não seria um evento inaudito. O nome técnico do vírus é "Sars-Cov-2", o que evidencia que houve um antes do mesmo tipo. Badiou cita da aids ao Ebola, e conclui que já temos convivido com epidemias. O debate filosófico, imputando à pandemia uma novidade irreal, estaria permeado de misticismo, oração, fabulação, profecia e maldição. Faltaria razão.[2]

Vale sublinhar, contudo, que Badiou, em meio a esse metacomentário sobre os comentários dos filósofos, acaba apontando uma característica da própria pandemia. A sua origem explicita quanto vivemos um momento que mistura o arcaico e o moderno. De um lado, o mercado de Wuhan, na China, pôde ser o marco zero da pandemia porque se mantém um ambiente insalubre, sem higiene, com animais vivos vendidos como alimento. Seria comparável a um mercado da Idade Média. Nele é que o morcego portador do vírus, ou um animal intermediário que o comera, foi ingerido por seres humanos, que se contaminaram. Por outro lado, só porque a China se integrou à globalização capitalista contemporânea pela tecnologia e abraçou um intenso fluxo internacional de pessoas é que a doença se espraiou rapidamente. Logo, a pandemia é produto da convivência paradoxal, no século XXI, de condições antigas e recentes, arcaicas e modernas. Malgrado ele mesmo, Badiou contribuía com mais um capítulo para o livro da filosofia sobre a pandemia.

Mas ele começara antes. Entre os primeiros pensadores que escreveram sobre a pandemia, esteve o italiano Giorgio Agamben, o que não é de surpreender, uma vez que seu país, a Itália, foi o mais precocemente atingido pela covid-19 no Ocidente. No dia 26 de fevereiro, ele publicou *A invenção de uma epidemia*,[3] título que já expõe seu caráter polêmico. Para ele, a epidemia não era uma realidade, e sim uma invenção, uma criação exagerada da mídia e do governo. Não negou a existência da doença, mas relativizava a gravidade, chamando as medidas de emergência de frenéticas, irracionais, imotivadas.

Não é difícil concluir, meses depois, que sua avaliação empírica inicial foi desastrosa. Tampouco é difícil supor o que o teria conduzido ao equívoco, pois a explicação é comum durante a história da filosofia. Versados em conceitos e especulações gerais, os filósofos nem sempre se mostram tão hábeis diante da exigência de considerar o mundo concreto com suas particularidades. No caso de Agamben, essa operação é evidente. O que conduz toda sua análise da pandemia é um conceito que ele já elaborara antes.

O conceito é o estado de exceção. Para ele, o exagero em torno da covid-19, que seria apenas mais uma gripe, serviria para reafirmar o emprego dos mecanismos de controle do Estado, suspendendo liberdades arbitrariamente. O Estado de direito formal é abolido porque a calamidade exige respostas governamentais urgentes e drásticas. Essa suspensão da normalidade permitiria abusos de poder. Revelar-se-ia a verdade latente de que os governos tendem a empregar o estado de exceção como seu paradigma normal, sendo a pandemia uma oportunidade para efetivá-lo ainda mais.

Os problemas com essa tese são de várias ordens, mas fiquemos em dois ou três. O filósofo francês Jean-Luc Nancy observou que ameaças de controle e invasão informativa não têm mais o seu centro no Estado, elas são espalhadas num sistema tecnológico mundial[4] que não exclui as empresas privadas. O filósofo esloveno Slavoj Žižek apontou que, para os Estados, a pandemia é desvantajosa economicamente, pondo em dúvida o interesse de alardeá-la.[5] De resto, Agamben escreve no contexto europeu. Não atentou que há governos, como o do Brasil, que concordam com ele que há exagero frenético e irracional sobre a covid e não desejam implementar medidas de exceção?

Ao contrário, porém, do que já se acusou, a proximidade entre a reflexão de esquerda de Agamben e a (falta de) reflexão de direita do presidente do Brasil, Jair Bolsonaro, não se sustenta bem. Pois a preocupação de Agamben, como seus esclarecimentos depois apontaram, é com o abuso do Estado em relação a direitos civis, políticos e afetivos. Sua questão é não podermos ir e vir, nos manifestar coletivamente, enterrar quem amamos. Nem na Grécia antiga a proibição de enterrar um familiar deixou de virar tragédia, como lemos na *Antígona*, de Sófocles. Não se trata só de economia e trabalho.

E, além disso, a tese de Agamben, seguindo uma sugestão que o filósofo Walter Benjamin dera em 1940, é que o estado de exceção, na prática, tem sido a regra para a história.[6] Momentos como o da pandemia apenas explicitam isso. O desafio não é abolir medidas governamentais exageradas para retomar o que havia antes, porque antes não havia realmente um Estado de direito com leis equânimes em vigor. O desafio seria conquistar uma visão crítica sobre a Constituição e a operação do Estado ao qual Bolsonaro deseja voltar. Se erra no varejo, ao tematizar a pandemia, Agambem acerta no atacado, ao estabelecer, através dela, a crítica ao estado de exceção normalizado.

Por isso, a questão filosófica dos textos de Agamben é menos fácil de ser descartada do que parece. Sua suspeita é que aceitamos sacrificar todas as dimensões da existência em nome da sobrevivência biológica. Sua crítica está dirigida à resignação ao que chama de "vida nua", e que facilita a aceitação do estado de exceção. Em nome de evitar a doença, estaríamos dispostos a abdicar de tudo o mais, e isso revelaria o empobrecimento da existência contemporânea, como ele escreveu depois, já em março.[7] Teríamos trocado a liberdade pela segurança, o que significa vivermos sob a égide do medo.

Não por acaso, o filósofo português José Gil, escrevendo também em março, tematizou o medo na pandemia, que não seria apenas o medo da morte, mas a angústia da morte absurda, imprevista e sem razão, que arrebenta com o sentido e quebra o nexo do mundo. Entretanto, ele defende que o medo, a despeito de trazer lucidez, encolhe o espaço, paralisa o corpo, suspende o tempo e limita o universo a uma bolha que aprisiona. Precisaríamos ter medo desse medo, se não quisermos um isolamento egoísta em nossas famílias. Para furar a bolha, precisamos de inventividade, como a dos napolitanos que cantaram à noite em suas varandas, criando um espaço público imprevisto.[8]

Nancy também se preocupou com a comunidade, publicando um texto chamado *Comunovírus*, palavra que ouviu de um amigo e lhe pareceu melhor do que coronavírus. É que o vírus, para ele, coloca-nos em pé de igualdade, exigindo um enfrentamento conjunto. Portanto, a despeito da imagem em formato de coroa, teria uma lógica mais comunitária do que monárquica, além de ter vindo da China. O paradoxo é que o modo de experimentar a comunidade seja o isolamento, pois ele distancia cada um do outro, mas é também o que se espera simultaneamente de todos, ativando a interdependência da solidariedade global em uma frágil euforia, que não devia ser, porém, desprezada.[9]

Não somos animais solitários, argumenta Nancy. Por isso, sentimos o isolamento como uma privação, embora seja uma proteção (a meu ver, aqui, Nancy subestima que o oposto também é verdade: a proteção é uma privação, daí o problema). Nosso desafio seria conceber um "comum" não como a propriedade privada ou coletiva, e sim como a experiência na qual cada um aparece em sua unicidade incomparável, inalienável, inassimilável. O "comunovírus" trouxe uma crise, porém pode, a partir disso, fazer-nos pensar a partilha comum das nossas unicidades entre todos os outros.

Essa expectativa de transformação positiva gerada a partir da pandemia também aparece na reflexão de Slavoj Žižek. Ele se distanciou explicitamente de Agamben e escreveu desde o começo de 2020 sobre a covid-19. Em uma das suas primeiras intervenções, em fevereiro, Žižek falava do sentimento estranhamente sedutor que as imagens de cidades vazias, na medida em que as pessoas se isolaram em suas casas para evitar a contaminação, podiam suscitar. Ruas desertas remeteriam a um mundo sem consumo, em paz consigo mesmo. O argumento aponta que mesmo uma situação terrível como a que vivemos pode conter um desdobramento positivo, com potencial emancipatório.[10]

Em março, Žižek foi mais incisivo e afirmou que o vírus seria como um golpe mortal de artes marciais no capitalismo, comparável ao que a personagem de Uma Thurman desfere no fim do filme *Kill Bill*, de Quentin Tarantino. O golpe não mata na hora, mas o coração da pessoa atingida explode após ela dar cinco passos.[11] O argumento é que agora podemos conjecturar quanto quisermos, mas a insustentabilidade do capitalismo está decretada. Se nossa vontade interna não foi capaz de mudá-lo até agora, a pandemia causada por um elemento externo, o vírus, nos obrigará a mudar.

Mas mudar em qual direção? Žižek recorre a um significante conhecido dos séculos XIX e XX: o comunismo. Sinal disso seria que até governos de direita estariam cedendo, pela crise sanitária, a adotar medidas de distribuição de renda a pobres e determinação do que as indústrias devem produzir. No entanto, o comunismo de que ele fala deflaciona a implosão revolucionária original e é comparado à Organização Mundial da Saúde, em nome da solidariedade. Tem algo de ideal iluminista. Se lembra o comunismo imaginado por Marx no século XIX, também recorda o Estado cosmopolita cogitado por Kant no século XVIII. O golpe mortal no capitalismo resolveria a desigualdade socioeconômica e o populismo nacionalista, dando lugar a organismos internacionais.

Em franca oposição a Žižek está o filósofo de origem coreana Byung-Chul Han. O vírus, para ele, não vai acabar com o capitalismo. Vai reforçá-lo. Não gera um sentimento coletivo, como quer Nancy. O vírus nos isola. Na análise de Han, chama atenção a divisão entre Ocidente e Oriente. Os países do primeiro, ciosos da privacidade de informação e da individualidade, não lançaram mão de expedientes para a contenção da doença que países do segundo aplicaram: vigilância digital e máscaras para os rostos. Segundo Han, os orientais, por conta da base cultural vinda de Confúcio, seriam afeitos à obediência e ao coletivismo (Pedro Erber, em *A filosofia na quarentena*, critica esta generalização cultural simplista).[12] O sucesso na lida com a pandemia em países autoritários como a China poderia sugerir, perigosamente, tal modelo para outros Estados no futuro. Nenhum vírus deveria substituir a razão humana para evitar o degringolar da sociedade.[13]

Temos, assim, dois filósofos pessimistas, Agamben e Han, e dois otimistas, Nancy e Žižek. No ponto médio dessas expectativas, estaria o filósofo francês Bruno Latour. Ele distingue a crise passageira da covid-19 e a mutação inescapável que é o problema climático com o aquecimento global, gerada pelo modelo de produção industrial moderna. A rigor, a primeira apenas o interessa por demonstrar que é possível fazer o que a segunda exige: suspender o sistema econômico outrora julgado uma máquina impossível de ser detida. Paramos. Eis a grande lição. É possível. Caberia agora imaginar gestos que não retomassem o modelo predador da natureza anterior, mas, sim, que aproveitassem a pausa para buscar alternativas menos hostis à ecologia.[14] Para todos os filósofos, não é o retorno ao modo de vida anterior à pandemia que importa, mas como aproveitar a crise para o futuro ser diferente daquele passado, que é visto criticamente.

Poucos foram tão enfáticos sobre uma inflexão crítica em nosso momento histórico por causa da pandemia quanto Paul B. Preciado. O filósofo espanhol abre seu ensaio "Aprendendo com o vírus" com uma pergunta provocativa, referida a seu autor de predileção do século XX: se Michel Foucault fosse vivo, teria obedecido ao confinamento e se trancafiado no apartamento? Não se trata de, a exemplo de Agamben, subestimar a gravidade da covid-19, mas de atentar para técnicas de poder e vigilância que se exercem em nossos corpos a partir de um código de saúde instaurado naquilo que Foucault chamou de biopolítica. O ideal de imunização traz consigo o perigo do ideal de pureza, que pode ser cumprido de vários modos pelas estratégias políticas baseadas na biologia.

Na pandemia atual, foram adotadas duas estratégias: uma, antiga, que Foucault identificara em *Vigiar e punir* como o modo de conter a peste já no século XVII, é o isolamento social; outra, nova, é a vigilância digital de controle dos indivíduos. Na primeira, a disciplina depende da fixação espacial dos indivíduos. Na segunda, diferentemente, o controle é aplicado em movimento por celulares e cartões de crédito ou câmeras e GPS. Nossas máquinas portáteis de comunicação são nossos novos carcereiros. Isso tudo, porém, seria também uma oportunidade para inventar novas estratégias de emancipação cognitiva e resistência, em antagonismo ao poder. Passaríamos de uma mutação forçada para uma mutação deliberada. Nela, desligaríamos celulares e desconectaríamos a internet, fazendo um blecaute na vigilância e imaginando a revolução por vir.[15]

Isso revela que muitos de nós acreditamos que, em breve, a pandemia vai passar e que, quanto a ela, há pouco a fazer. Logo, o que se impõe é pensar suas consequências. O filósofo camaronês Achille Mbembe, que no início do século XXI cunhou o conceito de necropolítica para descrever a seletividade governamental e social sobre quem vive ou morre a partir das desigualdades do capitalismo, colocou, porém, uma pergunta política sobre o presente atual: Como criar comunidade num momento de calamidade? É que, para ele, a pandemia ressaltou a separação individualista e neoliberal da morte, oferecendo a ricos a chance de se protegerem e expondo os pobres.[16] Mbembe defendeu que a urgência política hoje é o direito universal à respiração, já que o coronavírus tira nosso ar. Ele teme o que nos aguarda, como a próxima vez que seremos golpeados, e que seria ainda pior. Se a pandemia demonstra que a vida pode continuar sem nós, não se trataria apenas de recompor a Terra habitável, mas, sim, de forjar novas terras para a vida.

    O filósofo Emanuele Coccia sublinhou precisamente quanto, dessa perspectiva ampla da vida, não só da vida humana, o vírus é a forma na qual o futuro existe no presente. Graças a seu poder de metamorfose, é ele – não nós, humanos – que está determinando o tempo por vir. Para Coccia, vida é mudança. O poder transformador do coronavírus põe em xeque o narcisismo das nossas sociedades, destituindo-as da autoimagem de que seriam as maiores criadoras, mas também as maiores destruidoras, da natureza.[17] Coccia propõe o desapego identitário dos humanos em relação a si. Pois a morte é quando nos tornamos outros seres, assim como, ao comermos, plantas e animais passam a estar em nós. Carregamos bactérias e vírus: não somos puramente humanos. Ora, para a vida assim concebida, o vírus é uma manifestação sua. Prevalece a força de invenção, mesmo que acarrete nossa morte. O futuro pode pertencer ao vírus. É a vida.

    Não é difícil notar que as intervenções de Giorgio Agamben, Jean-Luc Nancy, Slavoj Žižek, Byung-Chul Han, Bruno Latour, Paul B. Preciado, Achille Mbembe e Emanuele Coccia possuem abordagens muito diferentes entre si, mas que, ao mesmo tempo, têm um traço em comum: todas se precipitam em cogitar o futuro mais do que se detêm em pensar o presente. O futuro pode ser o estado de exceção, uma comunidade singular, o comunismo supranacional, o autoritarismo capitalista, a interrupção do produtivismo, a revolução da desconexão, o fomento de novas terras ou a metamorfose do vírus. Nunca, entretanto, deixa de ser o futuro que preocupa esses filósofos. Isso se justifica pela sensação de que a pandemia transformará o mundo. Como afirmou o filósofo Franco "Bifo" Berardi, tudo o que pensamos nas últimas décadas terá de ser repensado do zero. Para ele, o importante – e que explica esse movimento de outros autores – é uma reativação do futuro, pois a pandemia reabriu uma história que, até ontem, convencia a todos que seguia um rumo automático e inevitável.[18]

Contudo, essa espécie de futurologia revela, sintomaticamente, a opacidade estranha que se tornou o presente, como se adivinhar o que está por vir fosse menos difícil do que compreender o que é. Nisso, os filósofos talvez não sejam tão diferentes do restante de nós. O ano de 2020 tornou-se um presente não apenas difícil de entender, por causa da surpresa da pandemia. Ele se tornou também um presente incomodamente marcado tanto pela morte de milhares de pessoas em decorrência da covid-19 quanto pela mortalidade que define a vida de todos nós. Somos seres finitos. Mas não gostamos de lembrar disso. Procuramos distrações para ocupar os dias, esquecendo que estamos passando junto com eles. Mas a pandemia complicou a operação do esquecimento. Por um lado, há as notícias das mortes. Por outro, em nosso cotidiano, cada vez que colocamos uma máscara ou lavamos a mão com álcool, é como se, com o rabo do olho, víssemos a finitude que nos constitui. Não é fácil encarar esse presente. Pode ser melhor olhar o futuro.

Há, porém, filósofos que estranharam a sanha de futuro. O francês Jacques Rancière publicou uma breve intervenção no debate filosófico sobre a pandemia e o seu fito era relativizar duas ideias fortes disseminadas no período de confinamento sobre o momento do depois: uma é que ele seria o triunfo do biopoder e da ditadura digital; e outra é que ele seria a reviravolta pacífica e em um só golpe do capitalismo, ou a mudança em nossa relação com a natureza. Embora

Rancière não cite nomes, é fácil identificar quem ele tem em mente. Agamben, Han e Preciado encaixam-se na primeira ideia. Já Žižek e Latour na segunda. Nada tão radical, nota Rancière, deverá ocorrer. Um futuro se constrói na política do presente, diz ele, e em breve estaremos de volta à dinâmica habitual.[19] De resto, Rancière tem pouco a dizer sobre a pandemia em si, como Alain Badiou.

Quem se ateve ao presente e, mesmo assim, teve muito a dizer sobre a pandemia foi a filósofa norte-americana Judith Butler. Escrevendo sobre *Traços humanos nas superfícies do mundo*, ela apontou como a pandemia explicitou que os objetos que trocamos e tocamos carregam parte de nós, tanto que se tornaram possibilidades de contaminação por já terem estado em contato com alguém que portasse o coronavírus. Há algo de vivo nas coisas. Não por acaso, todos os trabalhadores que se viram obrigados a entregar encomendas estão entre as pessoas mais expostas à doença, o que evidencia a desigualdade da organização do sistema social e econômico neoliberal. O vírus evidencia um desnível da vulnerabilidade que temos diante da ameaça da morte.

Contudo, Butler se recusa a asseverar se o que resultará disso será mais acumulação de riqueza no capitalismo, intensificando as desigualdades sociais, ou se comunidades de cuidado surgirão potencializando a solidariedade. Na sua opinião, mais provável é que a disputa se acirre, frustrando apostas em utopias e distopias.[20] A pandemia é menos uma força de transformação das nossas vidas do que de revelação da realidade, para empregar as categorias de João Pedro Cachopo em seu balanço do debate filosófico.[21] Não há mudança garantida, mas há possibilidade de compreensão.

Vale acrescentar que a pandemia nos obrigou a lidar com a vizinhança entre sabedoria e ignorância em qualquer tentativa de compreensão. Nenhum órgão ou área de conhecimento pôde oferecer certezas. Nem a Organização Mundial da Saúde nem a ciência forneceram protocolos e conclusões definitivas. Isso não quer dizer que sejam dispensáveis. Pelo contrário, o que se mostrou foi que a convicção da verdade absoluta é o luxo da leviandade. O desafio é se adaptar a um mundo incerto no qual verdades são provisórias e no qual a razão não é infalível. Compreender é um processo que exige suportar o que não se compreende, do contrário, em nome da certeza que falta, falsificamos a própria realidade, para que nada ameace a ordem já estabelecida da vida.

Filosofar não é entender tudo, e sim fazer perguntas que, mesmo sem resposta, nos colocam em contato com o que é. Judith Butler escreveu que "o fato é que não sabemos" o que virá. Mas isso se aplica também ao presente. Daí a urgência de pensar. E os filósofos têm tentado. Seria possível estender análises para muitos outros, além dos já comentados aqui. Mas já é possível perceber as feições do debate que a filosofia elaborou sobre a pandemia. Ele costumou obedecer a três coordenadas principais.

Primeira coordenada: atualizou noções que seus autores já tinham forjado antes, em vez de elaborar novos conceitos. Não há novidade no estado de exceção de Agamben, na comunidade de Nancy, no comunismo de Žižek, no cansaço capitalista de Han, na crítica à mutação climática de Latour, no biopoder de Preciado, na necropolítica de Mbembe, na vida de Coccia. Pode-se suspeitar que eles não conseguiram mudar o que pensavam para interpretar a pandemia. Mas também se pode dar a eles o mérito de um repertório teórico que ajudou a dar inteligibilidade a um fenômeno surpreendente da nossa época.

Segunda coordenada: o debate filosófico sobre a pandemia enfatizou mais a dimensão coletiva, política e social do que a íntima ou existencial. Livros mais antigos que trataram de epidemias, como o romance *A peste*, do filósofo e escritor Albert Camus, de 1947, interessaram-se sobre o que, entre as mortes provocadas pela doença e a solidão do confinamento, as pessoas sentiam. Os textos atuais da filosofia discutem teses gerais sobre como os governos estão se comportando, os interesses econômicos se articulam, a pobreza fragiliza algumas pessoas e a riqueza protege outras, as nossas formas de vida habituais são afetadas. Dão menos atenção a angústias pessoais.

Terceira coordenada, antes apontada: o debate dos filósofos preocupou-se com o futuro do mundo que nos aguarda após a pandemia, não tanto com a experiência presente que estamos passando, o que talvez seja efeito da abordagem mais geral e política do que íntima e pessoal. Há os pessimistas e os otimistas, os resignados e os esperançosos, os alarmistas e os serenos, os precipitados e os ressabiados. Variam seus argumentos, mas também as tonalidades ou disponibilidades afetivas de cada um.

Os filósofos são seres humanos como outros quaisquer e, por isso, pensar é, além de uma tentativa de compreender o mundo, a atividade pela qual, sobretudo no isolamento imposto pelos cuidados com a pandemia, lidam com suas angústias. Escrever sobre a pandemia, embora alguns autores o escondam, é gesto intelectual e recurso emocional, que procura pelo sentido, ou reconhece a perda de sentido, diante do que estamos vivendo. Como ensinou a pensadora María Zambrano, morta em 1991, escrever é defender a solidão em que se está; é uma ação que brota de um isolamento afetivo, mas de um isolamento comunicável. Quando se escreve, tenta-se mostrar o que se descobre na solidão e compartilhar a descoberta.[22] Não deixa de ser solidão, mas se divide.

Por isso, chama a atenção um breve texto que Paul B. Preciado publicou, depois de receber alta do hospital, onde foi internado com covid-19. O tom é pessoal e emocionado, o sujeito se expõe na escrita. É um ponto fora da curva do debate filosófico. Nele, Preciado afirma que, após sair, a primeira coisa que fez foi se perguntar: em quais condições vale a pena voltar a viver? Se parasse por aí, era um clichê. Logo, porém, completa que a segunda coisa que fez, antes de encontrar a resposta para a pergunta, foi escrever uma carta de amor.[23] De uma tacada só, Preciado abriu um viés diferente do resto do debate: não procurou reiterar um conceito que já possuía; não se referiu só a uma dimensão coletiva impessoal; não deixou a pergunta pelo futuro das condições em que valeria a pena voltar a viver apagar o desejo presente: escrever uma carta de amor. Talvez não haja futuro que valha a pena se não formos capazes de escrever uma carta de amor.

NOTAS

1. Arendt, Hannah. *Origens do totalitarismo*. São Paulo: Companhia das Letras, 1989, p. 527.
2. Badiou, Alain. *Sobre a situação epidêmica*. Site da editora Boitempo: https://blogdaboitempo.com.br/2020/04/08/badiou-sobre-a-situacao-epidemica/.
3. Agamben, Giorgio. *A invenção de uma epidemia*. Disponível em: https://www.cidadefutura.com.br/wp-content/uploads/A-invenção-de-uma-epidemia--Giorgio-Agamben.pdf.
4. Nancy, Jean-Luc. *Exceção viral*. Disponível em: https://medium.com/@paulbpreciado_ptbr/exceção-viral-de-jean-luc-nancy-96446a71e4c6.
5. Žižek, Slavoj. "Monitorar e punir? Sim, por favor!". Site Tradutores Proletários. Disponível em: https://tradutoresproletarios.wordpress.com/2020/03/17/zizek-monitorar-e-punir-sim-por-favor/.
6. Benjamin, Walter. "Sobre o conceito de história". In: *Magia e técnica, arte e política*. São Paulo: Brasiliense, 1994, p. 226.
7. Agamben, Giorgio. "Esclarecimentos". Disponível em: https://www.quodlibet.it/giorgio-agamben-chiarimenti.
8. Gil, José. *O medo*. Site da N-1 edições: https://n-1edicoes.org/001.
9. Nancy, Jean-Luc. *Comunovírus*. Site da Editora Bazar do Tempo: https://bazardotempo.com.br/comunovirus-de-jean-luc-nancy/.
10. Žižek, Slavoj. *Coronavírus, racismo e histeria*. Site OutrasPalavras: https://outraspalavras.net/crise-civilizatoria/zizek-coronavirus-racismo-e-histeria/.
11. Žižek, Slavoj. *Bem-vindo ao deserto do viral*. Site da editora Boitempo: https://blogdaboitempo.com.br/2020/03/12/zizek-bem-vindo-ao-deserto-do--viral-coronavirus-e-a-reinvencao-do-comunismo/.
12. Erber, Pedro. *A filosofia na quarentena*. Rio de Janeiro: Zazie, 2020, pp. 16-23.

13. Han, Byung-Chul. "O coronavirus de hoje". In: *El País*, 22 mar. 2020.
14. Latour, Bruno. *Imaginar os gestos-barreiras contra o retorno à produção pré-crise*. Site da editora Bazar do Tempo: https://bazardotempo.com.br/tag/bruno-latour/.
15. Preciado, Paul B. *Aprendendo com o vírus*. Site da N-1 edições: https://n-1edicoes.org/007.
16. Mbembe, Achille. *O direito universal à respiração*. Site da N-1 edições: https://n-1edicoes.org/020.
17. Coccia, Emanuele. *O vírus é uma força anárquica de metamorfose*. Site da N-1 edições: https://n-1edicoes.org/021.
18. Berardi, Franco "Bifo". *Para além do colapso: três meditações sobre um possível depois*. Site da N-1 edições: https://n-1edicoes.org/051.
19. Rancière, Jacques. *Uma boa oportunidade?*. Site da N-1 edições: https://n-1edicoes.org/039-1.
20. Butler, Judith. *Traços humanos nas superfícies do mundo*. Site da N-1 edições: https://n-1edicoes.org/042.
21. Cachopo, João Pedro. "Dialética vira". In: *O que nos faz pensar*, v. 29, n. 46, 2020.
22. Zambrano, María. *A metáfora do coração e outros escritos*. Lisboa: Assírio & Alvim, 200, p. 37.
23. Preciado, Paul B. *A conjuração dos losers*. Site da Quatro Cinco Um: https://www.quatrocincoum.com.br/br/artigos/f/a-conjuracao-dos-losers.

ENTREVISTA COM FRANCO "BIFO" BERARDI[1]

Entre as diversas vozes da filosofia que buscaram refletir sobre os efeitos da pandemia – em uma velocidade atípica para o campo – está a do filósofo italiano Franco "Bifo" Berardi. Veterano do Maio de 1968, Berardi pesquisa, há décadas, questões como as mudanças de paradigma na nossa capacidade de imaginar o futuro, a automação da linguagem frente à hiperconectividade e a virtualização das relações e do corpo. Em sua obra recente, o filósofo se debruça sobre a dificuldade contemporânea em respirar, em sua visão, uma questão tanto literal quanto alegórica de uma época marcada pela asfixia. Para Berardi, tal dificuldade é fruto, a um só tempo, do curto-circuito de uma época que combina a precarização da vida, a bancarrota dos regimes neoliberais e a complexidade atrelada à pandemia de um vírus que atua como um "recodificador" de nossas vidas, como nos diz nesta entrevista.

Entrevista concedida a Luisa Duarte e Victor Gorgulho.

Abril de 2020

LUISA DUARTE e VICTOR GORGULHO: Você fala em um "psicovírus". Está posta aqui a ideia do vírus como um agente de mutação "biológica, cultural e linguística", "criaturas" que proliferam coletivamente. É possível aferirmos uma leitura alegórica da relação entre a dificuldade contemporânea de respirar, a tal "asfixia", e o fato de o vírus atacar não só, mas principalmente, o sistema respiratório do corpo humano?

FRANCO BERARDI: Antes de mais nada, no nível do biovírus, podemos tirar uma conclusão: que a poluição do meio ambiente e o consequente enfraquecimento do corpo respiratório, particularmente os pulmões das pessoas que vivem nas áreas metropolitanas, abrem caminho para novas infecções. Portanto, seria idiota retornarmos à aceleração e à poluição geradas pela energia fóssil. Mas também estou interessado no lado metafórico da respiração: a harmonia na relação entre os organismos respiratórios e a felicidade que se baseia no compartilhamento comum das vibrações respiratórias entre os corpos. Penso que o efeito psicológico do bloqueio e, acima de tudo, a internalização erótica da dimensão contagiosa do corpo – os lábios, os fluidos corporais – serão um grande problema para a geração jovem e para todos nós, de uma maneira ou de outra.

LD e VG: Em seus diários escritos durante a quarentena você afirma: "O imprevisto que esperávamos: a implosão. O organismo superexcitado do gênero humano, depois de décadas de aceleração e frenesi, depois de alguns meses de convulsões gritantes sem perspectivas, fechado em um túnel cheio de raiva, de gritos e de fumo, finalmente se vê afetado pelo colapso." Podemos tentar usar a implosão causada pela pandemia como uma chance para uma reformatação da mente de outra natureza?

FB: Nada é certo, é claro, e não escrevo sobre qual será o próximo cenário. Não haverá apenas um cenário, mas, sim, muitos, contraditórios e até conflitantes. De repente, a pandemia reativou o futuro como um espaço de possibilidade, pois os automatismos – tecnológicos e financeiros – que desativaram a subjetividade política nestas últimas décadas de neoliberalismo foram quebrados. O cenário econômico e social que iremos descobrir quando sairmos da quarentena é difícil de ser imaginado. Não se parecerá com as recessões passadas porque será simultaneamente uma crise da oferta e da demanda, e também porque o colapso está expondo a perspectiva de estagnação que já era visível nos últimos dez anos, apesar dos esforços de revitalização econômica. Ao longo das últimas décadas, o crescimento diminuiu a ponto de se tornar uma espécie de utopia ruim. A desaceleração econômica não foi o efeito de uma crise provisória, mas fruto da exaustão dos recursos físicos do planeta e do aumento tecnológico da produtividade. Paradoxalmente, não conseguimos ver a possibilidade de reduzir o tempo de trabalho porque estávamos obcecados com a ideia de cultivar produtos nacionais, o que não é uma maneira de medir a quantidade de coisas úteis que estávamos produzindo, mas uma medida da acumulação de valor monetário. Agora esse feitiço está quebrado. Obviamente, a queda que a pandemia provocará exigirá um esforço de reconstrução, mas estamos na condição de decidir o que queremos reconstruir e o que queremos esquecer. Podemos abandonar o modelo extrativista, a extração poluidora de petróleo, e adotar tecnologias não poluentes.

E o mais importante: podemos abandonar um modelo em que o consumo é determinado pela oferta, em que a frugalidade toma o lugar do consumismo. Uma coisa agora está clara: a principal causa da angústia atual é a primazia do lucro privado sobre o interesse social. Os destruidores neoliberais do sistema de saúde são responsáveis pelo pesadelo europeu dos dias de hoje. O regime autoritário neoliberal cortou um quinto das unidades de terapia intensiva. Um terço dos clínicos gerais. As clínicas privadas investiram em terapias caras para os ricos, enquanto o empobrecido sistema público abandonou a produção de máscaras sanitárias. Nove por cento dos médicos italianos foram infectados por terem sido obrigados a trabalhar em condições impossíveis. Portanto, vejo as condições para uma reformatação igualitária e transidentitária da mente social, mas sei que esse processo será ambíguo, incerto e, por vezes, contraditório.

LD e VG: O que podemos esperar de uma imaginação coletiva capaz de forjar outros futuros – ou "futurabilidades", como você diz – em meio a esse momento de aberturas e fechamentos, medos e possibilidades que a pandemia instaura? Como esperar mais da imaginação se uma das causas de sua atrofia está na hiperconectividade, e, talvez, nunca tenhamos estado tão conectados nas redes como agora, em quarentena?

FB: O vírus atua como um "recodificador": antes de mais nada, o biovírus recodifica o sistema imunológico dos indivíduos e, depois, das populações. Mas o vírus opera traduções da esfera biológica para a psicosfera, o efeito do medo, do distanciamento. O vírus transforma a reatividade de um corpo em relação a outro, reformulando o inconsciente sexual. Já vimos esse processo nos anos da síndrome da imunodeficiência, que afetou profundamente a disponibilidade erótica e a solidariedade afetiva entre as pessoas. Em segundo lugar, temos, também, uma disseminação do vírus na mídia: as informações são saturadas pelas epidemias, a atenção do público é polarizada. Mas, simultaneamente, uma nova sensibilidade pode surgir: o passado é percebido de uma maneira diferente e o futuro é revertido. O passado da conexão perpétua aparecerá na memória como um sintoma de solidão e ansiedade, e a dimensão online será inconscientemente internalizada como algo ligado à doença. Para elaborarmos o efeito do psicovírus de uma maneira consciente e não dolorosa, precisamos de uma elaboração coletiva, utilizando-nos de sinais, gestos linguísticos, sugestões subliminares, convergências subconscientes. E isso se dá propriamente no espaço da poesia, uma vez que ela é o campo em que novas disposições de sensibilidade podem ser moldadas.

LD e VG: Ao longo das últimas décadas assistimos a uma contínua desaparição do corpo vivo, analógico, enquanto ganhava protagonismo o que você chama de corpo digital zumbi. Em alguma medida, a pandemia provoca um retorno ao corpo, somos lembrados novamente que temos um. Entretanto, esse retorno acontece mobilizando o medo da morte e o temor quanto à proximidade do outro, potencial agente de contaminação. Como você vislumbra o lugar do corpo no futuro pós-pandemia?

FB: Os efeitos estéticos e eróticos da "conectivização" (ou virtualização da comunicação) embaçaram e, às vezes, colocaram em risco a esfera da sensualidade, e também a esfera da interação social em geral. Esse tem sido o tema principal do meu trabalho nos últimos 20 anos: a mutação do modo conjuntivo para o modo conectivo de comunicação, e também da percepção estético-erótica. Agora, vejo uma espécie de divisor de águas, uma espécie de salto em uma nova dimensão que é simultaneamente perigosa e desafiadora, mas também reveladora. Literalmente apocalíptica. O isolamento está relacionado à inevitável expansão da atividade online, da experiência online. Ficaremos assustados com a proximidade, ficaremos incapazes de beijar os lábios de uma pessoa que deseja ser beijada? Ou, ao contrário, estaremos cansados das trocas online e desejosos de ternura, sensualidade e solidariedade social? Não tenho respostas para essa pergunta, é claro. Mas a resposta não pode ser determinística. As transformações técnicas deste período de passagem serão importantes, mas não serão determinadas em nenhum sentido. Depende de um trabalho político, essencialmente psicanalítico, e também estético.

LD e VG: A ideia de uma "batalha final entre humanos e transumanos como o grande jogo geopolítico do século" parece um cenário verossímil e, ao mesmo tempo, a sinopse de um filme de ficção científica. A ficção especulativa está cada vez mais próxima da realidade ou é o noticiário que nos parece beirar mais e mais a ficção?

FB: Nos anos 1980, li muita ficção científica, particularmente esse tipo de ficção científica mentalista, na fronteira com o cyberpunk, que estava particularmente interessado em assuntos que hoje se tornaram realidade. Eu li muitos escritos de William Burroughs e Philip K. Dick. Dois escritores prolíficos, apesar de caóticos, que eram principalmente fascinados por um tipo de realidade alternativa, a qual era de alguma forma distópica e conceitualmente densa. Em 1979, Burroughs publicou um pequeno romance intitulado *Blade Runner* (Ridley Scott usou esse título para o filme que é, na verdade, extraído do romance de Dick (*Androides sonham com ovelhas elétricas?*). O mote da narrativa de Burroughs é a epidemia de um câncer contagioso que, ao mesmo tempo que é fatal para a pessoa contaminada, dá a ela uma enorme energia sexual. As instituições médicas proíbem, então, a difusão do câncer que é transmitido pela cidade, pelos *blade runners*, espécie de mensageiros que comercializam drogas e outros antídotos. Um texto totalmente delirante, publicado em Berkeley em 1979, mas quase desconhecido do grande público. Nesse delírio, no entanto, existe uma intuição que é proposta novamente pelo autor em *Ah Pook Is Here!*, também publicado em 1979: a infecção viral como metáfora da mutação cultural. *Ah Pook* termina com uma visão apocalíptica: "o ovo mortal maia libera o Vírus-23, que emerge do distante mar do tempo morto e se espalha pelas cidades do mundo como incêndios em florestas". Para entender o ponto filosófico que emerge dos textos de Burroughs, devemos ler também as páginas de "Playback from Eden" e *The Electronic Revolution*, em que o autor explica, com sua lucidez alucinógena, que a linguagem humana é apenas um vírus que se estabilizou no organismo do animal humano, atravessando-o e transformando-o no que ele é hoje. Burroughs imagina uma metrópole distópica de doença e toxicidade, onde os *blade runners* incessantemente circulam com drogas pelas ruas e pelos canais de mídia, mantendo o sistema nervoso em permanente estado de excitação e medo, uma adrenalina eletrônica.

A medicalização de cada fragmento do sistema econômico, a falência dos institutos financeiros e da instituição política: esse pesadelo burroughsiano é o contorno do planeta após o fim do bloqueio do coronavírus. Não o retorno ao mundo normal, mas um salto em uma dimensão em que o perigo da pandemia – e, mais amplamente, o perigo da extinção – se torna a motivação fundamental, o alfa e o ômega de toda troca, de toda produção. Será a extinção o novo horizonte do ser humano?

LD e VG: "A sensibilidade, a capacidade de entender o que não pode ser verbalizado, tem sido uma das vítimas da fractalização do tempo. Para que possamos reativá-la, a arte, a terapia e a ação política terão que unir forças." Você pode nos falar sobre como essa trinca pode vir a atuar para um retorno da sensibilidade entre nós?

FB: Tenho a impressão de que uma explosão poética está ocorrendo de maneira fragmentada, esporádica, disseminadora e rizomática por todos os circuitos da rede. A internet, que temos criticado com frequência nos últimos anos, também mostra nesta ocasião sua potência de solidariedade e libertação. A partir das postagens que tenho lido no Facebook e de mensagens que leio em e-mails, está surgindo uma forma refinada de minério. É óbvio, as pessoas têm mais tempo e não podem ir ao café conversar com os amigos, portanto ficam na frente do computador e digitam. Quero dizer: elas não digitam, elas escrevem. E isso é interessante. Elas podem estar pensando na maneira de contar um evento microscópico que acontece em sua vizinhança ou podem estar tentando elaborar um fato enorme a que assistiram na TV. O fato é que milhões de pessoas estão gravando fragmentos de seu tempo neste "limbo", fazendo pequenos filmes, usando imagens e palavras para expressarem suas experiências próprias. Eles estão urdindo o tecido do cosmos que pode se tornar reconhecível para além deste limbo, do cosmos que está divergindo "cismogeneticamente" da armadilha caótica das regras que mantinham o mundo unido pela destruição. Em uma enorme escala, uma pesquisa coletiva está em andamento, uma pesquisa que é simultaneamente psicanalítica, política e estética. Na extrema laceração do tecido do significado, estamos passando por uma máquina de escrever que tenta reativar a sensibilidade mesmo dentro da esfera de sensibilização da conexão. Um imenso poema "cismogenético" está sendo composto; a intenção desse poema é produzir a forma harmônica da mutação.

Agosto de 2020

LD e VG: Nós conversamos pela primeira vez em abril. Ao falarmos sobre "futurabilidades", você lançou a pergunta: "Será a extinção o novo horizonte da evolução humana?" O tema aparece em outra entrevista que você deu recentemente, na qual afirma: "Acho que saímos da era em que, para uma parte da sociedade, a expansão era possível e desejável, e estamos entrando na era da extinção. Para buscar a expansão, o capitalismo começou a destruir maciçamente os recursos físicos do planeta e as energias nervosas dos humanos. Ele lançou as bases para a extinção. Quando a depressão começa a produzir efeitos políticos de agressão, inimizade e medo, a extinção é provável." Achamos que nesta passagem há uma combinação decisiva para pensarmos o futuro. Entre a exaustão psíquica e a exaustão ambiental, tanto a mente humana quanto o planeta estão em colapso iminente. A pandemia, ao mesmo tempo em que sinaliza um desequilíbrio ambiental, parece intensificar ainda mais uma vida cercada por telas, online, que satura a psique. Como podemos pensar em possibilidades para essa rota distópica?

FB: Como estamos em um limiar, em uma oscilação entre diferentes possibilidades em todos os níveis – econômico, cultural, mental –, tudo o que podemos fazer no presente é seguirmos a dinâmica da catástrofe. Podemos pensar em possibilidades diversas (a frugalidade, o igualitarismo), mas nada podemos fazer a não ser abandonar aos poucos o campo da catástrofe, criando comunidades como espaços de autossuficiência e autodefesa. Acho que isso já está acontecendo: pessoas que recusam a identificação nacionalista, a identificação religiosa, as regras de pertencimento. Estão abandonando o campo do mercado, do trabalho assalariado, da competição, ao mesmo tempo em que fogem das cidades, criando espaços para a sensibilidade, para a arte, pela sobrevivência, pela solidariedade. Sinto que mil comunas estão se espalhando por todo o globo, ou se preparando para isso.

NOTA

1. Esta entrevista foi originalmente publicada no jornal *El País Brasil*, em 3 de junho de 2020. A última pergunta foi realizada separadamente, por email, em agosto do mesmo ano.

CORONAVIDA: BIOPOLÍTICAS E ESTÉTICAS DO NOVO NORMAL[1]
[Giselle Beiguelman]

A covid-19 coloca em pauta uma nova biopolítica,[2] que transforma a vigilância em um procedimento poroso e adentra os corpos sem tocá-los. Seu motor, o mecanismo que coloca essa vigilância em funcionamento, é a administração do medo,[3] a partir da combinação do discurso da segurança pública com o da saúde pública. Sua eficiência depende da convergência entre rastreabilidade e identidade, confluindo, em situações extremas, como a do coronavírus, para uma outra hierarquia social entre os corpos imóveis e os móveis, entre quem é visível e quem é invisível perante o Estado e pelos algoritmos corporativos.

São os que podem parar, ficar em casa, circular nos espaços de consumo em horários predeterminados, os imóveis, os que podem e são rastreáveis, computáveis, vigiáveis e curáveis. No contexto "laboratorial" que a coronavida impôs, no qual a cumplicidade com o monitoramento é também uma prerrogativa de sobrevivência, o não rastreado é aquele para o qual o Estado já havia voltado as costas. Na espiral da "coronavigilância", o sujeito móvel é aquele invisível visível que nossa violência social teima em não enxergar.

A ação governamental do estado de São Paulo, por exemplo, se apoia em um sistema que combina dados estatísticos e a geolocalização de telefones celulares e permite identificar quantas pessoas estão cumprindo as recomendações de isolamento social. Essa não é uma prática isolada no Brasil, mas presente no mundo todo. Se é certo que tais processos de monitoramento não são exclusivos das políticas públicas de combate ao coronavírus, a propulsão da pandemia popularizou a discussão sobre a dimensão e o alcance individual da digitalização de dados.

Vigilância algorítmica

Tudo se passa como se estivéssemos vivendo no filme *Batman: O Cavaleiro das Trevas* (2008), no qual aparecia um painel de controle que monitorava Gotham City inteira a partir dos sinais de celulares de seus habitantes. Os aparelhos funcionavam como microssonares e a emissão de seus sinais permitia inferir uma quantidade tão monstruosa de registros, que o sistema de controle devolvia, como resultado do rastreamento, imagens 3D da paisagem e dos habitantes de Gotham.

A tecnologia "testada" no *Cavaleiro das Trevas* não está ainda disponível no nosso cotidiano. Contudo, os avanços das formas de controle via dados provenientes das redes, especialmente pelo uso do celular, indicam que entramos de cabeça na era da Sociedade de Controle, conceituada por Deleuze. Nesse ensaio,[4] o filósofo discute a emergência de uma forma de vigilância distribuída, que relativiza o modelo de controle panóptico, conceituado por Michel Foucault.[5] A esse sistema, que vai encontrar seu símbolo mais bem-acabado no Big Brother orwelliano, superpõem-se processos de rastreamento que operam a partir de um mundo invisível de códigos, de senhas, de fluxos de dados migrantes entre bases computadorizadas de algumas poucas corporações de tecnologia. São esses dados, combinados com as estatísticas dos sistemas públicos de saúde, que gerenciam os movimentos da pandemia. Eles alimentam desde as plataformas de monitoramento do poder público a aplicativos como o Private Kit Save Paths, desenvolvido no MIT Lab, e o israelense HaMagen, entre vários outros.[6]

É importante ter em mente também que os registros feitos pelos aplicativos utilizados por vários governos, e distribuídos de forma independente na internet, podem capturar muito mais dados que o deslocamento no espaço.[7] Podem registrar a temperatura, a pressão e a velocidade do andar, o que nos leva a uma forma de vigilância que é, como destacou Yuval Harari,[8] subcutânea. E é esse aspecto indolor e invisível o que garante à vigilância algorítmica passar despercebida, como se não existisse. Nada mais coerente com as formas de violência do capitalismo fofinho de nossa época.

Desde meados dos anos 1990, são formuladas definições de diferentes matizes ideológicos sobre o capitalismo. Capitalismo informacional (Castells), capitalismo cognitivo (Hardt e Negri), capitalismo criativo (Bill Gates) são algumas delas. A essas definições acrescento mais uma: capitalismo fofinho, um regime que celebra, por meio de ícones gordinhos e arredondados, um mundo cor-de-rosa e azul-celeste, que se expressa a partir de onomatopeias, *likes* e corações, propondo a visão de um mundo em que nada machuca e todos são amigos.

Nesse contexto se consolida o que Clare Birchall[9] denominou de regime de *shareveillance* (vigilanciamento, em tradução livre), um combinado entre vigilância e compartilhamento. Somos monitorados a partir dos dados que doamos, de forma consciente ou inconsciente, num arco heterogêneo e complexo, que vai das redes sociais à emissão de documentos, como passaportes e RGs com chip.

É isso que faz da vigilância, no contexto de digitalização da cultura em que vivemos, uma prática não necessariamente coercitiva. Ela pode operar, e de fato opera, de forma naturalizada, pela necessidade de se fazer parte do todo, de ser visível, e também de forma compulsória, pela necessidade de ser socialmente computável. Você pode optar em integrar-se, ou não, às redes sociais (ainda que isso implique sua invisibilidade). Mas essa opção é mais difícil, quando se trata de uma pandemia do porte da do coronavírus, em que o compartilhamento dos dados pode significar a proteção da sua saúde.

Violência social dos dados

Esse formato emergente de vigilância ocorre no âmbito de novas práticas de violência social. Uma violência algorítmica que põe a todos no cômputo das vítimas do coronavírus. Ela não suprime a violência que se volta às vítimas da necropolítica[10] (os mais pobres, as mulheres, os negros, os imigrantes, os indígenas). No entanto, cria também novas formas de brutalidade, dilacerando ainda mais as relações de trabalho pela normalização do precário.

Há quem diga que a coronavida poderia ser pior. Poderia não ter memes, a dádiva da internet no tempo das redes sociais. É fato que quem vai contar a história dessa nossa coronavida são os memes. Difícil lembrar todas as surpresas que vivemos, da adaptação ao isolamento social às sandices do presidente Bolsonaro, e foram realmente os memes os que fizeram a crônica do coronavírus. Nesse bem-humorado jornalismo à queima-roupa, o cotidiano, os novos costumes e a intensidade dos reveses políticos do país são registrados. E é na "Memeflix" da coronavida que mais rapidamente se põe em questão o cotidiano político brasileiro e as abordagens românticas do teletrabalho.

Sem se dobrar ao discurso sedutor sobre o conforto de fazer tudo sem sair de casa, os memes dão destaque ao aspecto mais perverso do trabalho remoto, revelando a ficção do home office, que é, na prática, a conversão da casa em office home.

É difícil conjeturar sobre como será o cotidiano depois da súbita interrupção na mobilidade determinada pela covid-19. Contudo, à medida que passam a ser corriqueiros os anúncios de mobiliário de escritórios coletivos adequados para tempos de distanciamento social, modelos fashionistas de máscaras, projetos de design de sinalização para medidas de afastamento entre os corpos, vai ficando claro que tendemos cada vez mais para um estado de "individualismo conectado".[11] Ele remonta ao início dos anos 2000 e é simultâneo à popularização da web 2.0. A facilidade de uso é a razão do sucesso desse sistema. Mas é também o que converteu a internet num espaço povoado de "cidadelas" fortificadas, como definiu Martin Warnke,[12] onde as pessoas vivem dentro de alguns poucos serviços populares dominantes. Qualquer semelhança com o cotidiano da coronavida não é mera coincidência.

É nessa arquitetura de informação que se consolida a cultura do colaborativo e do compartilhado, tão incensada pelas *majors* de tecnologia, da qual qualquer um pode tomar parte, desde que de acordo com as regras prescritas pelos algoritmos previamente programados. Espaços de *coworking* são suas expressões na cultura urbana, incidindo sobre a lógica dos jardins murados e das bolhas das redes sociais e dos aplicativos, onde estamos sempre sozinhos, porém conectados. Em harmonia com o mantra de todos têm o direito a ser patrão de si mesmo, impera aí a vulnerabilidade ditada pela ausência dos direitos trabalhistas e de vínculos, fundamentais não apenas no campo dos afetos, mas também para a própria possibilidade de subversão. A vida se uberiza e o darwinismo social dos dados, que já tomou as redes, se impõe ao cotidiano da cidade. Vencem sempre os mais fortes, os mais "bem avaliados", os mais acessados, os que se destacam na distopia bem-comportada do capitalismo fofinho.

Profissionais de RH celebram esse cenário, chamando a atenção para a capacidade de "eventos" como o coronavírus de "antecipar o futuro" da preponderância do trabalho remoto.[13] Uma de suas vantagens, de acordo com os analistas, é a valorização das metas em detrimento do cumprimento de horas de trabalho, muito embora reconheçam que, em nome do valor da produtividade, trabalha-se muito mais e as mulheres são extremamente penalizadas pela superposição do ambiente de trabalho às demandas familiares.

Encastelados na bolha doméstica e presos à tela, vamos nos aproximando de uma visão de cidade que incorpora noções perversas consolidadas na web 2.0, como a que aproxima as de público e grátis.

Da mesma forma que não se paga para entrar no Facebook, a entrada nos shoppings centers também é gratuita. O que não quer dizer que são lugares públicos. Mas é essa cidade shopping center, de ruas vazias e pessoas sem rosto que tende a vingar, como um dos legados do futuro pós-pandêmico.

Espécie de assombração da "cidade genérica" conceituada por Rem Koolhaas,[14] na qual tudo migra para o mundo online, a *coronacity* é uma cidade sedada, feita para ser observada de um ponto de vista sedentário. Mais excludente e mais monitorada, ela dá corpo a uma sociedade que se divide entre os sucateados pelo trabalho remoto, o lumpesinato digital dos *deliveries* e milhares de milhões de desabrigados.

Viagens, transportes públicos e aviões, tudo isso será revisto e redimensionado ao fim da quarentena do "coronga". A multidão é contagiosa e celebrações coletivas, como o carnaval, a parada *LGBTQ+*, os shows de estádio e os espaços coletivos, como os cinemas, os museus, os teatros e as escolas, não têm lugar na cultura urbana que se anuncia com o novo normal. O repovoamento paulatino do espaço público vem acompanhado do ressurgimento de seus habitantes de máscara. Participam desse quadro de novo normal a multiplicação das câmeras térmicas e a proliferação dos termômetros de infravermelho na entrada de qualquer lugar.

Corpos escaneados

A paranoia é o horizonte estético pandêmico, e nada mais condizente com isso que um termômetro em forma de arma. Inevitável pensar no que diria o filósofo e urbanista Paul Virilio (1932-2018) sobre esse tema, que tantas vezes nos alertou para as dimensões políticas da automação da percepção e da industrialização da visão. Essa automação diz respeito à emergência de uma visão artificial, à delegação a máquinas de um olhar que não temos. Já a industrialização remete ao mercado da percepção sintética, fartamente instrumentalizada pelas formas de vigilância contemporâneas.[15]

Um dos pilares desses sistemas de vigilância é o sensoriamento remoto,[16] uma forma de monitorar e extrair dados sem contato físico com o objeto. Tecnicamente, os primeiros voos militares de balão, que eram realizados desde o fim do século XVIII, antes da invenção da fotografia, podem ser considerados a origem desse procedimento, numa arqueologia de suas práticas. E muito embora a fotografia aérea tenha sido um dos marcos da Primeira Guerra Mundial, foi apenas no âmbito da corrida espacial e da Guerra Fria entre os Estados Unidos e a União Soviética que aquilo que entendemos por sensoriamento remoto se consolida.

Com a migração dos sistemas analógicos para os digitais, a partir da década de 1980, a imagem é articulada a sensores e deixa de ser uma prótese compensatória do tempo não vivido e do que já passou para tornar-se um amálgama de dados variados, como os campos eletromagnéticos não visíveis aos humanos. Apesar de não enxergarmos, tudo aquilo que vemos reflete e absorve energia eletromagnética do Sol. A forma pela qual cada superfície absorve e reflete a radiação identifica particularmente os diferentes objetos ou corpos, e constitui o que os cientistas chamam de "assinatura espectral". Isso permite o desenvolvimento de uma gama de sensores com finalidades variadas para medir a energia de determinados comprimentos de onda. Os sensores utilizados por câmeras térmicas e pelos *gun thermometers*", popularizados pela covid-19, por exemplo, operam no espectro infravermelho.

Utilizadas em operações militares e em controle de fronteiras, essas câmeras térmicas tiveram um vertiginoso aumento de uso com a pandemia do coronavírus. Atreladas a drones, monitoraram Wuhan do alto e um protótipo associado a alto-falantes foi testado em Recife. Recentemente, a Amazon implantou esse tipo de câmera em seus depósitos para monitorar o contágio entre seus funcionários.[17] A câmera funciona como um porteiro eletrônico. Caso o indivíduo esteja com febre, não entra. O corpo transforma-se, assim, na nova senha do novo normal.

Criticados pela relatividade de suas informações em veículos especializados e na grande imprensa, a popularização desses dispositivos traz ainda outras questões de ordem política, cultural e estética relacionadas à naturalização e opacidade dos sistemas de sensoriamento remoto.

Primeiramente é preciso levar em conta que sua precisão está associada a um tipo novo de resolução de imagem: a "resolução temporal". Ela é qualificada pela frequência com que os sensores revisitam e obtêm informações da mesma área. O que indica uma capacidade cada vez maior e mais sofisticada de ler (e armazenar, sabe-se lá em quais servidores) dados sobre funcionários de uma empresa, usuários do sistema público de transporte a caminho do trabalho ou da escola, e por aí vai.

Por outro lado, não se pode abstrair que tudo isso é feito a partir de imagens da fisiologia do indivíduo, vistas por olhos totalmente maquínicos, que escaneiam o corpo e o reconstituem, por meio da tradução de inputs eletromagnéticos, em pixels. Ao final, em segundos, compõem um retrato "em rosa púrpura e azulão" do sujeito. Um retrato que só pode ser validado em um banco de dados, abrigado em uma nuvem computacional e submetido a alguma Inteligência Artificial que buscará padrões para eventualmente contribuir para a cura da covid-19. Mas que também podem vir a ser utilizados para outras finalidades. Não sabemos. Isso faz com que a pergunta hoje não seja mais se seus dados serão coletados, mas, sim, por quem, de que forma e quais serão seus possíveis destinos.

Não se discute a necessidade de conter a propagação do vírus, tomando medidas que interferem na vida social. Sabemos que são, todavia, a única forma de controle da pandemia. A questão aqui é outra: compreender as estéticas da vigilância do coronavírus no campo de uma nova biopolítica. Uma biopolítica que controla os corpos pela fisiologia, sem coerção e sem dor.

Estéticas da vigilância

A pandemia já ditou algumas regras da gramática neoliberal como fundamentos sociais. A naturalização da vigilância é seu pilar de sustentação e o mapa de calor, a tradução visual do cotidiano paranoico. Técnica de visualização de dados, o mapa de calor é uma mostra da magnitude de um fenômeno como cor em duas dimensões. A variação na cor, por matiz ou intensidade, revela como o fenômeno está agrupado ou se modifica. Muito usados no campo da biologia molecular para identificar o comportamento de genes em diferentes condições, os mapas de calor também traduzem visualmente as informações sobre a temperatura corporal, recurso que se popularizou com a pandemia do coronavírus e do qual me apropriei no projeto *Coronário*.[18]

Obra de net art de minha autoria, comissionada para o programa IMS Convida, do Instituto Moreira Salles, *Coronário* reúne as palavras mais marcantes da experiência cultural do coronavírus no Brasil (de álcool em gel a comunavírus), mensuradas pelo índice de tendências de buscas do Google entre março e abril, período que coincide com os primeiros dias do isolamento social. As palavras mais acessadas pelo público do site respondem dinamicamente, mudando de cor, em conformidade com um mapa de calor que reflete a atenção recebida.

Importante destacar que esse uso dos mapas de calor para monitorar a atenção do público é assentado no marketing digital e faz jus aos princípios da economia do olhar que move a internet. É fundamental, para reter a atenção do usuário, compreender não só as formas pelas quais seu olhar transita nos conteúdos, mas os pontos em que se assenta e seus movimentos de dispersão. Softwares especialmente concebidos para este fim rastreiam o movimento do mouse na tela, identificando os pontos mais clicados e as áreas de maior atenção e desatenção dos usuários. Nasce aí um complexo de técnicas que combinam elementos de psicologia cognitiva, semiótica e repertório de marketing voltado para a captura daquilo que já foi sinônimo do lugar da liberdade: o olhar.

É exatamente esse tipo de rastreamento que utilizamos no *Coronário*. As palavras mais acessadas do léxico do coronavírus (o *Coronário*) reagem aos cliques dos visitantes, refletindo o interesse coletivo. Segui a lógica da "*dataveillance*" (vigilância de dados), cujo foco não é o indivíduo, mas sua integração a um padrão. Por esse motivo, as manchas de calor, no site do *Coronário*, não são resultantes de interações por processos de ação e reação. Elas operam de forma relacional, indicando a distribuição da atenção de todo o público, incorporando as interações individuais na constituição de padrões e tendências coletivas.

Nesse contexto, o *Coronário* funciona não só como um glossário da experiência cultural e social da pandemia, que no Brasil assumiu contornos políticos e ideológicos, mas também como um exercício de rastreamento feito em público. Ao interpretar o coronavírus no âmbito da cultura, partindo do seu léxico, o *Coronário* assume que estamos diante não apenas de um dos mais graves problemas de saúde pública da história. Estamos também em um momento de profundas transformações sociais e econômicas locais e globais.

Catalisadas pela pandemia, essas transformações se impõem biopolítica e esteticamente. Na naturalização dos revólveres travestidos de termômetros e nas câmeras que recolhem a assinatura espectral dos nossos corpos em mapas de calor estão contidas, portanto, muito mais que a leitura da temperatura. Tais ferramentas trazem à tona, ainda que de forma cifrada por uma ciência militarizada, as pautas de uma óptica algorítmica que é preciso aprender a ver. Porque ela já nos enxerga.

Ponderando sobre o futuro pós-pandêmico, Bruno Latour disse que "a última coisa a fazer seria voltar a fazer tudo o que fizemos antes".[19] Mas, talvez, o futuro da pandemia já tenha se tornado presente. E a primeira coisa a fazer seria não deixar que a coronavida se torne o nosso depois.

NOTAS

1. Este ensaio expande questões tratadas pela autora em "Sorria, você está escaneado" (no site da revista *Zum*) e retoma trechos do capítulo "O pós-pandêmico é agora" do livro *Coronavida: Arte, política e cultura urbana* (São Paulo: Editora da Escola da Cidade, 2020).
2. Foucault, Michel. *Estratégia: Poder-saber*. 2ª ed. Rio de Janeiro: Forense Universitária, 2006.
3. Virilio, Paul. *The Administration of Fear*. Los Angeles: Semiotext(e), 2012.
4. Deleuze, Gilles. "Post-scriptum sobre as sociedades de controle". In: Deleuze, Gilles. *Conversações*. Rio de Janeiro: Editora 34, 1992, pp. 219-26.
5. Foucault, Michel. *Vigiar e punir: Nascimento da prisão*. Petrópolis: Vozes, 1987.
6. "Covid19 Tracker Apps". Disponível em: https://fsoc131y.com/covid19-tracker-apps.
7. Gray, Rosie; Haskins, Caroline. "The Coronavirus Pandemic Has Set Off A Massive Expansion of Government Surveillance. Civil Libertarians Aren't Sure What to Do". *BuzzFeed*, 20 mar. 2020. Disponível em: https://www.buzzfeednews.com/article/rosiegray/they-were-opposed-to-government-surveillance-then-the.
8. Harari, Yuval. "The world after coronavirus". *Financial Times*, 20 mar. 2020. Disponível em: https://www.ft.com/content/19d90308-6858-11ea-a3c9-1fe6fedcca75.
9. Birchall, Clare. *Shareveillance: The Dangers of Openly Sharing and Covertly Collecting Data*. Edição Kindle. Minnesota: University of Minnesota Press, 2017.
10. Mbembe, Achille. *Necropolítica*. São Paulo: N-1 edições, 2017. Ver também: Pelbart, Peter Pal. *Necropolítica tropical*. São Paulo: N-1 edições, 2018.
11. Flichy, Patrice. "L'individualisme connecté entre la technique numérique et la société". *Résaux*, 124, n. 2 (2004), pp. 17-51. Disponível em: https://www.cairn.info/revue-reseaux1-2004-2-page-17.htm.
12. Warnke, Martin. "Databases as Citadels in the Web 2.0". In: Lovink, Geert; Rasch, Miriam. *Unlike Us Reader: Social Media Monopolies and Their Alternatives*. Amsterdam: Institute of Network Cultures, 2012, pp. 76-88.
13. Castro, Natalia. "É possível conciliar o Home com o Office?". *ISE Business School*, 2 jun. 2020. Disponível em: https://ise.org.br/blog/conciliar-home-office.
14. Koolhaas, Rem. "Cidade genérica". In: *Três textos sobre a cidade*. Barcelona: Editorial Gustavo Gili, 2010, pp. 29-65.

15. Virilio, Paul. *A máquina de visão*. Rio de Janeiro: Iluminuras: José Olympio, 1994.
16. Para um histórico das técnicas de sensoriamento remoto, ver: Shekar, Shashi; Vold, Pamela. "What's There? Remote Sensing". In: *Spatial Computing*. Cambridge: MIT Press, 2020. Disponível em: https://doi.org/10.7551/mitpress/11275.003.0006.
17. Cardoso, Beatriz. "Drone que mede temperatura corporal a distância reforça combate ao novo coronavírus", *G1*, 6 abr. 2020. Disponível em: https://g1.globo.com/pe/pernambuco/noticia/2020/04/06/drone-que-mede-temperatura-corporal-a-distancia-reforca-combate-ao-novo-coronavirus-em-pe.ghtml. "Drones são usados pela polícia para alertar sobre o risco do novo coronavírus na China", *G1*. 5 fev. 2020. Disponível em: https://g1.globo.com/ciencia-e-saude/noticia/2020/02/05/drones-sao-usados-pela-policia-para-alertar-sobre-o-risco-do-novo-coronavirus-na-china.ghtml. "Coronavirus: Amazon using thermal cameras to detect covid-19", *BBC News*, 20 de abril de 2020. Disponível em: https://www.bbc.com/news/technology-52356177.
18. Beiguelman, Giselle. *Coronário*, 2020. Disponível em: https://coronario.ims.com.br.
19. Latour, Bruno. *Imaginar gestos que barrem a produção pré-crise*. São Paulo: N-1 edições, 2020. Disponível em: https://n-1edicoes.org/008-1.

ARQUITETURAS ALGORÍTMICAS E NEGACIONISMO: A PANDEMIA, O COMUM, O FUTURO
[Fernanda Bruno]

No dia 11 de junho de 2020, foram fincadas cem cruzes junto a cem covas rasas nas areias da praia de Copacabana, no Rio de Janeiro. A manifestação, realizada pela organização Rio de Paz, era um protesto "contra a sucessão de erros cometidos pelo governo federal" na condução da pandemia do novo coronavírus. Na ocasião, o Brasil tinha mais de 40 mil mortes por covid-19 e o protesto era também uma homenagem à memória das vítimas.

A certa altura, um senhor entrou na área do protesto e começou a derrubar as cruzes, enquanto gritava:

> Se eles têm o direito de botar... eu tenho o direito de tirar! A praia é pública! Isso é um atentado contra as pessoas. Isso é terror! Tá criando pânico. Usando as cruzes... a cruz de Jesus para aterrorizar o povo. Sacanagem!

Esse senhor reproduzia, com o seu gesto e o seu rosto sem máscara, o discurso negacionista em relação à pandemia do novo coronavírus, que prepondera entre os apoiadores do atual presidente do Brasil, Jair Bolsonaro. Negacionismo que é também promovido pelo próprio presidente, não apenas no discurso como também na prática, a ponto de ter demitido dois ministros da Saúde em plena pandemia e manter o cargo sem comando enquanto as vítimas seguem aumentando. Na data em que escrevo este texto, 10 de agosto de 2020, o Brasil tem mais de 100 mil mortes resultantes da pandemia.

Contudo, o que desejo destacar no gesto desse senhor não é a negação intelectual, o desacordo, mas, sim, a fúria em extirpar materialmente do real qualquer índice, evidência ou símbolo do mundo que ele nega. Tal gesto nega (e paradoxalmente reconhece) um real e um mundo que precisam ser concretamente destruídos – e não discutidos, debatidos, contestados. Um negacionismo concreto, poderíamos dizer, que curiosamente nos fornece pistas sobre outros ambientes de aparente imaterialidade por onde transitamos cotidianamente: os ambientes digitais.

Se nos deslocarmos das areias de Copacabana para os grupos de apoiadores do presidente Jair Bolsonaro no WhatsApp, veremos circular memes, imagens, vídeos, áudios e mensagens que compõem o mosaico negacionista da atual pandemia. Ainda que esse mosaico seja multifacetado,[1] há elementos recorrentes que conferem alguma unidade, mesmo que dinâmica, à narrativa negacionista brasileira, que mistura desinformação política e desinformação médico-científica com algum respaldo pontual e parcial em acontecimentos factuais. Resumidamente, a narrativa negacionista aponta a China como origem intencional da pandemia que, em conluio com a Organização Mundial da Saúde, teria disseminado a covid-19 pelo mundo com o propósito de adoecer a população mundial, gerar pânico e lucrar economicamente. A doença causada pelo vírus seria muito menos grave do que se anuncia e fomentar o pânico faz parte do plano, pois mantém as pessoas em casa e enfraquece as economias locais. O remédio já existiria – a cloroquina e seus derivados –, mas estaria sendo boicotado por aqueles que desejam lucrar com a crise: governadores e prefeitos corruptos, que estariam roubando sob a cortina de fumaça da pandemia, assim como a indústria farmacêutica, que planeja patentear o remédio para vender mais caro adiante. Médicos estariam usando secretamente hidroxicloroquina neles mesmos e os cientistas também fazem parte do complô, sabotando testes, pois seriam financiados pela indústria farmacêutica ou comprados pela Organização Mundial da Saúde.[2] Os genocidas, em suma, são os outros.

Não é difícil perceber como a atitude do senhor em Copacabana ecoa essa narrativa negacionista. Mas o que me interessa explorar não é tanto o conteúdo dessa narrativa, e sim o modo como a arquitetura e a materialidade do ecossistema digital contribuem para o gesto brutal e concreto do senhor. Pois a ele não basta estar em desacordo, não acreditar ou manifestar-se, verbal ou simbolicamente, contra o que se opõe às suas crenças e ao seu entendimento da realidade. Ele precisa materialmente extrair do real qualquer indício de que esse mundo, que ele nega, exista. Esse mundo significa também o sofrimento e a morte implicados na pandemia que, uma vez reconhecidos, implicariam o reconhecimento da imensa violência em negá-los, pois ela amplifica, e eventualmente causa, mais sofrimento e mais morte. Uma interpretação psicanalítica, ou freudiana, diria que o senhor procura extirpar do real aquilo que precisa negar peremptoriamente em si mesmo. Se aquele real existir, ele se torna um monstro. Sendo insuportável o reconhecimento da monstruosidade e, mais ainda, do potencial gozo nela implicado, nega-se brutalmente o real, a ponto de ser preciso retirá-lo materialmente do mundo sensível.

Mas onde a materialidade do ecossistema digital e a do episódio ocorrido na praia de Copacabana se cruzam? Há, entre elas, uma série de ressonâncias que, entretanto, não podem ser confundidas com relações de causalidade. O ecossistema digital e o negacionismo são processos complexos, condicionados por um conjunto heterogêneo e dinâmico de atores e fenômenos. A relação entre eles é ainda mais difícil de apreender. Neste ensaio exploro uma aproximação pontual e parcial, focalizando elementos específicos. Retomando a pergunta que abre este parágrafo, a materialidade do episódio de Copacabana nos fornece pistas sobre a forma como visualizamos e interagimos com a paisagem informacional digital. E vice-versa.

Encaminhando a questão de outro modo, podemos perguntar: Como a arquitetura do ecossistema digital, onde circulam narrativas de um mundo em que a pandemia e seus mortos não existem, nos ajuda a entender o negacionismo e sua necessidade de demolição concreta dos indícios de um outro mundo no real? A pergunta inspira-se na formulação proposta por trabalhos recentes de Bruno Latour[3] a respeito do negacionismo climático. O que está em jogo, segundo o autor, não é um déficit cognitivo, um erro de compreensão ou de entendimento, mas, sim, uma incompatibilidade de mundos.[4] A necessidade de destruir concretamente os índices e evidências materiais do mundo que se nega é um dos sinais dessa incompatibilidade de mundos que o ecossistema digital, ao que parece, contribui para construir. Como isso acontece?

Um primeiro elemento a considerar diz respeito à história recente da internet, mais precisamente ao que Helmond[5] chama de plataformização da web que, sinteticamente, ocorre quando a lógica da plataforma passa a predominar na internet, a partir de 2007, tornando o ecossistema digital mais e mais homogêneo. Assim, a arquitetura informacional da internet é hoje dominada por filtros, algoritmos, interfaces e estruturas das grandes plataformas como Facebook, Google, Twitter, o que envolve também Instagram, YouTube, WhatsApp.

Vejamos primeiro o caso da plataforma WhatsApp, que é bastante específica e interessa por ser um dos ambientes privilegiados de circulação de conteúdos negacionistas da pandemia. Ainda que o WhatsApp seja oficialmente um aplicativo de comunicação privada, ele funciona de fato como uma rede híbrida que mistura design e arquitetura de comunicação privada com usos voltados para difusão e troca de informações entre grupos e públicos mais amplos. No Brasil, o aplicativo está instalado em 99% dos celulares brasileiros[6] e é uma das principais fontes de informação dos seus usuários.[7] Para muitos deles, não há internet para além do WhatsApp, pois as operadoras de telefonia celular oferecem gratuidade para o aplicativo em seus pacotes de dados móveis. Como as demais aplicações que dariam acesso a outras fontes de informação não têm igual condição de acesso, muitos usuários acabam limitando-se às informações que circulam no WhatsApp. Além disso, a arquitetura informacional do aplicativo está circunscrita a contatos e grupos marcados por vínculos pessoais (profissionais, familiares, círculos de amizade etc.), com número e interação limitados. A paisagem informacional, portanto, é restrita a cada grupo ou a uma interação entre pares, não podendo ser compartilhada, testemunhada e vista por outrem. Até dentro do próprio grupo é difícil uma visão de conjunto, pois estamos perceptiva e atencionalmente ancorados num incessante "agora" rolando na tela, já que a visualização do conteúdo está atrelada ao fluxo da linha do tempo. Tampouco são claramente visíveis a origem e os destinos das informações compartilhadas nos grupos. Saber de onde elas vêm requer um esforço adicional que é materialmente impossível para aqueles com franquia de dados limitada, ao passo que não se consegue ver onde e como as informações que ali circulam são compartilhadas fora. Essa arquitetura permite simultaneamente uma imensa capilaridade[8] e uma enorme opacidade. Os conteúdos são compartilhados de forma ágil, massiva e íntima entre grupos e pessoas com quem se mantém algum grau de confiança, ao mesmo tempo em que somos privados de qualquer visão em comum. Não é difícil notar como tal arquitetura pode favorecer fenômenos que já se incorporaram ao vocabulário cotidiano como "bolhas digitais", "fatos alternativos" e a experiência de que habitamos "mundos paralelos".[9]

Um segundo elemento que importa destacar no ecossistema digital é transversal às grandes plataformas que hoje predominam na internet, como Facebook, Google e YouTube. Trata-se da forte mediação algorítmica, tanto da paisagem informacional que visualizamos quanto das nossas condutas. Tanto o que vemos quanto o que fazemos nessas plataformas é fortemente mediado por algoritmos que buscam prever e influenciar nossos comportamentos. Os processos algorítmicos e de aprendizagem de máquina que hoje predominam nas plataformas digitais se alimentam de nossas condutas online, extraem valor e conhecimento delas e nos oferecem uma paisagem personalizada que projeta o que supostamente desejamos ver, consumir, ouvir, ler, conhecer etc.

Tal personalização é construída a partir de uma série de parâmetros e critérios visando, na linguagem corporativa, otimizar a nossa experiência online. Curiosamente, não temos acesso a tais critérios, uma vez que estão sob proteção do segredo comercial que faz, juntamente com os dados que produzimos, a fortuna dessas plataformas. Mas há pesquisas que ajudam a quebrar parte da opacidade dessa mediação algorítmica. O próprio Facebook revelou, em 2013, que entre cerca de 1.500 conteúdos potenciais em cada "Feed de Notícias" na plataforma, o usuário visualiza apenas trezentos.[10] O número já nos dá uma ideia do impacto da filtragem sobre o que vemos e o que deixamos de ver. Os processos algorítmicos efetuam tal seleção com base numa combinação de dados que incluem nossas interações, amizades, curtidas e nossos compartilhamentos, além de dados geodemográficos, endereços de IP, data das postagens e relações entre páginas etc. Esses dados são, por sua vez, cruzados e correlacionados segundo três princípios centrais da seleção de conteúdos e dos sistemas de recomendação online: popularidade (conteúdos mais comentados, curtidos e/ou compartilhados na plataforma), filtragem semântica (conteúdos similares aos previamente consumidos pelo usuário), filtragem colaborativa (conteúdos que pessoas similares costumam consumir).

Note-se que a personalização de nosso campo perceptivo nas plataformas digitais é fortemente marcada pela similaridade, presente em dois dos três princípios mencionados. O visível que se descortina a mim é, portanto, baseado num cruzamento das minhas trajetórias online com as trajetórias de pessoas supostamente similares a mim. O mundo visível personalizado das plataformas digitais é, assim, uma antecipação do que seria do gosto e interesse de cada um especificamente, mas com base em padrões extraídos de muitos similares. Além disso, sabemos que o modelo de negócios predominante nessas plataformas pretende que esse mundo visível de ações e interações possíveis seja capaz de influenciar as condutas e escolhas do usuário de modo a mantê-lo maximamente "engajado" – produzindo, visualizando ou compartilhando conteúdos, clicando em anúncios e links recomendados etc. O tempo em que permanecemos ativos na plataforma é a medida da pretensa otimização da nossa experiência.

Desejo explorar dois efeitos relacionados a esse tipo de mediação e arquitetura. O primeiro, é um relativo *confisco do comum* e das diferenças nele implicadas. Apesar de essas plataformas estimularem e se alimentarem de uma forte sociabilidade, o campo comum que potencialmente emerge das inúmeras interações online é mediado por algoritmos que privilegiam a formação de tipos de conexão que tendem a confinar as pessoas em mundos perceptivos e atencionais pouco permeáveis a contradições, ambiguidades, diversidade e diferenças. É nesse sentido que compreendo o *confisco do comum*: algoritmos favorecem um tipo de conexão, marcado sobretudo por similaridade, expropriando uma riqueza coletiva e relacional que potencialmente poderia dar lugar a múltiplos modos de fazer comum, inclusive aqueles gestados em meio a desacordos *e diferenças*.[11]

O princípio de similaridade que, como vimos, orienta boa parte dos mecanismos algorítmicos de personalização e recomendação de conteúdos é um dos agentes desse *confisco do comum*. Ainda que estejamos num estágio inicial de pesquisas a esse respeito, há estudos consistentes que apontam como algoritmos baseados nesse princípio reduzem a exposição a conteúdos e perspectivas heterogêneas nas plataformas digitais.[12]

O princípio de similaridade tem uma história sociotécnica que merece atenção, pois revela uma surpreendente relação entre processos de segregação no espaço urbano e de polarização nas plataformas digitais. Wendy Chun[13] mostra como esse princípio está atrelado ao conceito de homofilia – o amor pelo similar – que foi incorporado aos algoritmos que criam conexões entre as pessoas nas redes digitais, favorecendo a criação de *clusters e segregação*. *Tal conceito foi cunhado num artigo publicado em 1954*,[14] resultado de uma pesquisa sobre tipos de formação de amizade num projeto de habitação multirracial em Pittsburgh, Pensilvânia. A pesquisa tem início em 1947 e faz parte de uma tentativa de transformar o padrão de segregação em cidades e projetos habitacionais estadunidenses, buscando promover espaços de integração. Os autores investigam duas tendências distintas: a formação de amizades entre pessoas similares em algum aspecto (que designam por homofilia) e a tendência oposta, de formação de amizades entre pessoas diferentes em um dado atributo (designada por heterofilia). Quanto à homofilia – amizade entre similares –, os autores a dividem em dois eixos: "homofilia de status", relativa ao amor pelo similar no campo da identidade (raça ou gênero, por exemplo) e "homofilia de valor", o amor pelo similar no plano dos valores e opiniões.

No artigo referido, os autores focalizam valores raciais e concluem que as amizades podem se formar e se manter tanto pela homofilia de status como pela homofilia de valor, mas observam a predominância da homofilia de valor no âmbito do estudo realizado em 1947, que era, lembremos, sobre o projeto habitacional multirracial Terrace Village. Num excelente artigo sobre essa pesquisa e sua trajetória posterior nas ciências e redes digitais, Kurgan, Chun e colaboradoras/es[15] mostram como uma série de fatores extremamente contextuais acabaram por favorecer a relevância da homofilia[16] e sua posterior naturalização no ecossistema digital, através, sobretudo, da centralidade assumida pelo princípio de similaridade.[17] A observação de um fenômeno historicamente específico num estudo altamente contextual acabou ironicamente apropriado como uma lei do comportamento humano. No mundo e na ciência das redes e plataformas digitais, assume-se que similaridade/homofilia gera automaticamente interação e conexão. Eis a ironia: um conceito nascido de interrogações sobre a vida social num contexto que pretendia fomentar integração onde vigorava segregação torna-se uma regra para algoritmos que moldam interações online, criando ironicamente segregação e polarização onde pode haver muitas outras formas de convivência e conexão.

A arquitetura das plataformas digitais e seus algoritmos favorecem, assim, conexões baseadas na homofilia/similaridade, traçando uma inquietante linha de afinidade entre as cidades segregadas e as redes digitais polarizadas. O *confisco do comum* nas plataformas digitais não é, portanto, natural nem necessário, mas, sim, um efeito de arquiteturas algorítmicas que tornam menos provável a construção e emergência de relações e grupos heterogêneos. Isso envolve um segundo efeito da mediação algorítmica que desejo explorar, que é o *sequestro do futuro* nas plataformas digitais.

Sequestro do futuro porque as paisagens por onde trafegamos no ecossistema digital são também oportunidades de interação, de descobertas, de travessia para outros ambientes e encontros. Entretanto, o modelo de negócios que hoje predomina nessas plataformas e na web em geral envolve processos algorítmicos com a promessa e a capacidade de agir sobre os comportamentos enquanto eles acontecem, de modo a intervir sobre o próximo passo – cliques, curtidas, visualizações e interações com este ou aquele conteúdo, compartilhamentos etc. Nossas condutas online são assim constantemente antecipadas, implicando um sequestro, no nível cotidiano, do nosso campo de ação possível, colocado a serviço da produção de mais e mais engajamento. Venho insistindo que é precisamente sobre a ação possível dos indivíduos que incide a atenção e o interesse dos diversos ramos que se dedicam ao conhecimento e ao controle de condutas nos ambientes digitais.[18] "Sob a égide da multiplicação de ofertas personalizadas, é o próprio campo de experiência e de ação possível dos indivíduos que está em perigo."[19] É interessante notar que os modelos preditivos de conhecimento e controle do comportamento que predominam nas arquiteturas das plataformas digitais alimentam-se de uma imensa e distribuída infraestrutura mnemônica hoje predominante na web, onde toda ação gera um rastro digital.[20] Esse vasto e variado volume de rastros digitais (nomeados de big data ou megadados) é capturado, minerado e analisado por mecanismos automatizados buscando extrair padrões que orientam previsões e, consequentemente, intervenções sobre comportamentos futuros. A chamada plataformização da web, mencionada anteriormente, reforça esse processo, operando segundo uma lógica que "descentraliza a produção de dados e recentraliza sua coleta".[21] Para visualizar isso, basta pensar nos botões de compartilhamento de conteúdo (de Facebook, Twitter e Google+) espalhados por websites. Tais botões permitem, por exemplo, que a produção de dados a partir de qualquer site alimente essas grandes plataformas sem que seja necessário acessá-las. Além disso, sua base de dados amplia-se enormemente e, em consequência disso, sua possibilidade de prever e intervir sobre comportamentos. Essa arquitetura de monitoramento, previsão e controle dos comportamentos inscreve processos de vigilância na própria estrutura de funcionamento do ecossistema digital.[22] Não por acaso, o termo capitalismo de vigilância, cunhado por Shoshana Zuboff,[23] encontra sua matriz nas grandes plataformas digitais que extraem valor, segundo a autora, do mercado de comportamentos futuros que elas mesmas criam. Esse mercado extremamente performativo pode chegar a produzir uma escala de 6 milhões de predições por segundo, como alega, por exemplo, a plataforma de inteligência artificial do Facebook.[24]

Assim, a mediação algorítmica não intervém apenas na paisagem atual, mas também na ação seguinte e, portanto, na paisagem por vir, que é constantemente antecipada, projetada de modo a aumentar a probabilidade de que o nosso próximo passo seja na direção que os algoritmos sutilmente recomendam. Nesse sentido, o futuro e a ação possível, como reserva aberta de possibilidades, de encontros e de inesperado, são sequestrados nessas microantecipações cotidianas nos ambientes e plataformas online.

Voltemos agora às areias de Copacabana, onde começamos este texto. A essa altura, é possível visualizar com mais clareza onde se cruzam a materialidade do gesto negacionista e das arquiteturas algorítmicas digitais. O gesto que concretamente expressa a incompatibilidade de mundos no contexto da pandemia reverbera o *confisco do comum* e o sequestro do futuro que grassam nas plataformas digitais.

A história que contei no início deste texto, contudo, não terminou. Ela felizmente não se esgotou na destituição do mundo de solidariedade ao sofrimento das vítimas da pandemia. Pois naquele mesmo momento e no mesmo calçadão também passara um outro senhor, que perdera seu filho Hugo, de 25 anos, morto de covid-19. Em reação à destruição em curso, este senhor foi recolocando, uma por uma, as cruzes que haviam sido derrubadas, enquanto pedia respeito àquele que profanava o símbolo do seu luto. Reconstruía, assim, o mundo que reconhecia seu sofrimento e prestava homenagem à memória de seu filho e de todas as vítimas da pandemia.

Dois mundos em colisão, mas que no real conseguiram coexistir num espaço comum, envolvendo não apenas aqueles diretamente implicados na cena, mas todos nós. Haveria muito a explorar nessa cena fortemente representativa da incompatibilidade de mundos que estamos vivendo. A fricção, o inesperado, o confronto, a possibilidade de ver em comum que foi possível, ainda que de modo instável, nas areias de Copacabana, são cada vez menos prováveis nos ambientes digitais fortemente segregados e polarizados. A ponto de se tornar insuportável, para alguns, deparar-se, fora desses ambientes, com qualquer índice sensível e material de que outros mundos e modos de viver e pensar existam. Esse gesto de destruir material e concretamente qualquer índice da pandemia vem se tornando cada vez mais frequente – pessoas abrem caixões, invadem hospitais, agridem profissionais de saúde para extirpar do real qualquer evidência contrária às suas crenças, ou buscando flagrar um suposto boicote às teses negacionistas. Esses gestos são sintomáticos do confisco do comum e do sequestro do futuro presentes nas plataformas digitais. Eles sinalizam a urgência de criarmos meios e fóruns tecnopolíticos para discutir e intervir de outro modo sobre o porvir desse ecossistema digital que se tornou tão determinante em nossa vida pessoal e coletiva, em nossas democracias e, concretamente, em nossas "visões de mundo".

Não há, sabemos, respostas rápidas e fáceis para tal urgência. Há um longo e errante caminho de construção pela frente e temos apenas algumas pistas à mão. Uma delas, valiosa, nos é dada pelo indígena e ativista Ailton Krenak,[25] um dos intelectuais mais interessantes do Brasil contemporâneo. Em seu livro *Ideias para adiar o fim do mundo*, ele diz: "A minha provocação sobre adiar o fim do mundo é sempre poder contar mais uma história. Se pudermos fazer isso, estaremos adiando o fim."[26] Inspirados nessa perspectiva de Krenak, podemos dizer que o segundo senhor de Copacabana nos contou uma história a mais e assim adiou um pouco o fim do mundo. Se o ecossistema digital ainda merecer nosso cuidado e atenção, parece-me fundamental enfrentarmos essa estrutura de sequestro do futuro e de confisco do comum, de modo a construirmos conexões e parentescos humano-maquínicos que nos permitam contar outras histórias em nossos mundos digitais.

NOTAS

1. Este caráter multifacetado dos grupos de apoiadores de Bolsonaro reverbera a estrutura caleidoscópica que Kalil et al. (2018) apontaram no processo eleitoral de 2018. Estrutura similar é explorada por Santos et al. (2019), que propõem a imagem da hidra para descrever o processo de viralização do conteúdo eleitoral no WhatsApp em 2018, formando "redes policêntricas". Ver: Kalil, I. et al. "Quem são e no que acreditam os eleitores de Jair Bolsonaro". Fundação Escola de Sociologia e Política de São Paulo, out. 2018. Disponível em: https://www.fespsp.org.br/upload/usersfiles/2018/Relat%C3%B3rio%20para%20Site%20FESPSP.pdf; Santos, J.G. et al. "WhatsApp, política mobile e

desinformação: a hidra nas eleições presidenciais de 2018". *Comunicação & Sociedade*, v. 41, n. 2, pp. 307-34, 2019.
2. Cardoso, B. e Evangelista, R. "O vírus segundo o WhatsApp: Desinformação e morte no Brasil de Bolsonaro". Série LAVITS_Covid19 #8. Disponível em: http://lavits.org/o-virus-segundo-o-whatsapp-desinformacao-e-morte-no-brasil-de-bolsonaro/?lang=pt.
3. Latour, B. *Où atterrir?: Comment s'orienter en politique*. Paris: La Découverte, 2017.
4. A esse respeito, ver também: Costa, A. e Roque, T. "Ciência e política em tempos de negacionismo". *Ciência Hoje*, 6/7/2020. Disponível em: https://cienciahoje.org.br/artigo/ciencia-e-politica-em-tempos-de-negacionismo/.
5. Helmond, A. "The platformization of the web: Making web data platform ready". *Social Media+ Society*, v. 1, n. 2, 2015.
6. Cf. https://panoramamobiletime.com.br/pesquisa-mensageria-no-brasil-fevereiro-de-2020/https://panoramamobiletime.com.br/pesquisa-mensageria-no-brasil-fevereiro-de-2020/.
7. Em pesquisa recente realizada pelo DataSenado, o WhatsApp é utilizado regularmente por 79% dos brasileiros como fonte de informação, figurando no topo do ranking, seguido da televisão, segundo meio utilizado regularmente por 50% dos brasileiros como fonte de informação. Cf. https://www12.senado.leg.br/institucional/datasenado/publicacaodatasenado?id=mais-de-80-dos-brasileiros-acreditam-que-redes-sociais-influenciam-muito-a-opiniao-das-pessoas.
8. Cesarino, L. "Todo populista bem-sucedido hoje precisa ser também um bom influenciador digital". *ComCiência*. Disponível em: <http://www.comciencia.br/leticia-cesarino-todo-populista-bem-sucedido-hoje-precisa-ser-tambem-um-bom-influenciador-digital/>, 2019.
9. Curioso notar que uma das mais influentes produtoras de conteúdo audiovisual de extrema direita no Brasil chama-se "Brasil Paralelo".
10. Cf. Backstrom, L. "News feed FYI: A window into news feed". Disponíve em: https://www.facebook.com/business/news/News-Feed-FYI-A-Window-Into-News-Feed.
11. Inspiro-me especialmente nas concepções de Federici (2017; 2014) e Stengers (2020) acerca do comum. Ver: Federici, S. *Calibã e a bruxa: Mulheres, corpos e acumulação primitiva*. São Paulo: Editora Elefante, 2017; Caffentzis, G. e Federici, S. "Commons against and beyond capitalism". *Community Development Journal* 49, i92-i105, 2014; Stengers, I. *Réactiver le sens commun: Lecture de Whitehead en temps de débâcle*. Paris: La Découverte, 2020.
12. Perra, N. e Rocha, L. "Modelling opinion dynamics in the age of algorithmic personalisation". *Nature Scientific reports*, 9.1, pp. 1-11, 2019; Nikolov, D.,

et al. "Quantifying biases in online information exposure". *Journal of the Association for Information Science and Technology*, 70.3, pp. 218-29, 2019.
13. Chun, W. "Queering Homophily". In: Apprich, C.; Cramer, F.; Chun, W. e Steyerl, H. *Pattern discrimination*. Meson Press, 2018.
14. Lazarsfeld, P.F.; Merton. R.K. "Friendship as a social process: A substantive and methodological analysis". *Freedom and control in modern society* 18.1, pp. 18-66, 1954.
15. Kurgan, L.; Brawley, D.; House, B.; Zhang, J. e Chun, W. "Homophily: The Urban History of an Algorithm", *e-flux.com*, 2019.
16. Através de uma minuciosa comparação entre o relatório da pesquisa realizada em 1947, jamais publicado, e o artigo de 1954, Kurgan, Chun et al. (op. cit.) mostram como uma série de escolhas e omissões por parte dos autores irá favorecer a conclusão de que a formação de amizades por homofilia de valor seria preponderante entre os residentes do Terrace Village.
17. Além de ser materialmente incorporado às arquiteturas algorítmicas das plataformas digitais, o conceito de homofilia está fortemente presente na literatura da ciência computacional, sociologia e ciências comportamentais, especialmente a partir dos anos 2000. Cf. Kurgan et al., 2019.
18. Bruno, F. *Máquinas de ver, modos de ser: Vigilância, tecnologia e subjetividade*. Porto Alegre: Sulina, 2013; Bruno, F. Lissovsky, M., e Junior, I.F.V. "Abstraction, expropriation, anticipation". *Réseaux*, (5), pp. 105-35, 2018.
19. Bruno, F. *Máquinas de ver, modos de ser: Vigilância, tecnologia e subjetividade*. Porto Alegre: Sulina, 2013.
20. Bruno, F. "Rastros digitais sob a perspectiva da teoria ator-rede". Revista *FAMECOS: Mídia, cultura e tecnologia*, v. 19, n. 3, pp. 681-704, 2012.
21. Helmond, A. "The platformization of the web: Making web data platform ready". *Social Media+ Society*, v. 1, n. 2, 2015.
22. Bruno, F. *Máquinas de ver, modos de ser: Vigilância, tecnologia e subjetividade*. Porto Alegre: Sulina, 2013.
23. Zuboff, S. *The Age of Surveillance Capitalism: The Fight for a Human Future at the New Frontier of Power*. Nova York: Public Affairs, 2019.
24. Cf. "Introducing FBLearner Flow: Facebook'AI backbone". Disponível em: https://engineering.fb.com/core-data/introducing-fblearner-flow-facebook--s-ai-backbone/.
25. Krenak, A. *Ideias para adiar o fim do mundo*. Rio de Janeiro: Companhia das Letras, 2019.
26. Idem, p. 14.

A VIRTUALIZAÇÃO DA VIDA
[Ivana Bentes]

A pandemia de covid-19 se tornou um acontecimento, ou seja, aquilo que nos faz ver o que uma época tem de singular ou de intolerável e faz emergir novas possibilidades de vida.

Ao exigir que bilhões de seres humanos entrassem em regimes de isolamento social e/ou quarentena diante de uma emergência sanitária, humanitária e de saúde, a pandemia coloca em crise um mundo e um tipo de sociabilidade – das interações livres, do contato, uma sociabilidade gregária –, mas também abre uma linha de fuga para futuros imediatos, atualizando nossos piores pesadelos (morte massiva e a extinção da espécie) ao mesmo tempo que reativa imaginários que pareciam adormecidos.

O impacto global de uma "peste" contemporânea, de um vírus com propagação letal, veloz e voraz, produziu respostas igualmente chocantes, provocou tensões, controvérsias, sentimentos que remetem aos nossos instintos mais primários de sobrevivência, mas também de reexistência.

O que seria uma Revolução Vírus? Um AC e DC, antes e depois do novo coronavírus, capaz de impactar nossas formas de ser e nossos modos de existência. Como a pandemia obriga a nos redesenhar, nos rever, mas também impulsiona, acelera, detona processos imprevisíveis.

A emergência da covid-19, em um primeiro momento, de forma misteriosa e assustadora na China, avançando cidade por cidade, região por região, país por país, atravessando continentes até culminar com a declaração da OMS de que estávamos diante de uma pandemia letal em março de 2020 produziu comportamentos díspares e também repetitivos, um ciclo de diferenças e repetições afetando culturas e países.

Colapso e traumas

Alguns desses acontecimentos lembram as cinco fases do luto descritas por Freud. Se a psicanálise descreve como um indivíduo reage a uma perda de um ente querido e/ou a uma dor psíquica ou trauma, podemos extrapolar e perceber esses mecanismos atuando coletivamente pós-pandemia. Reações de a) negação e isolamento; b) revolta; c) negociação; d) depressão; e e) aceitação.

Fases que têm seus tempos e sua cronologia, mas que podem ser alteradas individual ou socialmente quando temos comportamentos de grupos induzidos por desinformação, *fake news*, negacionismo científico, por agentes do Estado que negam o colapso e declaram que "nada de tão grave está acontecendo". Foi o que vimos com os negacionistas da covid-19 nos Estados Unidos, no Brasil e em diferentes países. Trata-se de negar o acontecimento, denegar em nome de um "benefício" outro e interesses políticos.

Obviamente, cada indivíduo tem formas próprias de expressar diferentes sentimentos e realidades traumáticas, mas também a família, as comunidades, as cidades, os países e governos mergulham em estados mentais e realidades materiais que atingem massivamente os muitos.

A vida é codependente e não existem fronteiras

Talvez o primeiro limite que se rompeu com a covid-19 tenha sido justamente o das fronteiras. A geopolítica não pode barrar a propagação do vírus pelos aeroportos, pelas estradas, pelos limites marítimos; não pode barrar completamente seu fluxo a não ser isolando bilhões de humanos do convívio e contato uns com os outros.

O primeiro princípio explicitado pelo vírus é que vivemos em um regime de codependência planetária e que fenômenos como as mudanças climáticas, o aquecimento global e as pandemias do século XXI – como a Sars, síndrome respiratória aguda grave, em 2002, a Mers, síndrome respiratória do Oriente Médio, em 2012, o Ebola, em 2014, e a covid-19, em 2020 – não são abstrações nem ficção. Desencadeadas, as epidemias se propagam deixando atrás de si um rastro de morte e destruição.

Um desequilíbrio estrutural entre homens e mundo foi criado, entre homens e animais (o vírus "pulou" de uma espécie animal para a espécie humana), entre homens e outras formas de vida que, para além da codependência entre os vivos e a vida, faz com que nós nos percebamos como o vírus da Terra, a doença de Gaia que pode ser eliminada.

Onde e como a barreira entre as espécies foi "quebrada"? Falar em "violação" das barreiras entre vivos já parece problemático. Quem violou barreiras? O vírus?

O percurso do vírus – de um animal selvagem, de animais domesticados, de animais mortos em um mercado para servir de alimento – até os humanos ainda está em investigação. As imagens de mercados de animais selvagens em Wuhan, na China, as sopas de morcegos e outros bichos correram mundo e as redes, produzindo pânico e preconceitos em torno de um "vírus chinês" numa tentativa de carimbar a covid-19 como um acontecimento interespécies com um carimbo de nacionalidade.

O fato incontornável é que a vida de humanos e animais, bem como a saúde de humanos e animais e a vida no planeta, está intimamente ligada e somos codependentes uns de outros. Antes de um vírus "violar" barreiras inexistentes para ele e pular entre espécies, nós violamos as barreiras e sujeitamos todas as formas de vida no planeta. Talvez esta seja a primeira e a mais radical e profunda lição do vírus. Nós somos os violadores e predadores, já que, diferentemente do vírus, podemos decidir, recuar, mudar de comportamento, o que não ocorre com as demais espécies.

Com cidades temporariamente vazias, vimos outras barreiras serem franqueadas, como as incursões de animais silvestres e selvagens em áreas urbanas durante a pandemia. O isolamento social produziu mudanças significativas no meio ambiente, com inúmeros registros de tartarugas de volta a uma baía de Guanabara de águas mais limpas, macacos em áreas residenciais, visitas inesperadas de cobras e animais silvestres em todo o mundo. Uma proximidade e um convívio entre espécies que pode desencadear, inclusive, novas pandemias.

Fato é que a despoluição das águas dos canais de Veneza, no auge do isolamento social na Itália, as imagens dessas aparições de bichos por todas as cidades do mundo, mostram como o desaparecimento temporário de humanos e a desaceleração do consumo e de inúmeras atividades produzem diferenças radicais e melhorias no meio ambiente.

O corpo interditado e as bombas viróticas

Mas quem é o mal a combater em uma pandemia? O vírus certamente, mas o vírus cumpre com incrível eficácia seu programa de replicação. Os "inimigos" a evitar são os próprios humanos tornados bombas viróticas e vetores. A exigência de tomar distância, evitar o toque, evitar o corpo, fugir das interações e nos isolar torna os humanos os "indesejáveis".

O vírus só quer se propagar e encontrar hospedeiros, mas nós humanos queremos estar juntos, aglomerar, socializar, tocar e trocar. Atos que se tornaram signos de falta de cuidado e amor pelo comum. A epidemia pelo contágio humano, interditando o contato físico, fere o que temos de mais reconfortante: o outro como abrigo.

Ao andar nas ruas em minhas interações esporádicas pós-pandemia, eu mudei. Cada pessoa com quem cruzamos na rua ou interagimos se torna um elemento suspeito do qual devo me afastar, tomar distância e tratar como um virtual infectado. Há algo de terrível nisso e um mal-estar se produz: o outro é o portador da minha doença ou morte.

Toda a carga negativa já produzida socialmente pela criminalização do outro e nas interações entre grupos sociais considerados portadores de ameaças (os pobres, os periféricos, os usuários de drogas, os sem teto etc.) é amplificada e universalizada. O homem vírus, o vetor, o portador, pode ser qualquer um, o estranho ou a pessoa da minha maior intimidade e afeto.

Qual o impacto na sociabilidade humana quando o outro me é interditado como corpo? Quando sairemos do trauma e poderemos aglomerar e fazer comunidade? A sociabilidade brasileira do toque, do contato, da fricção dos corpos, a nossa alegria em ser multidão no carnaval, no réveillon, na cultura das festas, nos abraços prolongados é colocada em suspensão.

A casa-tela é o espaço público

Uma segunda interdição também abre uma ferida doída: o mundo exterior, o fora da casa, a rua, a cidade como o lugar dos encontros ao acaso, torna-se um mundo interditado, ameaçador ou proibido. Não existe lugar para se esconder do vírus. A casa é o lugar mais seguro para retardar o contágio (desacelerar a propagação do vírus, achatar curvas de infecção) e esperar uma vacina.

As imagens de cidades esvaziadas e silenciosas concretizaram alguns dos nossos piores pesadelos: o fim de um mundo é o fim do direito de ir e vir, quando o espaço e os trajetos, o percurso cotidiano de bilhões de humanos, passa a ser restringido, vigiado, monitorado, controlado em nome do bem comum, como vimos em milhares de cidades pelo mundo.

A experiência inicial do isolamento social, o #ficaemcasa global, foi uma perda de mundo que colocou a casa, o espaço doméstico, a intimidade na centralidade da sociabilidade pós-pandemia. E, mais do que isso, abriu um abismo entre os que podem e os que não podem usufruir esse mundo-abrigo doméstico, tornado simultaneamente prisão e espaço-tela por onde passa um turbilhão de conexões com o mundo exterior.

Desde o início da pandemia estamos em uma casa amplificada por telas, transformada em espaço de trabalho remoto, escola virtual, teleconsultório. Foi preciso criar uma divisão mental e não mais espacial para distinguir os ambientes em fluxo no qual entramos e saímos. Espaços-telas.

Os afazeres domésticos, a nossa intimidade, os interiores dos apartamentos invadem as reuniões online. A intimidade revelada é o acidente estrutural das *lives* e transmissões em tempo real.

A qualquer momento a vida doméstica se impõe: uma voz vaza, um cão late, um habitante da casa cruza a tela, ouvimos uma frase dita involuntariamente sem desligar o microfone, passa uma pessoa com roupas íntimas ou seminua, presenciamos ou performamos uma explosão de estresse, felicidade ou frustração. Uma violência ou urgência doméstica irrompe. Um mal-estar interrompe a reunião, situações tragicômicas se tornam banais. O real vaza por todo lado.

Pessoas comuns, influenciadores e celebridades passam a mostrar suas cozinhas impecáveis ou bagunçadas, seus quartos desarrumados, seus afazeres domésticos, seu cabelo crescido, o estar de pijama o dia todo, o fitness improvisado, um penteado, a hora de se maquiar na frente da tela. As telas nos submetem a um regime de superexposição que demanda uma gestão contínua das imagens, nossas, de nossa casa, o que produz uma exaustão.

Nos ambientes de trabalho presenciais estamos protegidos pelo espaço comum e homogêneo, padronizado e segmentado. Misturar os tempos e os espaços domésticos, a intimidade e o mais formal, produziu perturbações espaçotemporais e pequenas e grandes catástrofes e constrangimentos.

Ao poder "entrar" na casa de todos também são reveladas as condições de vida e moradia de muitos. Podemos observar todo tipo de habitar e morar: aglomeradas em pequenas moradias, vemos famílias estressadas pelo encolhimento do espaço vital ou os casais de publicitários em espaços elegantes e suntuosos. Entramos em casas, apartamentos, barracos nas favelas, ou no isolamento em sítios, chácaras e espaços rurais que trazem estéticas e linguagens próprias. O ambiente e o entorno se tornam índices importantes a serem enfatizados ou neutralizados. Assimetrias, desigualdades e privilégios podem ser materializados nas imagens.

A vida doméstica: desalienar do cotidiano

No Brasil, uma questão emergiu. A relação das famílias com as empregadas domésticas, as manicures, os prestadores de serviços que entram nas casas e têm uma convivência íntima. Um grande contingente de pessoas e famílias teve de assumir os afazeres domésticos: a limpeza da casa, a cozinha, as compras, o cuidado direto dos filhos, alterando suas rotinas, tendo que conciliar (como milhares de brasileiros que nunca tiveram esse privilégio) a vida profissional com os trabalhos mais cotidianos, como lavar o banheiro, fazer a comida todos os dias, lavar a louça, cuidar das roupas, cortar o próprio cabelo.

O Brasil, que no fim de 2019 registrou um número recorde de trabalhadores domésticos, mais de 6 milhões, e a maioria sem carteira assinada (apesar do avanço da PEC das Domésticas),[1] teve de arbitrar sobre a vida e a morte, diminuir ou ampliar o risco de contágio por covid-19 dos que trabalhavam no ambiente doméstico. Foram os patrões que decidiram se as empregadas continuavam ou não no convívio familiar, mesmo quando o isolamento social foi fortemente recomendado para todos os brasileiros pela Organização Mundial da Saúde (OMS).

Essas negociações assimétricas, que reafirmam a herança de um país escravagista e a presença de um passado colonial que produz profunda desigualdade social e alimenta o racismo estrutural, foram explicitadas na pandemia do coronavírus.

A notícia em 19/3/2020 de que "a primeira vítima do Rio de Janeiro era doméstica e pegou coronavírus da patroa no Leblon"[2] expunha de forma dolorosa a gestão da vida e da morte feita não apenas por governos, mas na intimidade das casas, nas relações trabalhistas, na ética do cuidado exigida de forma massiva e não cumprida.

"O isolamento podia ter evitado essa morte", foi a fala de um familiar da doméstica de 63 anos, que passava parte da semana trabalhando e morando no apartamento de sua patroa no Alto Leblon, e resume uma parte da tragédia brasileira. A patroa, que voltou de viagem da Itália, então epicentro do coronavírus, transmitiu o vírus e provocou a morte da empregada doméstica, enquanto se salvou com recursos e cuidados.

Como se deram e como estão se dando essas negociações de vida e morte no mercado informal das casas e dos trabalhos? Que patrões e patroas liberaram suas empregadas domésticas com salários para cumprir o isolamento social sem ter de se expor? Esses dados virão à luz? O fato é que, até por medo, parte das famílias dispensou seus empregados/as domésticos/as e teve de se desalienar de um serviço, o doméstico, que no Brasil ocupa mais de 6 milhões de pessoas[3] e está relacionado aos índices de desigualdade e falta de oportunidades.

Nova ordem doméstica

O tempo gasto no trabalho doméstico, a nova divisão entre o trabalho e o cuidado de filhos, animais, parentes, doentes, entre homens e mulheres da casa trazem novas tensões no confinamento. O trauma emocional com mortes e perdas, a convivência "forçada" de pessoas que tinham a possibilidade de fugir ou se distanciar no contexto pré--pandemia produzem muitas disfunções e a consciência fulminante de privilégios e assimetrias nessa casa-mundo.

É assustador que essa "nova ordem doméstica" de confinamento e a exigência de uma nova divisão dos trabalhos na casa coincida com o aumento dos crimes de feminicídio e violência doméstica durante a pandemia, quando as vítimas ficam confinadas e ainda mais expostas aos seus agressores.[4] Os dados sobre o aumento da violência doméstica mostram que a casa, o lugar para se resguardar do vírus, pode ser o lugar mais perigoso para as mulheres e todos que foram obrigados a ficar confinados com potenciais agressores. A pandemia explicitou a violência de gênero em diferentes grupos sociais.[5]

Copresença e estamos em *lives*

Como estar juntos e qualificar esse ambiente de presença virtual e de copresença, que passa a ser vital e central? Como não sucumbir à exaustão das telas ou da sobreposição e dissolução dos limites entre o doméstico e o público, o informal e o formal?

O investimento na casa pós-pandemia antecipa e acelera tendências e potências. A casa se torna estúdio de música, performance, teatro, sala de cinema, com o fenômeno das *lives* musicais, com apresentações solo ou coletivas que aproximam desconhecidos de celebridades, influenciadores e seu público, surgem novas audiências, a casa/estúdio improvisada de músicos e artistas encantam e conectam em suas casas, apartamentos, barracos em todo o mundo.

O confinamento e a redução dos espaços de convivência intensificam outras práticas de viajar sem sair do lugar, quando passamos de uma conexão para outra, de uma plataforma para outra, de um link para outro, buscamos inventar formas de sociabilidade e presença em *lives* multiplicadas ao infinito, em encontros e reuniões virtuais infindáveis que produzem alegria e cansaço.

Emergência cultural

Em um cenário em que a cultura foi desinvestida pelas políticas públicas, desmonte do Ministério da Cultura do Brasil, criminalização de artistas e escassez de recursos, a pandemia fez emergir uma nova centralidade da cultura, tornada experiência lúdica e linha de fuga para um trauma coletivo.

Se o isolamento social exigiu o fechamento de cinemas, teatros, museus, centros culturais, cancelamento de festivais e milhares de eventos culturais, as telas e plataformas se tornaram o espaço transitório e laboratório para uma virtualização massiva de ações culturais franqueadas, pagas, monetizadas ou oferecidas como bem comum. Os desempregados da cultura estão entre um contingente de pessoas que perderam suas ocupações, seus empregos, perderam renda com a urgência sanitária do coronavírus, que interditou espaços públicos.

Vimos um intenso processo de virtualização do entretenimento, das atividades culturais, da oferta de filmes, vídeos, tours virtuais por museus e centros culturais, exposições online, concertos, óperas improvisadas ou estruturadas e investidas por instituições e corporações. Oferecer bens culturais online, shows, modos de estar juntos, festa, se tornou um imperativo em meio a um cenário de sofrimento e morte. Outro desafio é qualificar essa sociabilidade-tela que será a base do entretenimento, mas também da educação online e do ensino remoto, exigindo uma atenção outra para os processos de virtualização da vida que emergiram em um momento de urgência planetária.

A cultura digital como uma terra, território vital a ser experimentado de forma intensa e massiva, colocou a humanidade em um laboratório global que produz transformações em todos os níveis: no campo do trabalho, da sociabilidade e da sexualidade.

O isolamento social traz junto o isolamento sexual, mas se fala pouco nas formas de se enfrentar a questão. Entre as práticas que foram ressignificadas na pandemia estão as websurubas, sexo online coletivo, utilizando as câmeras de plataformas como Zoom e outras. Essa "aglomeração" erotizada passa pela exposição dos corpos, masturbação coletiva, ver e ser visto, voyeurismo ou ativismo sexual que busca lidar com os corpos proibidos, mas também com a afetividade, nas experiências que migraram do presencial para o virtual propondo sexo coletivo com cuidados e vínculos. O tema emergiu a partir de práticas sexuais já existentes antes da pandemia, mas que a pandemia veio reinventar ou tornar visível. [6]

O trabalho remoto pós-pandemia

O trabalho dos intermitentes e autônomos, uma realidade nas sociedades sem empregos pósinformatização e automação, as transformações advindas da uberização do trabalho por meio de aplicativos (para carros, entregas de comida, remédios etc.) ganharam uma outra dimensão pós-pandemia. Novos sujeitos políticos ganharam visibilidade, como os entregadores em domicílio que trabalham pelos aplicativos e/ou os agentes de saúde, superexpostos ao vírus e às interações. A precarização da vida e do trabalho faz emergir atores sociais invisibilizados que prestam serviços essenciais reivindicando direitos na nova partilha do sensível.

A urgência de uma renda básica de cidadania, de auxílios emergenciais por parte dos Estados para milhões de brasileiros obrigados a ficar em casa ou a restringir, suspender ou fechar seus negócios presenciais, se tornou uma pauta pós-pandêmica decisiva. Quais as políticas públicas do comum e para o comum? Sistema Único de Saúde universal e gratuito, renda básica e acesso à internet passaram a ser pautas concretas de uma emergência e uma insurgência.

Infopandemia e os negacionistas

No Brasil, as primeiras notícias do avanço e da letalidade da covid-19 na China eram acompanhadas com preocupação por uns, com ceticismo por outros e mesmo com humor por muitos. Os memes, as narrativas jocosas marcaram o início da infopandemia no Brasil, a pandemia de dados, desinformação, boatos, *fake news* científicas que circularam velozmente e ainda circulam, produzindo uma outra anormalidade: a viralização e o contágio de crenças, preconceitos e discursos de hostilidade pelo "vírus chinês".

A história de que o novo coronavírus foi criado em um laboratório na China como parte de uma conspiração política e econômica digna dos filmes hollywoodianos circulou amplamente no mundo e, no Brasil, chegou a ser vocalizada pelo ex-ministro da Educação Abraham Weintraub, um agente do Estado brasileiro que juntamento com o presidente da República, Jair Bolsonaro, e alguns de seus ministros e gestores buscaram desqualificar e negar a letalidade e seriedade da pandemia global.[7]

A infopandemia é um dos efeitos colaterais dessa desordem do sistema de informações em que os dados são manipulados, sonegados, ocultados, para se construir narrativas que desvinculem governantes e suas más práticas de uma tragédia humanitária e sanitária. A infopandemia explicitou que a forma de "narrar números" e narrar mortes em série ultrapassa em muito a ética e a credibilidade científica, mostrando ao mundo que os negacionistas da pandemia e da covid-19 produziram narrativas paralelas, sem respaldo científico, e se utilizaram da desinformação e de *fake news* para tentar "naturalizar" a morte de milhões de pessoas em todo o mundo.

É possível negar um acontecimento de proporções globais e efeitos massivos e letais? As imagens de medo e desespero em Wuhan, na China, onde se supõe que o novo coronavírus apareceu, a cidade sitiada pós-covid-19, as ruas desertas, as pessoas obrigadas a se manter isoladas nas casas, a cidade bloqueada, os hospitais lotados e o rosto devastado de médicos, enfermeiras/os, governantes, diante das mortes massivas produziram um colapso global da "normalidade". Um cenário que se repetiu em cidades do mundo inteiro.

A experiência traumática da pandemia da covid-19 mostra que não existe um "normal" para voltar nem um "novo normal". Existe uma construção coletiva diante de um novo imaginário.

A pandemia, o isolamento social, as práticas médicas e científicas de combate ao vírus, as mudanças de uso do espaço urbano, a nova ordem doméstica e do trabalho, a virtualização da vida nos impõe uma série de mudanças, tanto nos âmbitos macro quanto micropolíticos. Teremos de reconstruir o mundo.

NOTAS

1. Pesquisa Nacional por Amostra de Domicílios Contínua (Pnad Contínua). A série foi iniciada em 2012 pelo Instituto Brasileiro de Geografia e Estatística (IBGE). Ver: https://economia.estadao.com.br/noticias/geral,numero-de-empregados-domesticos-no-pais-bate-recorde,70003178662 e https://www.bbc.com/portuguese/brasil-43120953. Acesso em: 4/8/2020.
2. Ver: https://noticias.uol.com.br/saude/ultimas-noticias/redacao/2020/03/19/primeira-vitima-do-rj-era-domestica-e-pegou-coronavirus-da-patroa.htm?cmpid=copiaecola. Acesso em: 4/8/2020.
3. As cinco maiores concentrações de trabalhadores domésticos ocorrem em nações com marcante contraste social. No ranking da OIT, após o Brasil e a Índia, vem a Indonésia (2,4 milhões), seguida pelas Filipinas (1,9 milhão), pelo

México (1,8 milhão) e pela África do Sul (1,1 milhão). É importante ressaltar que a China não fornece estatísticas confiáveis sobre o assunto. Fonte: https://www.bbc.com/portuguese/brasil-43120953. Acesso em: 4/8/2020.
4. Ver: https://ponte.org/mulheres-enfrentam-em-casa-a-violencia-domestica-e-a-pandemia-da-covid-19/. Acesso em: 4/8/2020.
5. No Brasil, que tem mais de 28 milhões de famílias com uma mulher como responsável pelo seu sustento, de acordo com o IBGE, também produziu uma piora da saúde mental das mulheres: cansaço, medo, diminuição da renda, a sobrecarga de cuidado com crianças, ajuda no estudo remoto, com a casa e os mais velhos. As mulheres também são a maioria no combate ao próprio coronavírus, como enfermeiras, médicas, assistentes sociais, e estão mais expostas à contaminação e a das suas famílias.
6. Ver: https://tab.uol.com.br/noticias/redacao/2020/04/30/suruba-afetiva-grupos-vao-alem-do-sexo-e-prezam-amor-e-a-amizade.htm e
7. Ver: https://noticias.uol.com.br/ultimas-noticias/lupa/2020/08/04/na-web-teorias-da-conspiracao-apontam-china-e-eua-como-criadores-da-covid.htm. Acesso em: 4/8/2020.

HIPERVISIBILIDADE E CAMUFLAGEM NO PANDEMÔNIO
[Paola Barreto]

Duas expressões têm sido comuns nas reflexões sobre o isolamento social e a explosão de atividades online, entre outras mudanças sociais impostas pela pandemia do novo coronavírus. Por um lado, a busca pela construção de um "novo normal" resultante da quarentena; e, por outro, a preocupação com os "direitos individuais", considerando os dispositivos de controle de corpos e fronteiras que se fortalecem em nosso chamado capitalismo de vigilância. Orientados justamente pelas questões da (a)normalidade e dos direitos (ou da falta deles), trazemos essa breve reflexão sobre regimes de (in)visibilidade.

Há 10 anos, em uma pesquisa artística desenvolvida junto a Dani Lima, artista pesquisadora da dança radicada no Rio de Janeiro, realizamos um estudo videográfico e coreográfico sobre padrões de movimento e comportamentos considerados normais em espaços públicos, dependendo de como, onde e por quem observados. No mesmo sentido levantamos repertórios de gestos e ações que poderiam ser considerados desviantes, suspeitos ou indesejáveis. O resultado dessa pesquisa resultou no projeto multiplataforma *Coreografia para prédios, pedestres e pombos*,[1] que explorou poéticas do cotidiano atravessadas por tecnologias de vigilância e controle. Despertando o sentido extraordinário de movimentos considerados ordinários e deslocando a percepção para uma observação mais cuidadosa do mundo à nossa volta, o projeto evidenciou o papel que os sistemas de videomonitoramento desempenham na modulação de nossa atenção a cenas corriqueiras.

Esta exploração poética apontou não apenas para as múltiplas dimensões de nossa criação artística; seus desdobramentos sensíveis provocaram igualmente nos espectadores do trabalho um reposicionamento do olhar para o que é invisível ou hipervisível em nossa normalidade cotidiana. Recupero aqui a sensação de retirada de um véu dos olhos que esse projeto proporcionou, para retomar a perspectiva da observação cuidadosa, bem como a reflexão sobre o que seja considerado normal – ou anormal – em tempos pandêmicos, e como essas considerações fazem seu cruzamento com os sistemas de vigilância.

Comecemos essa observação pelos padrões de comportamento abusivo perpetrados por agentes públicos em nosso país, habitualmente categorizados como exceções que não condizem com a norma, mas que se tornaram, sim, normais. No Rio de Janeiro, por exemplo, é normal policiais militares pararem um ônibus cheio de jovens que vêm do subúrbio a caminho da praia, ordenando que os de pele escura desçam e se submetam a uma revista permeada por desrespeito, violência e humilhação. É também normal que um veículo dirigido por um homem negro seja alvejado por oitenta tiros em uma barreira policial, matando um músico, pai de família, com requintes de deboche e descaso no socorro à família pelos envolvidos no crime. E continua sendo normal, em meio à pandemia do novo coronavírus, que um menino negro de 14 anos seja morto, dentro de casa, em uma ação da polícia. É importante dizer que a morte desse menino só foi incluída na pauta da grande imprensa devido a enorme pressão de midiativistas e midialivristas que exigiram respostas e reações de diferentes instâncias do governo e da sociedade nas redes sociais. Mas, além dele, há muitos outros, cujas mortes permanecem invisibilizadas e naturalizadas. A cada 23 minutos morre um jovem negro no Brasil. Quando você chegar ao final da leitura deste texto, terá morrido mais um.

Alguns dirão que falta inteligência, falta equipamento, falta tecnologia, aludindo à necessidade de aperfeiçoamento de táticas policiais e de segurança. Mas como pensar em termos de aprimoramento e investimento tecnológico, se a eficiência dos aparatos de controle e monitoramento está justamente direcionada a sujeitos e corpos específicos? Se a própria normalidade se assenta em uma verdadeira engenharia de morte, cujo objetivo é o controle, quando não o extermínio, de certa parte da população? Como os pesquisadores Tarcísio Silva e Sil Bahia têm apontado, os algoritmos são nova e sofisticada plataforma para o racismo, acentuando a hipervisibilidade dos corpos racializados (e

Fig. 1. *Coreografia para prédios, pedestres e pombos* (2010).

generificados) pelo sistema penal em um plano digital. O que significa dizer que tecnologias pervasivas e seus softwares atuam de modo a perpetuar um modelo de controle populacional que reproduz o racismo estrutural de nossa sociedade e o seu carrego colonial. Nesse sentido vale retomar também as reflexões da pesquisadora canadense Simone Browne, que utiliza não o panóptico de Bentham, mas o navio negreiro e a *plantation* para pensar o desenvolvimento de tecnologias de vigilância em nosso contexto pan-americano[2].

Dispomos de satélites, câmeras e redes computacionais que coletam e mineram dados, mas como interpretamos – ou deixamos de interpretar – esses dados? A quem servem? De que modo? Temos dados de que as populações indígenas são as mais atingidas durante a pandemia: a taxa de letalidade do coronavírus em pessoas indígenas chega a aproximadamente 16%, enquanto a média nacional permanece em 6%.[3] Do mesmo modo temos dados de que o número de pessoas acometidas pela covid-19 é maior em populações negras, o que expõe a desigualdade no acesso ao saneamento básico, tratamento hospitalar, possibilidade de isolamento social e renda. Ou seja, não é a falta de dados, informações ou tecnologias o que impede a ação de governos, mas a decisão (necro)política de agir – ou não agir – a partir dos dados que se tem, diretamente matando, ou deixando morrer, parte da população.

Big Mother Brasil

Diante da omissão dos governos, as comunidades mesmas se auto-organizam. Muito se tem falado sobre as redes solidárias que se fortalecem no atual contexto pandêmico, com sistemas de distribuição de itens de higiene, alimentos e formas de apoio aos mais vulneráveis. Diversos setores da sociedade civil, e também de corporações e empresas privadas, têm contribuído com doações, em ações por vezes atravessadas pelo discurso promocional do marketing e da propaganda. Contudo, para as populações de territórios marginalizados e invisibilizados, onde a emergência se constitui como estado natural de coisas, o senso comunitário e a prática das trocas solidárias sempre foi a tônica. Nas favelas e nas comunidades indígenas e quilombolas, a sobrevivência e a organização social estão intimamente ligadas à noção de cuidado coletivo e outros modos de aquilombamento, entendendo o quilombo, como Beatriz Nascimento (2006)[4] e Abdias do Nascimento (2002)[5] sugerem, como força civilizatória ecológica. Ou seja, estamos falando de tecnologias de resistência que se forjaram na colonialidade, tecnologias do cuidado e do autocuidado que não são novas, mas ancestrais, e que possibilitaram a sobrevivência dessas comunidades às quais direitos vêm sendo continuamente negados; ontem pelo Estado colonial, hoje pelo Estado capitalista.

Tomemos por exemplo o caso recente de Paraisópolis, uma das maiores favelas de São Paulo, com quase 100 mil habitantes. Por meio de uma iniciativa comunitária, 420 moradores foram nomeados "presidentes de rua". Eles são responsáveis por monitorar grupos de cinquenta casas para detectar casos de covid-19. Esse monitoramento é uma forma de cuidado, em que se realiza também a orientação sobre medidas de higiene e isolamento, além de logística para a distribuição de cestas básicas às famílias mais pobres.[6] Em favelas do Rio e de Salvador, moradores integram redes de solidariedade para distribuir alimentos às famílias mais pobres e a pessoas que perderam suas ocupações devido à quarentena. Sem falar na criação de canais digitais para o atendimento sanitário aos moradores, que também funcionam para denúncia de irregularidades policiais e outras ameaças à comunidade.

De modo que a atitude solidária e o comunalismo não são um "novo" normal, pois já existiam como tecnologia que manteve os povos preto, indígena e quilombola vivos, contra o genocídio colonial capitalista. Tampouco constituem um "outro" normal, uma vez que já estavam postos antes do processo de colonização categorizá-los como alteridade. Vamos chamar de "nosso" normal: contra a invisibilização e sua política de morte, o cuidado com nossa vida, com nosso corpo e com nossas redes; redes que sustentam a vida, e que podem ser desdobradas digitalmente, a partir de uma potente ação comunitária promovendo as três ecologias preconizadas por Guattari: das subjetividades, das relações sociais e do meio ambiente.

A tecnologia do "velar sobre" (*surveillance*), nesse sentido, pode ser definida não a partir do modelo do *Big Brother* orwelliano, mas de uma *Big Mother* iorubana, que cuida da casa, das crianças, dos idosos e dos doentes – tarefas historicamente atribuídas às mulheres. A partir da figura dessa *Grande Mãe*, uma política de atenção e cuidados pode ser pensada, sem esquecer que a luta anticapitalista é também luta interseccional contra o patriarcado colonial e suas formas de exploração e opressão de sujeitos humanos e não humanos. Nessa política, o próprio planeta pode ser experienciado como uma *Grande Mãe*, ideia comum a povos diversos do continente americano e para a qual o líder indígena Ailton Krenak tem chamado a atenção durante essa pandemia: "O que estamos vivendo pode ser a obra de uma mãe amorosa que decidiu fazer o filho calar a boca pelo menos por um instante. Não porque não goste dele, mas por querer lhe ensinar alguma coisa. 'Filho, silêncio.'"[7] A *Grande Mãe*, em suas múltiplas faces, configura não apenas a expressão do zelo protetor, mas também força guerreira, cujo poder é temido e respeitado. Como as *Iyá Mi*, do candomblé ketu, ou *Gaia*, da mitologia grega, a *Grande Mãe* é força que dá e toma a vida.

Gaia é precisamente o nome da teoria desenvolvida pelo químico James Lovelock e a bióloga Lynn Margulis nos anos 1970 e retomada por diversos cientistas contemporâneos para pensar a crise climática e seus desdobramentos. Se partirmos da hipótese que descreve nosso planeta como um sistema complexo autorregulável, não faz muito sentido considerar a centralidade do personagem humano, como sugere o termo *Antropoceno*, cunhado para definir o impacto da ação humana no planeta como equivalente a uma mudança de era geológica. Levando em conta a capacidade que esse sistema autorregulável (*Grande Mãe*) teria para corrigir o desequilíbrio causado por esse filho rebelde, talvez fizesse mais sentido hoje falarmos em um *Virusceno*, uma vez que o impacto causado pela ameaça da covid-19 é o que parece agora redefinir o comportamento humano em escala planetária.

O coronavírus se camufla no interior das células humanas. Com suas proteínas revestidas de açúcares, ele se disfarça no organismo, desligando sinalizadores das células para que o sistema imunológico não entre em alerta. E assim se espalha. A camuflagem é o que está dando passagem para o vírus se tornar "invisível" e avançar no território de nossos corpos. O que podemos aprender com isso?

Tecnologias de obscurecimento

A camuflagem é uma tecnologia da natureza, desenvolvida por organismos que se mimetizam em seus ambientes de modo a escapar de predadores ou enganar presas, garantindo, assim, sua sobrevivência como indivíduos e a perpetuação da espécie. Como tecnologia de guerra tem uma longa história que atravessa povos e culturas, garantindo por vezes a vitória de exércitos com menos poder de fogo contra a artilharia de grandes exércitos – caso emblemático da guerra no Vietnã, por exemplo. Como forma de contravigilância tem sido bastante explorada por artistas e ativistas, que se valem de tecnologias analógicas ou digitais para hackear sistemas e provocar, literalmente, desaparecimentos. Um bom exemplo é o design de maquiagens para driblar circuitos de vídeo inteligentes e seus algoritmos de reconhecimento facial.

Os algoritmos, como sabemos, não são neutros, e podem reproduzir opressões dirigidas a sujeitos específicos. Diante das opressões sociais, raciais e/ou heteronormativas, que, se não são a norma, se tornaram tristemente normais em nosso tempo, muito se fala sobre passabilidade. Passabilidade é a capacidade de passar-se por uma categoria identitária diferente da sua. Dentro de uma cultura de privilégios, a passabilidade pode ser entendida como uma forma de camuflagem, uma maneira de o corpo dissidente ficar invisível aos radares seletivos do controle, escapando assim da morte.

Retomando a reflexão sobre normalidade e direitos, parece mesmo um tanto esquizofrênica a convivência entre a hipervisibilidade, por um lado conferida a certos marcadores de corpos e sujeitos pelos sistemas de vigilância e controle; e, por outro lado, a invisibilidade desses mesmos corpos e sujeitos, categorizados como dissidentes, no que diz respeito às garantias de suas liberdades e direitos individuais – incluindo aí o direito à própria vida. Nesse regime ambiguamente perverso, a camuflagem, como um manto de invisibilidade ativo, pode se tornar algo até mesmo desejável, como uma espécie de salvo-conduto para o corpo dissidente passar despercebido por territórios conflagrados por opressões. Vale a pena lembrar que a cultura dos negros escravizados sobreviveu à escravidão em seus corpos, em grande medida, devido às irmandades, constituídas a um só tempo como organizações políticas, econômicas e religiosas associadas à Igreja católica. Neste sentido, o próprio sincretismo religioso pode ser compreendido como uma forma de camuflagem, um modo de assegurar a sobrevivência, sob a capa dos santos cristãos, do culto aos orixás. As irmandades também desempenharam um papel preponderante na organização de revoltas, levantes e lutas pela liberdade que culminaram com a abolição. Uma irmandade como a de Nossa Senhora do Rosário dos Pretos, criada em 1685 em Salvador, na Bahia, por exemplo, se encarregava de uma ampla gama de atividades, como o pagamento de alforrias, a negociação de compra e venda de bens, o financiamento de enterros e tratamentos médicos, entre outras funções (Silveira, 2006).[8] Como uma forma de conselho, proteção e cuidado da comunidade, a irmandade camuflou-se no seio da sociedade escravocrata, conferindo passabilidade à cultura negra em meio à opressão colonial.

Voltando ao trabalho *Coreografia para prédios, pedestres e pombos*, a camuflagem dos artistas em meio aos transeuntes e do gesto espontâneo em meio ao gesto coreografado foi o que conduziu o trabalho, evidenciando como certos movimentos, dependendo do corpo em questão, podem sobressair ou se dissolver na multidão. Um corpo negro correndo não é lido do mesmo modo que um corpo branco correndo. Da mesma maneira, o grau de visibilidade da pessoa negra deitada no chão de uma praça não é o mesmo de um corpo branco nas mesmas condições, indicando graus de miopia associados à racialização. O jogo entre tornar-se invisível e tornar-se o centro das atenções revelou dinâmicas traiçoeiras até mesmo para nós artistas, como no momento em que se deu um embate com as pessoas em situação de rua que viviam no espaço da performance e sentiram sua casa/vida invadida pelos performers. De invisíveis ou marginais os moradores de rua tornaram-se o centro da cena, e os artistas, em uma inversão de papéis, tornaram-se os marginais.

Essa pequena digressão nos traz de volta à realidade do novo coronavírus, esse ser que nos roubou o protagonismo na cena planetária, colocando-nos como marginais de uma era geológica anunciada como nossa. Estamos, mais uma vez, esperando que a ciência nos traga respostas e nos salve desse pandemônio. Mas, certamente, não para "voltarmos ao normal" e muito menos a um "novo normal" – que seria mais bem definido como o "velho anormal". Esperamos uma ciência comprometida de fato com a vida e com a comunidade, e uma comunidade que inclua humanos e não humanos, extrapolando o binômio natureza/cultura. Ainda que as dimensões sociais telemáticas estejam cada vez mais em evidência com a circulação da covid-19 entre nós, a principal conexão convocada não parece ser a fibra óptica da internet, mas a natureza de nossos próprios corpos e seu sistema respiratório, troca de gases que nos conecta diretamente ao sistema complexo de Gaia. O retorno ao corpo é o que parece ser a grande convocação pandêmica. Ao corpo, em sua finitude marcada pela iminência da morte, e que os corpos dissidentes, que convivem desde sempre com a ameaça constante de não poder respirar, conhecem muito bem. Mas esse corpo ao qual se retorna, não se encerra em uma única identidade estável, esse corpo é território de ancestrais, morada de espíritos e comunidades interespecíficas, entre vírus e bactérias, que se cruzam na lógica de emaranhados (*entanglements*), tecidos com o cuidado e o zelo de uma *Grande Mãe*.

Se pudéssemos de fato estabelecer uma correspondência direta entre a titeia grega Gaia e apenas uma entre as *Iyá Mi* africanas, chegaríamos possivelmente a Nanã, "Mãe-Terra Primordial dos grãos e dos mortos", rainha da lama originária da vida. Na cosmogonia iorubana ela é mãe de Omolu, orixá que guarda os mistérios da morte e do renascimento e que, por debaixo de sua palha, oculta o segredo do que é (in)visível. É ele também quem governa os males e doenças que se abatem sobre a terra, especialmente as epidemias. Não por acaso, é a sua proteção e a de sua mãe que o chamado povo de santo tem invocado durante a pandemia do novo coronavírus. E é saudando as forças da cura, da vida e da terra que compartilhamos como consideração final um graffiti da artista e filósofa baiana Ana Dumas. Mixadora de ideias, conceitos e escrevivências, Dumas articula em três palavras o espírito do que costuramos nestas breves páginas. Axé ô!

Fig. 2. *Santíssima Trindade* (2020). Graffiti da artista baiana Ana Dumas – Campo da Doida, Quilombolha, Pandemia.
"CIÊNCIA porque para estarmos no mundo precisamos de conhecimento atento e profundo sobre o mundo e as coisas que nele estão; COMUNISMO porque a vida é rede e precisamos pensar e agir pelo bem comum a todxs; OMOLU porque ele é o regente das doenças e das curas, o zelador da humanidade."

NOTAS

1. Documentação do projeto disponível aqui: http://coreogthere.blogspot.com/p/o-projeto.html.
2. Na conferência de abertura do VI Simpósio Internacional da Rede Lavits em Salvador, em 2019.
3. Ver: https://www.clacso.org/pandemia-racismo-e-genocidio-indigena-e-negro-no-brasil-coronavirus-e-a-politica-de-exterminio/.
4. Nascimento, Beatriz. *Eu sou Atlântica*. São Paulo: Imprensa Oficial, 2006.
5. Nascimento, Abdias do. *O quilombismo*. Brasília/Rio de Janeiro: Fundação Cultural Palmares/OR Editor, 2002.
6. Ver: https://ponte.org/favela-cria-seus-proprios-presidentes-para-combater-o-coronavirus/.
7. Ver: https://artebrasileiros.com.br/featured/ailton-krenak-livro-covid19-quarentena/.
8. Silveira, Renato da. *O candomblé da Barroquinha: Processo de constituição do primeiro terreiro baiano de ketu*. Salvador: Edições Maianga, 2006.

DE TELA EM TELA, DEAMBULAÇÕES SOBRE ARTE E SUAS INSTITUIÇÕES NA PANDEMIA DIGITAL
[Júlia Rebouças]

Estamos encerrados em casa, cumprindo um isolamento social, uma das poucas ações efetivas para evitar a contaminação pelo vírus Sars-CoV-2, que causa a pandemia mundial de coronavírus. Desde a sua identificação primeira, na província chinesa de Wuhan, em dezembro de 2019, o distanciamento entre pessoas é uma das medidas profiláticas sobre a qual há consenso científico. No Brasil, enquanto este texto é escrito, já se vão cinco meses de uma política de saúde desarticulada e insuficiente, cindida pelo sofisma da saúde em contraposição à economia, que minimiza mortes, que politiza o uso de uma droga notoriamente ineficaz, que nega a ciência, que é incapaz de gerar amparo social. Se começo por dizer que estamos em casa, é preciso notar que somos, de modo geral, os que vivemos em habitações unifamiliares, que dispomos de meios técnicos e financeiros para migrar nossas rotinas ao teletrabalho, que podemos tentar adaptar a vida a essa dimensão doméstica, a partir de uma sociabilidade digital. Num país como o Brasil, somos uma parte restrita da população. Ainda assim, já é possível notar como um certo processo de virtualização das experiências cotidianas, paulatinamente colocado em marcha pelo capitalismo financeiro-informacional, foi acelerado de maneira vertiginosa. Se muda nosso modo de viver, muda nossa cultura, e interessa observar como as instituições artísticas e as iniciativas culturais têm atuado no Brasil. Se não é possível antecipar para onde esse processo vai nos conduzir, já sabemos que não há para onde retornar.

Quando medidas de isolamento social foram anunciadas, os locais de convívio coletivo precisaram ser esvaziados e as atividades culturais de pronto foram suspensas. Da perspectiva institucional, museus, galerias, centros culturais foram fechados, todos os eventos e exposições, cancelados. Os artistas e demais profissionais do setor da cultura não só viram suas atividades regulares serem interrompidas pelo tempo da pandemia, como imediatamente perceberam que se processava ali uma radical transformação no papel social da experiência artística. Cada área da cultura viria a enfrentar problemas com contornos distintos, mas os efeitos negativos seriam sentidos de maneira geral. Sem política de proteção ao trabalhador da cultura e sob ataques detratores que vêm sendo impetrados há anos contra artistas e profissionais do setor, o meio vê-se impelido a inventar novos modos de sobrevivência, enquanto ações paliativas vão agindo apenas sobre os casos mais notórios.

Como reação em massa, as redes sociais foram inundadas por *lives*, promovidas por artistas de todas as linguagens e a partir de diferentes contextos. As instituições artísticas correram para criar ferramentas de apresentação de seus acervos e programas de maneira remota. Nas artes visuais, especificamente, entre o excesso de interação nas redes sociais e a apatia das experiências, talvez tenha logrado a tentativa de museus e galerias de manterem vivos os canais de comunicação com o público, ativando "marcas" e suas *hashtags*. No entanto, como manifestação criativa e qualidade de participação, podemos dizer que os experimentos virtuais têm se mostrado precários, quando não insuficientes, para dar conta de um conjunto de inquietações e da desolação de nosso prospecto.

Meses depois do início da pandemia, museus e centros culturais discutem protocolos de reabertura, na onda que pressiona o retorno às atividades econômicas presenciais, a despeito dos altíssimos índices de contaminação ainda vigentes no país. Na pauta, estão medidas sanitárias de distanciamento e controle de público nas salas, instalação de totens com álcool em gel nos espaços de circulação, remoção de obras táteis ou participativas das montagens, identificação dos usuários para eventual rastreamento epidemiológico, adoção de horários reduzidos ou alternativos de funcionamento, descontinuação de visitas escolares ou de grupos numerosos. Trata-se de acordos necessários para viabilizar uma experiência confiável do ponto de vista da saúde, mas que não tocam o aspecto da relevância cultural e pertinência sensível desse tipo de atividade, num contexto que vem alterando radicalmente nossa estrutura subjetiva. Pode até ser seguro sair de casa para ir a um museu, mas por que o farei neste momento? As respostas especuladas certamente estão em transformação e dizem respeito a como nossa vida está sendo impactada pelas mudanças sociais, políticas, comportamentais que vêm a reboque de medidas de digitalização, virtualização e "algoritmização" de nossas experiências.

Se algumas disciplinas artísticas, como a música e o cinema, já estavam em estágio mais avançado dessa transmutação para a virtualidade, inclusive por sua qualidade reprodutível, as artes visuais ainda parecem tangenciar de maneira incerta esses novos espaços. Do ponto de vista da operação institucional, ou de seu mercado, basta pensarmos que, até a pandemia, os museus brasileiros faziam dos seus sites um planejador de visita, ou, na melhor das hipóteses, um banco de dados de seu acervo. Internacionalmente, há exceções notórias, como é o caso da Serpentine Gallery, em Londres, que há alguns anos incorporou em sua linha curatorial a discussão sobre inteligência artificial, sociabilidade virtual, arte e tecnologia, não apenas por meio de programas públicos, mas incentivando artistas e comissionando obras inseridas neste debate. No início de julho deste 2020, a instituição promoveu um fórum para questionar o destino e o papel das instituições culturais e da arte, diante do cenário da pandemia e a partir da especulação de novos ecossistemas e agentes artísticos na relação com novas tecnologias. Organizado em torno de três questões, o debate começou por perguntar "como seria uma grande instituição pública de arte sem espaços físicos para exposições ou apresentações", questionando também como as instituições culturais podem apoiar o desenvolvimento de tecnologias que não satisfazem os interesses atuais das indústrias, e, por fim, se seria possível (e desejável) criar um sistema de arte que, na interface com as tecnologias avançadas, se separasse do atual ecossistema de instituições, artistas e agentes artísticos, funcionando de maneira independente do ponto de vista de seu financiamento, de seus processos criativos, de sua audiência, ou, se porventura essas realidades virtuais e material-presenciais poderiam se fundir. A despeito da relevância das reflexões, estas parecem extemporâneas para um universo mais ampliado de instituições e iniciativas artísticas.

Mesmo o mercado da arte, habitado pelo alto escalão do capital financeiro, vinha estruturando seu calendário a partir de feiras internacionais, enquanto no ínterim realizava exposições em seus espaços comerciais, leilões etc. Nesse contexto, fazia todo o sentido para uma galeria voar seu acervo por sobre oceanos e pagar milhares de dólares por metro quadrado de um estande de feira, ainda que fosse notória a precariedade da ambiência criada, que muito pouco favorecia o encontro do público (comprador) com as obras. Nenhuma iniciativa de engajamento online parecia roçar a importância desses espaços, transformando galeristas e colecionadores em *globe trotters*. De maneira análoga aos museus, também para as galerias comerciais os websites não reuniam mais do que uma lista de artistas e um punhado de imagens e informações de referência, assim como os perfis em redes sociais cuidavam de divulgar eventos e seus serviços. Do dia para a noite, sob o impacto da desaceleração das vendas com o cancelamento das atividades presenciais, têm surgido plataformas virtuais de comércio de obras e as próprias feiras tentam gerar ambientes apelativos e experiências de criação de desejo (de compra) por meio de estratégias de representação de ambientes e situações do mundo físico para o digital.

Há, em grande parte dessas iniciativas, uma tentativa de transposição quase literal de práticas e comportamentos de experiências presenciais para esse novo ambiente. Na sala virtual que emula o espaço expositivo, veem-se as obras instaladas, uma pessoa nas cercanias para criar escala, ficha técnica na legenda, texto curatorial quando é o caso, sem outros recursos capazes de reinterpretar, ou mesmo ampliar, as possibilidades de interação e/ou participação do público com os trabalhos. Essa é a tônica também de uma das mais populares iniciativas na intersecção entre arte e novas tecnologias, o Google Arts & Culture, lançado em 2011. Ainda que estejamos tratando de uma das maiores empresas de tecnologia do mundo, a estratégia preferencial adotada foi a de replicar nas telas os espaços físicos reais, permitindo uma visita virtual a instituições de arte ao redor do mundo. Com modos de navegação em 360 graus, semelhantes aos recursos do Google Street View, o usuário é capaz de entrar nos museus, deambular pelas salas de exposição, aproximando-se num *zoom* improvável de algumas obras, registradas em alta resolução. As resenhas de lançamento oferecem ao público a chance de conhecer os mais importantes acervos de arte do mundo sem sair de casa.

Algum tempo depois, parcerias com instituições museológicas têm criado bancos de dados de acervo acessíveis a pesquisas virtuais, no entanto ainda com uso mais especializado, que não roça a experiência do público geral. Se a maneira de difundir conteúdo em artes visuais passa por mudanças mais visíveis, a instância da produção parece ainda estar atrelada a práticas analógicas. Um compilado de obras e artistas, no entanto, vai sendo acumulado vertiginosamente, com efeitos para pesquisa, curadoria e programação que ainda são pouco tangíveis. Como se vê, o papel de fomentar manifestações e projetos artísticos ainda está a cargo das instituições e de seus programas realizados por profissionais, na interação com obras que ocupam um tempo e um lugar no mundo físico.

Nas redes de interação virtual, fora do aparato museológico-institucional, as obras de arte parecem ser lidas, em grande medida, como um ruído informacional. Em ambientes pautados pela planificação das mensagens, pelo discurso memético e pela acumulação dispersiva de imagens, a aparição da produção artística é costumeiramente acompanhada de equívocos de classificação, o que, por sua vez, parece impor dificuldades à dinâmica algorítmica. Imagens ou proposições dotadas de complexidade de sentido e diversidade formal ficam ricocheteando entre categorias. São notórios e diversos os casos de obras de arte que foram retiradas das redes sociais meramente pela nudez que continham, para citar apenas um aspecto, fazendo de uma peça clássica, como *L'Origine du Monde*, pintura de 1866 de Gustave Courbet, um exemplo amplamente discutido. Casos de censura como esse vão sendo justificados como falhas sistêmicas de programação, erros acumulados vão virando um conjunto massivo de obras e conteúdos interditados, a partir de procedimentos não regulamentados, tampouco discutidos no debate público e que somente em casos excepcionais se submetem aos marcos jurídicos.

Por outro lado, a relação entre arte e novas sociabilidades tecnológicas tem demonstrado ser esse um território desafiador e estimulante, do ponto de vista da criação artística. Alimentados pelas vanguardas dos anos 1960 e 1970, e uma vez superado um certo senso comum do século XX de arte digital como traquitana informática, os artistas contemporâneos têm realizado projetos que esgarçam o entendimento de realidade virtual, criticam os novos circuitos de poder e buscam interferir nos mecanismos de controle, tensionando essa sociabilidade individualizada para criar necessárias fissuras na imagem de acessibilidade, liberdade e autonomia irrestrita que ludibria o espaço virtual. No Brasil, plataformas como aarea.co, concebida e curada por Lívia Benedetti e Marcela Vieira, desde 2017, têm convocado artistas a pensarem em obras especificamente para a internet. A cada temporada, um artista ocupa o domínio. Apesar de os nomes convidados terem vasta experiência atuando em outros suportes e linguagens, evita-se que os projetos sejam traduções ou transposições para a virtualidade, devendo ser concebidos a partir dos elementos técnicos e políticos desse território. Sem aparatos críticos *a priori* ou informações de identificação do que está sendo apresentado, cada manifestação artística toma a plataforma por um período determinado, convocando o usuário a desvendar o modo de funcionamento e os sentidos da ação que ali se desenrola. Parece ser uma dessas iniciativas que inauguram modos de atuar, que vão discutindo, a cada ciclo, sobre as possibilidades técnicas, mas também poéticas e políticas, desse meio. A despeito do interesse despertado por essas experiências e de seu papel provocador de um debate sobre os modos e meios de produção no ambiente digital, é necessário reconhecer que do ponto de vista de uma articulação institucional o campo das artes está dando seus primeiros passos, o que acaba por impactar a própria produção.

Nesse ponto, vale voltar nossa reflexão para a internet como esse território onde são forjadas outras sociabilidades. Ali se infiltram algumas experiências artísticas, mas é massivamente a partir desse (não) lugar que têm se desenrolado as principais disputas narrativas e políticas, onde uma nova subjetividade vai sendo emulada. Enquanto cada um de nós se regozija com identidades e perfis impregnados de quereres e ilusões, mais do que de realidades, toda uma economia se alimenta da manipulação de desejos e vai moldando necessidades. Sob a projeção farsesca de uma democratização da produção de informação e de seu acesso, um par de empresas monopoliza as operações e controla desreguladamente a quase totalidade das atividades que são promovidas nesse meio. Cada usuário é supostamente dotado de irrestrito poder de manifestação, ao passo em que vão sendo desconstruídas as possibilidades de diálogos. Os elementos balizadores das trocas sociais, que regem os pactos de confiança e criam um terreno comum de convivência, perdem credibilidade – seja a justiça, a ciência, a imprensa, a academia. Vão sendo nuançadas as noções de fatos e opiniões, verdadeiro e falso, história e farsa. Na indiscernibilidade narrativa, tudo pode ser – ou não. Pensou-se que seria uma ágora, mas agora vê-se que está ruindo qualquer tentativa de manutenção de uma esfera pública, onde tantos e diferentes possam coexistir.

É de se perguntar, portanto, como a arte pode brotar onde escasseia a noção de coletividade, quando esta é reduzida à lógica da adesão em massa, por meio de *hashtags* e seus indicadores. O encontro entre obra e participador se dá, em grande medida, nessa reunião de diferenças e necessita, de forma prática ou discursiva, da ideia de que há um território compartilhável, ainda que este se constitua de disputa ou de utopia. Se coletividade e esfera pública são fundamentos das práticas artísticas, são também, nesse contexto, entidades repelidas por essa vida algoritmizável. Em alguma medida, portanto, parece oportuno pensar se essa inconformidade estrutural e sensível da experiência das artes visuais nos ambientes digitais não pode se configurar como uma fronteira de resistência à codificação monetizante e hegemônica de nossos comportamentos, discursos, ideologias, relações sociais, sonhos.

Num 2016 que parece hoje habitar uma antagônica realidade, quando confrontado com este 2020, realizamos a 32ª Bienal de São Paulo, que tinha como título Incerteza Viva. Desde o início desta pandemia, esse projeto tem sido evocado para discutir a grave crise ambiental e sanitária, com seus impactos econômicos, sociais, políticos e culturais, como se ali estivesse reunido um conjunto de proposições que agora nos ajudaria a atravessar essa tormenta. Com curadoria de Jochen Volz e cocuradoria compartilhada com Gabi Ngcobo, Lars Bang Larsen e Sofía Olascoaga, nos propusemos a pesquisar como artistas inventavam mundos, tomando a incerteza como condição para a criação, no lugar de compreendê-la como elo de um medo paralisante ou retrógrado. Quando nos questionamos como esses artistas reagiam às iminências de fim de mundo, às catástrofes ambientais, ao crescimento de extremismos e radicalizações políticas, ao aumento da desigualdade social, uma parte expressiva dos projetos, em vez de buscar refúgio em realidades virtuais, respondeu com a necessidade de reintegração das noções de natureza e cultura, compreendidas, *grosso modo*, como polos apartados. Outros lançavam-se no encontro com saberes tradicionais, cosmologias indígenas e modos de vida não hegemônicos para forjar possibilidades de outras existências. Houve aqueles que relacionaram esta situação de limite civilizatório com o projeto colonial e a urgência de desarmar seus mecanismos que são insistentemente atualizados na forma de racismo, intolerância, exclusão e violência. Uma parte dos artistas, ainda, olhou para essa instância digital e informatizada de nosso modo de vida contemporâneo com o ceticismo crítico de quem não reconhece como viável uma sociabilidade que afronta nossa pulsão de vida e pode se alienar de nossa capacidade de sonhar. Longe de extrair respostas dessa experiência, Incerteza Viva afirma outras vias sobre as quais se pode existir.

Numa projeção de vida pós-pandêmica, que hoje no Brasil não passa de uma utopia abstrata e inverossímil, será preciso refazer os pactos sociais, econômicos e políticos que nos trouxeram a esse limite de sobrevivência. Nesse ínterim, é necessário refundar nosso comprometimento com a criação e uma reconstrução subjetiva de nossa existência, que nos proteja de um projeto que nem sequer conhecemos de todo. Parece ser a arte, assim, uma instância capaz de agenciar forças de experimentação coletiva, complexidade, desvio e inconformidade que afrontam essa entidade informacional alienante e desagregadora. Se um outro meio de opressão vai sendo implementado, é papel da arte erguer novos modos de insurgência.

ENTÃO, EU ESCUTO
[Fernanda Brenner]

> *Você tem que parar de achar que está no lugar errado*
> Raylander Mártis dos Anjos

Ouvi um grito cortante vindo da rua. Era quase uma da manhã de uma versão deserta e silenciosa do bairro de Higienópolis, em São Paulo, e a imagem do joelho fincado no pescoço que asfixiou até a morte George Floyd, ainda estava nos noticiários. Terminado o expediente dos entregadores de aplicativo, o movimento do bairro tem sido quase zero. Em meio aos sons guturais que invadiram a sala naquela noite de maio, reconheci a sequência de palavras: "Ninguém faz nada." Era a voz grave e cheia de vitalidade de um homem, como Floyd, adulto e negro. Estava descalço e de joelhos bem no meio do cruzamento entre duas vias que costumavam ser bastante movimentadas. "Ninguém faz nada!", berrou ele mais uma vez, e seguiu insistindo na mesma cadência por cerca de meia hora. Ninguém foi lá, ninguém gritou de volta, ninguém apareceu. Ninguém fez nada, eu tampouco. Em um dado momento apareceram cinco carros de polícia – alguém fez alguma coisa.

Durante dias pensei na potência do que havia presenciado em relação à minha total impotência. Tanto ou mais que um prato de comida, o homem na esquina da minha casa queria se fazer presente e ser ouvido, e encontrou um meio de fazê-lo com o que ainda lhe resta: seu corpo e sua voz.

A suspensão compulsória do cotidiano e dos "planos para o futuro" – dos que podem tê-los –, imposta pela pandemia, significou para mim também a desautomatização de um modo de ver e pensar arte e a minha própria atuação dentro desse campo, como curadora e diretora de um espaço de arte contemporânea, o Pivô, em São Paulo. Nos últimos dez anos, tenho me dedicado a pensar projetos e achar maneiras de viabilizá-los, envolvendo sempre vários agentes em diferentes instâncias. Essa equação objetiva ganha outras variáveis quando falamos de um país que, apesar de ter uma produção artística de qualidade espantosa, ainda falha em valorizá-la em toda a sua complexidade e em criar as condições básicas – conceituais e materiais – para o seu desenvolvimento e a sua divulgação.

Antes de começar a escrever este texto, me perguntei se seria capaz de desenvolver qualquer tipo de reflexão crítica que não passasse pelo infortúnio brasileiro corrente: Jair Bolsonaro e seus asseclas. E logo concluí que não. Cada ideia, cada proposta, cada fala e cada decisão que tomei desde que o meu país passou a ser governado por um extremista, de uma maneira ou de outra, são uma reação à retórica nefasta daquele que certa vez proferiu aos gritos, em uma aparição orwelliana, em um telão armado na avenida Paulista:

> [...] A faxina agora será muito mais ampla. Essa turma, se quiser ficar aqui, vai ter que se colocar sob a lei de todos nós. Ou vão pra fora ou vão pra cadeia. Esses marginais vermelhos serão banidos de nossa pátria. Será uma limpeza nunca visto (*sic*) na história do Brasil [...][1]

Fiz questão de transcrever suas palavras para lembrar que foram ditas alto e bom som, poucos dias antes do segundo turno que o elegeu presidente. A virulência e o conteúdo criminoso dessas afirmações não ecoaram nos ouvidos moucos do Tribunal Superior Eleitoral nem dissuadiram muitas pessoas que teriam condições para "fazer alguma coisa" de apertar o 17 em 2018. O aspirante a déspota, hoje sentado no Palácio do Planalto, concluiu essa espécie de missa fúnebre eleiçoeira citando a "ponta da praia" como destino inexorável dos que discordam dele. Escutei o eco daquela voz amplificada de dentro do Masp (Museu de Arte de São Paulo).[2] Naquela altura, não sabia o significado da expressão proferida por Bolsonaro e mais tarde descobri ser uma base militar no Rio de Janeiro onde foram executados presos políticos durante a ditadura. Ao contrário do que imaginava, aquilo não era linguagem figurada.

Tal como as palavras do homem que gritava em frente à minha casa, as de Bolsonaro não poderiam ser mais diretas. O mandatário elencou o conteúdo do seu plano macabro como itens de uma lista de supermercado. No entanto, nos dois casos, é como se algo se perdesse ou fosse distorcido no caminho entre os emissores e os pretensos destinatários daquelas mensagens. Em Higienópolis, as janelas e os ouvidos seguiram fechados durante todo o tempo em que o homem gritou. A única providência tomada pelos moradores do bairro foi na direção de livrar-se rápido de um incômodo sonoro. Assim como alguns milhões de eleitores de ocasião relativizaram o injustificável para livrar-se rápido de um incômodo de classe. Havia escolha, sempre há.

O filósofo grego Zenão de Cítio disse: "A natureza deu-nos duas orelhas e uma só boca para nos advertir de que se impõe mais ouvir do que falar." Ao contrário dessa recomendação estoica ancestral, o pensamento logocêntrico ocidental – com seus tentáculos coloniais – preza sempre mais aquele a quem é dado falar, ou que se julga no direito de fazê-lo. Quem escuta (fora da dinâmica dos confessionários e consultórios terapêuticos) é tido como passivo, e é quase sempre subjugado a algo ou alguém.

Desde março, estamos apartados dos espaços de convivência e privados da possibilidade de encontros presenciais[3] – os dois pilares estruturais do programa e do pensamento institucional do Pivô. Neste cenário, tenho pensado bastante no que configura e quais são os elementos necessários para a criação de um ambiente propício para que discursos e vozes plurais possam ressoar e serem ouvidas de maneira significativa. Falamos muito em liberdade de expressão, mas o que seria uma liberdade de escuta?

No livro *Listening Publics: The Politics and Experience of Listening in the Media Age* (Cambridge: Polity Press, 2013), a professora e teórica da comunicação inglesa Kate Lacey defende a ideia de uma escuta ativa – ao contrário do senso comum, em que é tida como uma atividade privada e introspectiva. A autora propõe uma reavaliação do ato de ouvir como uma forma mais inclusiva de participação no debate público. Para Lacey, o direito à fala tem um compromisso atávico com a escuta. Transcrevo aqui suas palavras em tradução livre:

> A liberdade de expressão está intimamente ligada à responsabilidade de ouvir, uma responsabilidade que é compartilhada entre aquele que fala e aquele que escuta. De fato, a própria política poderia ser descrita basicamente como a dinâmica entre o ato de falar e o de ouvir.[4] (Lacey, 2013, p. 168).

Lacey embasa sua tese, entre outras coisas, descrevendo o advento da era do rádio, no início do século XX, em que uma multidão de pessoas, em tempos e espaços distintos, passou a se congregar em torno de uma mesma frequência sonora.

Para além de um disseminador de informação, o rádio era e segue sendo, também através de suas atualizações como *streamings* e *podcasts*, um complexo e poderoso sistema de comunicação, em que os silêncios e as formas não discursivas de organização de sons importam tanto quanto o tema da transmissão. Em outras palavras, o ruído é parte fundamental de qualquer processo de comunicação interpessoal e, para ir um pouco mais longe, interespécies. E a escuta atenta da mensagem transmitida, em toda a sua complexidade, deve ser um direito e uma responsabilidade compartilhada por todos.

Além de meio ponto a mais de miopia na vista, a dinâmica de confinamento me trouxe uma espécie de estafa mental provocada pelo excesso de informação visual. Há meses boa parte dos meus dias estão condicionados às imagens mediadas por telas de diferentes escalas, do contato com os familiares às rotinas de exercício físico, das reuniões de trabalho aos noticiários diários. Ainda lidando com os efeitos deletérios da pandemia, volto a pensar na imagem projetada de Bolsonaro naquele dia fatídico na avenida Paulista. Que efeito teria aquela cena na era do *zoom*? Assisti novamente a alguns registros daquele comício histórico no YouTube, agora com o olhar forense que só é possível com o devido distanciamento temporal.

Naquela ocasião, todos estavam na rua enquanto Bolsonaro estava em casa se recuperando do atentado que sofrera durante a campanha eleitoral. Agora todos estão, supostamente, em casa enquanto ele faz questão de fazer-se fisicamente presente para os inabaláveis 20% que ainda acreditam na sua versão da história. As falhas na transmissão na Paulista pareciam eriçar ainda mais os seus seguidores, que vibravam cada vez que a imagem ganhava nitidez e a voz metalizada voltava a urrar. Na imagem, Bolsonaro aparece em sua casa, de calção e falando ao celular, deliberadamente subvertendo os protocolos de imagem e conduta esperados de um candidato presidencial. Seu discurso, amplificado e fragmentado pelo ruído – semântico e físico –, cria uma espécie de ilusão de proximidade produzida pela falta de mediação de qualquer aparato oficial de transmissão ou interlocutor qualificado.

A construção daquela imagem difusa, aliada a um discurso aviltante, são fruto de um projeto calculado para acelerar uma agenda clara de desconfiguração social. Suas palavras têm pavio curto, são um chamado para a ação imediata. Aos seus ouvintes fiéis promete o céu e aos demais, a ponta da praia. No seu idioma não há espaço para a hesitação, para a pausa reflexiva, que dirá para abstração. Ele diz as coisas "da boca para fora" diziam alguns – cada vez mais raros – conservadores incrédulos, sem se dar conta de que Bolsonaro é uma espécie de holograma de si mesmo, se materializa e desintegra quando lhe parece mais conveniente. Não há qualquer tipo de alicerce ético ou moral sob a sua bravata inconsequente.

Agora que estamos todos manejando um amálgama das nossas vidas públicas e privadas em um malabarismo desajeitado entre *devices*, agendas e ansiedades, gosto de pensar que, ao contrário do que quer Bolsonaro, caminharemos justamente para uma reconfiguração dos nossos vínculos pessoais e sociais. Espero que a revalorização da presença e das práticas solidárias que emergiram a partir da experiência do isolamento sejam perenes, como uma espécie de antídoto para a mecânica de um sistema político e econômico propositadamente intangível e guiado cada vez mais por automatismos supervisionados por grandes corporações e milícias digitais.

Não tenho dúvida de que essa reconfiguração a que aspiramos na cultura e na sociedade deve ser fruto de uma crítica persistente à imposição de qualquer visão ou conjunto de valores unívocos e unilaterais. Tudo que é tido como "universal", ou mesmo "normal", ainda tem em suas raízes o pensamento e o *modus operandi* ocidental, baseado essencialmente no corolário da conquista e da descoberta. Categorias como o "artista-revelação" ou estruturas de validação como os "100 most powerfull" do setor, certos tipos de prêmio pouco transparentes, museus que não problematizam a origem de suas coleções, ou mesmo programas pensados para bater recordes de público, perpetuam uma mentalidade que é produto de séculos de subjugação, exploração e violência de corpos dissidentes.

O vírus revelou a nossa extrema interdependência e a necessidade urgente da criação de novas alianças e metodologias de cuidado e interação. Tenho dúvidas se a palavra pandemia teria saído da gaveta se o efeito da covid-19 não tivesse afetado tanto o Norte do mundo. Este novo vocabulário sanitarista aliado à crise generalizada que se anuncia são a tempestade perfeita para a consolidação de processos autoritários que emergem no mundo todo e também para a implantação de novos mecanismos de controle biopolítico. Por outro lado, esta situação extrema é também uma oportunidade para repensarmos as estruturas organizacionais e acelerar processos transformadores que estão ao nosso alcance.

A "desautomatização" do modo de ver, mencionada anteriormente, passa justamente por aí: reconhecer e questionar as origens estruturais dos nossos pensamentos e ações. Do dia em que ouvi o homem gritando na rua, guardei o incômodo. Eu não levei um copo d'água para ele porque tive medo, e essa "não ação" está impregnada da violência estrutural que nos une. Acredito que a vitalidade de nossas resistências deve vir deste tipo de tração: habitar o conflito e não o atenuar com medidas paliativas. A predisposição à transformação constante aliada a um incômodo propositivo me parece um bom caminho para, como nos recomenda a pesquisadora Denise Ferreira da Silva, acabarmos com o mundo tal como o conhecemos. Em vez de buscar um novo normal, vamos abolir de uma vez o termo "normal" e o mantra moderno de que, em um futuro hipotético, "as coisas vão melhorar".[5] Temos de trabalhar ativamente para que presenças e vozes plurais sejam ouvidas nos seus próprios termos, respeitando a complexidade de suas diferenças, e não apenas anexá-las às estruturas vigentes para que o bonde do capitalismo global siga andando sem delongas.

O freio de mão foi puxado, o sistema das artes parou e acho que é fundamental aproveitarmos essa diminuição forçada do ritmo de produção para justamente acelerar o ritmo das medidas organizacionais necessárias para que haja uma mudança estrutural significativa no campo da cultura que, na minha opinião, começa com o gesto de passar o microfone e trocar as cadeiras. Articular discursos tendo sempre em mente quem se beneficia do nosso silêncio e quais são os efeitos e as consequências do que dizemos alto. David Kopenawa diz no livro *A queda do céu* que os brancos perdem o rumo quando não seguem o traçado das palavras impressas em "peles de imagem",[6] e que quando seus olhares acompanharem o traçado das palavras do xamã ianomâmi, agora impressas nas tão valorizadas "peles de imagem", poderão finalmente ver o mundo com outros olhos. Ao ler a voz de Kopenawa aprendemos com ele e não sobre ele, e essa inversão é crucial. *"Teacher, don't teach me nonsense"*, cantou Fela Kuti. *"The master's tools will never dismantle the master's house"*, diz a poeta e ativista Audre Lorde, contradizendo a famosa frase final do *Leopardo* de Giuseppe di Lampedusa. As coisas mudam sem se tornarem as mesmas somente se reinventarmos as formas como organizamos discursos, grupos, famílias, instituições, sociedades e, sobretudo, como construímos nações e cruzamos suas fronteiras.

"Espero que você e os seus estejam bem neste momento adverso" são as primeiras linhas de quase todos os e-mails que escrevi e recebi nestes últimos meses. A filósofa e ativista espanhola Brigitte Vasallo propôs uma emenda a essa retórica, substituindo-a por: "Espero que você e aqueles que você não conhece estejam bem." Com esse adendo, ela nos alerta para o lugar ambivalente ocupado pela ideia de monogamia e da família nuclear em meio à crise sanitária. Lou Drago, artista não binária australiana, em uma ação similar, comunica em seus e-mails e entrevistas a abolição deliberada da caixa alta na primeira pessoa ("I", em inglês), enfatizando sua rejeição à estrutura gramatical do inglês, que privilegia o indivíduo sobre os demais.[7] Ambas nos alertam para o fato de que somos programados para proteger sobretudo as pessoas com que temos vínculos afetivos ou identitários, e as consequências da manutenção dessa mentalidade é uma constante exclusão do outro. Aquele que não é "um dos nossos" não só está fora da nossa estrutura de sobrevivência, mas a ameaça.

Hoje penso que o ponto de partida fundamental para qualquer programa institucional ou projeto curatorial que venha a realizar, deve ser antes uma revisão dos meus próprios pontos cegos ontológicos e uma contribuição para a desarticulação consciente do aparato disciplinante, excludente e classista do dito "mundo" das artes; identificar causas e não mais ilustrar efeitos. O Pivô, assim como todas as instituições culturais brasileiras, segue fechado por tempo indeterminado. E mantê-lo ativo e relevante longe do espaço físico depende de uma reconciliação contínua com a razão primordial da sua existência: criar e manter vínculos potentes entre pessoas e com o seu entorno mais imediato fazendo uso das ferramentas que temos à mão. Mais do que no conteúdo do programa, agora estamos pensando em ampliar o grupo de agentes envolvidos em sua concepção e desenvolvimento para que a forma – ou a sua parte visível – seja resultado desses encontros e da complexidade de suas interações, presenciais, digitais ou metafísicas. Para cada obra montada em nosso espaço, faremos o exercício de pensar no que está fora dele e por quê. Além de amplificar discursos, vamos trabalhar a fim de criar as condições para que estes sejam sempre processos de comunicação e troca, nos abrindo para diferentes vozes, formas de expressão e ruídos, o que também pode significar o silêncio e a introspecção. Antes do projeto, o processo. Caminhemos predispostos a uma espécie de sociabilidade radical, independentemente do isolamento social.

NOTAS

1. Excerto do discurso de Bolsonaro proferido na avenida Paulista, 21 out. 2018. Disponível em: https://www.youtube.com/watch?v=kV_4q5A_U4M
2. Brenner, Fernanda. "With the Election of Jair Bolsonaro as President, Brazilian Museums Must Become Centres for Promoting Democratic Values". *Frieze*, 30 out. 2018. Disponível em: https://frieze.com/article/election-jair-bolsonaro-president-brazilian-museums-must-become-centres-promoting-democratic.
3. O Pivô suspendeu suas atividades públicas e fechou seu espaço em meados de março de 2020 e até julho de 2020 não há previsão de reabertura. Toda a equipe da instituição segue empregada e trabalhando de maneira remota em uma série de atividades online envolvendo uma série de artistas e curadores (pivo.org.br). Este texto é fruto de uma interlocução valiosa com todos eles.
4. Lacey, Kasey. *Listening Publics: The Politics and Experience of Listening in the Media Age*. Cambridge: Polity Press, 2013, p. 168.
5. Antwi, Phanual; Silva, Denise Ferreira da. "Toward the End of Time". In: Snorton, C. Riley. *Saturation*: Race, Art, and the Circulation of Value, The MIT Press, 2020, p. 150.
6. Imagem usada por Kopenawa para descrever os textos impressos em livros. Kopenawa, Davi; Albert, Bruce. *A queda do céu*: Palavras de um xamã yanomami. Companhia das Letras, 2015.
7. "In the modern world of harsh power: Lou Drago on resistance in self-care, radical sociability & the potential of a new universalism". AQNB, 10 fev. 2020. Disponível em: https://www.aqnb.com/2020/02/10/in-the-modern-world-of-harsh-power-lou-drago-on-resistance-in-self-care-radical-sociability-the-potential-of-a-new-universalism/.

OS DIAS ANTES DA QUEBRA
[Diane Lima]

Só no agora existimos em corpo e linguagem.[1]
Denise Carrascosa

Dez minutos antes de chegar aqui, dizia a mim mesma, quase como quem fala em voz alta, que o modo mais honesto de dar início à escrita destas páginas era assumindo como tem sido difícil começar qualquer coisa:

– *Era preciso voltar para Os Dias Antes da Quebra.*

O calendário do Google me despertou, lembrando-me da reunião das 11 horas com Diego Araúja, um dos artistas que *participam*[2] da exposição que dá nome ao título deste texto e a qual, daqui para a frente, permanece entre nós como um conjunto de saberes, espaço de afeto e reflexão.

Na conversa, falamos sobre tradução, as oitavas da música do Mali, Glissant, geofagia e onde mostrei animada o livro que acabara de chegar organizado pela professora Denise Carrascosa, confessei a minha "agonia" que Diego, com sua pesquisa, ajudou a elaborar. Por vídeo, numa sala perdida do Whereby, ele me disse sobre o "tempo como consciência da carne" e do "lixo temporal do capital racial" que muitos de nós, classe trabalhadora e classe-artística-trabalhadora, vivemos.

Falamos também de *banzo* e, por algum momento, pensei se *banzo* não era o nome daquilo que eu estava sentindo. Conheço o *banzo*, mas sempre duvido se sei sobre ele tão atlanticamente, se consigo alcançar, na tradução da nossa dispersão, sua entidade ontológica. Talvez como questiona Hartman, seja melhor respeitar aquilo que não sabemos[3] ou nos aconselhar com Tiganá Santana,[4] pedir uma palavra ao amigo, que certamente, como especialista das línguas banto, ajudaria na compreensão.

Por ora, sigo digitando: "A pandemia me levou de volta para um futuro que eu não conhecia."

Tenho pensado sobre isso exaustivamente. Sobre o fato de que saber, pelo corpo e pela cabeça, quanto era iminente um colapso dessa magnitude não impediu nem nos livrou desse futuro, agora presente, desconhecido. E fico grata de poder dizer isso assim, na voz alta do texto. Quem sabe as palavras não me ajudam a dar respiros e fazer pausas naquilo que parece estar sempre tão perdido? Por isso, quero retomar a relação com o tempo colocando ar nas palavras que são centrais, no texto curatorial da exposição.

Nele, eu digo que Os Dias Antes da Quebra nos *traz* uma reflexão propositiva sobre como um abalo viral e atomizado na estrutura linear e produtiva do tempo ganhou forma a partir do coronavírus. Quebra que pode significar uma fratura na produção do sentido que vínhamos construindo como sociedade de sujeitos cognoscentes e que nos deixa, como efeito, uma implicação tanto na forma como percebemos o mundo quanto na forma como ele se organiza à nossa frente. Nessa hipótese, o que me parece que o cotidiano pandêmico tem nos trazido é uma alteração no modo como compreendemos a linearidade temporal e, portanto, a produção da cultura, nossas sociabilidades, nossas operações políticas, nossos modelos econômicos, bem como a nossa distribuição no espaço e suas topologias.

Assim, guiando-nos como um olho na busca por ferramentas, estratégias e tecnologias para lidar com a fratura, a exposição *sugere* um movimento de retorno para o que estava sendo previsto, especulado e denunciado antes da pandemia, por um grupo de artistas racializadxs e dissidentes com vasta experiência em adiar a iminência das suas próprias quebras.

Questionando os contínuos e descontínuos já em disputa em uma narrativa historiográfica, o título *propõe* uma recusa aos discursos universalistas que negam o histórico de extrema vulnerabilidade e precariedade que já se fazia norma de forma expressiva, na vida de determinados grupos sociais, ao mesmo tempo em que amplia o debate sobre como a inseparabilidade dos marcadores de raça, classe, gênero e sexualidade, que definem as hierarquias de opressão, se escancaram nessa crise sanitária, precarizando ainda mais os acessos aos artistas-trabalhador*xs* que seguem tentando se manter como classe artística.

Desse modo, venho *entendendo* Os Dias Antes da Quebra como um epílogo de uma história composta por muitos artistes e que poderia se estender por muitos capítulos. Realizada no contexto do Pivô Satélite, projeto do Pivô Arte e Pesquisa que *tem* como objetivo contribuir para a criação de uma rede de apoio à comunidade artística brasileira com o advento da pandemia, *integram* a exposição as artistas Rebeca Carapiá, Biarritzzz, Diego Araúja e Raylander Mártis. Como curadora estreante, convidei as quatro artistas para ocupar, cada uma, durante um mês, essa espécie de sala de projetos hospedada no site da instituição, o que nos *fez* estar juntas durante todo o segundo semestre de 2020, desenvolvendo obras especialmente para o ambiente digital.

Por uma questão de espaço neste texto, não poderei me ater a uma análise da exposição tão detalhada como gostaria nem me debruçar sobre todos os projetos com suas devidas complexidades. Convicta de que oportunidades virão, por hora compartilharei um pouco mais sobre o processo do *Laboratório Internacional de Crioulo*, de Diego Araújo, e dos *Para-raios para energias confusas*, de Rebeca Carapiá. Tenho certeza que esses dois trabalhos, assim como os demais que vocês também conhecerão, nos levarão de volta para algo crucial que me parece dar contorno ao tema deste livro: o tempo.

Como criar uma língua que não nasça do trauma

Para seguir, precisamos compactuar que escrevo este texto em muitos tempos. No aqui e agora a exposição ainda acontece e o artista Diego

Araúja se prepara para em um mês lançar sua obra. Como as linhas chegarão para vocês em forma de muitas memórias, percebi que era preciso me demorar um pouco para pensar sobre os modos como fazemos história e os modos como a história nos fez. Nas notas que escrevi a mão nas bordas do livro *Traduzindo no Atlântico Negro*, organizado por Carrascosa, deixei uma interrogação: Como um corpo treinado para o deslocamento, para o lixo temporal, permanece? Como criar a diáspora em um único território? Como praticar a diáspora[5] com isolamento e distanciamento?

As respostas vieram acompanhadas de uma segunda voz, vocal repleto de imagens:

> *– Estou a 10 minutos de Diego e a algumas incontáveis horas das Araújas, suas ancestrais maternas. Moramos no mesmo bairro e o que nos separa é a linha avenida de mar. Nem sempre estive aqui no Rio Vermelho. A curta distância só foi possível com a pandemia. Estamos todas talvez em algum lugar por força, não por opção. Ainda estou pensando sobre as opções de futuro. Não do que virá, mas do que passou e do que nos fez estar aqui. Do futuro que me senti arremessada e que pensei ser um lugar que não conhecia: banzo.*

Na diáspora que vivemos como vizinhos de bairro, enquanto a conexão era interrompida, Diego me atualizava a questão: o objetivo do *Laboratório Internacional de Crioulo* é criar uma língua que não nasça do trauma. Mas como fazê-lo durante a pandemia?

Conheço e acompanho esse projeto desde o final de 2018, e sou capaz de afirmar que o trauma ao qual esse artista, nascido na comunidade de Alagados de Itapagipe, bairro do Uruguai, na Cidade Baixa em Salvador, se refere não é somente o da crise sanitária do coronavírus. Afinas de contas, a qual quebra pode se referir alguém que vive dentro da quebra e teve como herança colonial as palafitas? O trauma que o acompanha e que banha os pensamentos em voz alta e citações aqui reunidas é o mesmo que narra Jota Mombaça em *O mundo é meu trauma* quando escreve para "nós cuja existência social é matizada pelo terror; àquelas de nós para quem a paz nunca foi uma opção; àquelas de nós que olhamos de perto a rachadura do mundo, e que nos recusamos a existir como se ele não tivesse quebrado [...]".[6]

A forma como Araújo responde é torcendo a língua. Imaginando uma língua que não nasça da sobrevivência presente na comunicação entre mestre e escravizado, tal como se define o crioulo nas leituras de Glissant. Pois, segundo o artista, é nela que "ao mesmo tempo em que se organiza uma fuga estratégica de uma especialidade traumática, se reconhece o *banzo*".

Importante destacar, ainda, que o trauma do apagamento linguístico é uma questão que atravessa a poética do artista e dramaturgo desde a sua obra performativo-instalativa *QuaseIlhas*, a primeira obra cênica escrita em iorubá que se tem notícia no Brasil. Colocando na prática o conceito "Estética para um não tempo", Araújo, ao relacionar a experiência das águas paradas dos Alagados com os marulhos do oceano, troca a amnésia pela composição de oríkì's,[7] criando nos vazios de sua memória afrodiaspórica e de sua família materna, descendente de negras ijesa da cidade nigeriana de Iléṣà, sua obra seminal, que agora ganha novos contornos com o *Laboratório Internacional de Crioulo*:

> Em minha família materna, até a geração de minha avó, as pessoas se comunicavam num idioma crioulo que era chamado de Trocar Língua. Era um idioma que unia duas línguas-bases: o português e o yorùbá. Esse modo de comunicação morre, depois da geração de minha avó, e, segundo ela, era um idioma doméstico, de convivência familiar. Quando minha avó disse isso, imaginei como criar um idioma que não tenha nascido do trauma. Assim nasce o motivo de criar o *Laboratório Internacional de Crioulo*: com a intenção de criar um idioma que não nasça do trauma e da violência. (Araújo, 2020)

Seguimos na Cidade Baixa.

Instalando *Para-raios para energias confusas*

Dois meses antes de a covid-19 se fazer realidade pública e midiática no Brasil, a artista Rebeca Carapiá teve um sonho na sua então casa-laje-oficina-ateliê, situada em uma transversal da Régis Pacheco, região operária de onde descende sua intimidade com a escultura via experiência com a serralheria.

No sonho de Carapiá, cinco esculturas de ferro banhadas em cobre apareceram como ferramentas que tinham como principal função direcionar e dissipar energias confusas causadas pela nuvem, o excesso de informações e de movimento, de modo a evitar danos à cabeça das pessoas.

Antes de sairmos andando até o final de linha da Cidade Baixa em direção à ideia de revelação que o sonho da artista nos traz, veja que se o bairro do Uruguai aparece aqui de novo como território significante de um projeto em uma instituição paulistana, sua repetição não é gratuita. Ela acontece para que a geopolítica se mostre com todo o seu negrito dentro do debate intersecional sobre raça-classe-gênero-sexualidade que a exposição endereça e que a pandemia, como sabemos, escancarou.

Chamando o Ailton Krenak, gosto quando ele fala sobre o sonho como lugar de experimentação de uma consciência coletiva e de orientação das nossas escolhas. Uma orientação que, segundo ele, até pode ser pensada como mágica, mas na verdade é apenas o nosso modo de vida: "Enquanto perseverarmos nele, vamos continuar sendo quem somos."[8]

Talvez essa perseverança tenha a ver com as "performances da oralitura",[9] de Carapiá, que permanece conectada à terra indígena que são também as nossas periferias, lugar onde sua avó assentou a família e o seu sobrenome. Ou na plasticidade que emana das próprias esculturas enquanto forma que nos conduz entre a terra e a atmosfera, o ferro e o cobre, à função ritual das estatuárias da cosmologia Banto.

Em *Bantos, Malês e identidade negra*, Nei Lopes, citando o filósofo togolês Amewusika Kwadzo Tay, nos diz que a formação da persona africana se concebe em três eixos principais de relacionamentos que se cruzam. O eixo vertical, que liga a pessoa ao seu ancestral; o eixo horizontal da ordem social, que mantém a pessoa conectada com a comunidade cultural; e a existência biolinear, própria da pessoa. O equilíbrio da personalidade e da saúde mental depende, portanto, do equilíbrio desse universo psicológico,[10] algo que os *Para-raios* nos parecem ensejar ao serem destinados para o uso coletivo de corpos em fuga e ser anunciado como objeto-ritual para ser instalado no topo da cabeça das pessoas.

Questões que nos levaram às contradições sobre a fisicalidade e sua materialidade em face da pandemia digital, no contexto de uma exposição online: Quais estão sendo as mudanças nas práticas de exibição e quais as consequências para um grupo de pessoas não privilegiadas que tem seus trabalhos nativos não do digital, mas nativas do corpo e da terra? Expandir os limites do objeto e proteger a sua recusa com humor e ironia foi a estratégia usada por Carapiá para manter a integridade da sua intencionalidade. Sabendo que apenas uma do conjunto das cinco esculturas havia sido materializada, a artista negou dobrar-se ao virtual, criando com isso um ambiente ficcional para a instalação das esculturas como objeto interativo 3D, que tanto no Tutorial quanto no Manual de Instalação simula em sua performance um guia de montagem.

Desse modo, não reencenar qualquer ideia de conversão ou simulação do espaço físico, expôs as contradições das poéticas e políticas de exibição considerando tanto as utopias da internet quanto uma crítica ao avanço do capital tecnonormativo no século XXI. Encerro pensando que tem sido assustador imaginar que caminhamos para a *downloadização* da vida e que a pandemia gerou as condições ideais para a implantação, sofisticação e experimentação de um modo de existência capaz de alterar a forma como sentimos e habitamos o mundo em termos de densidade e cognição. Como diz Biarritzzz em uma das suas faixas: "kApTuRaDaH sIm SuRtAdAh?? KoM cEr-TeZaH' (ai q sdd do orkut antiremix) [~~~]"

Por tudo isso, confesso que só foi possível chegar até aqui após conseguir instalar os *Para-raios* no topo da minha própria cabeça.

Uma exposição como performance

Reconheço este conceito como prática que venho costurando com as mais velhas e que se refere às nossas epistemes e o desafio de performá-las no campo estético, nas suas estruturas linguísticas e institucionais. Pensamento que ancora a própria definição que venho atualizando sobre uma prática curatorial em perspectiva decolonial[11] como um modo de enunciação performativo, antídoto para as "pedagogias das ausências"[12] e "epistemicídios".[13]

Pensando em uma exposição digital, mantive no horizonte o fato de que a internet não faz o objeto artístico criar uma imagem de si mesmo, mas um evento em si mesmo, questão que gostaria de articular aqui com as artistas Biarritzzz e Raylander Mártis.

Se em sua obra *Eu não sou afrofuturista* Bia parte de sua pesquisa Pedagogias do Meme e nos convida à interação, a um fazer-fazer, a partir de um álbum sonoro-visual webspecific, Raylander Mártis nos incita a imaginar, através dos seus estudos sobre o riso, uma promessa que nunca acontecerá.

Satirizando o fato de que na pandemia não é possível produzir o "ajuntamento de pessoas", princípio da sua pesquisa sobre as "coralidades", Mártis coloca para jogo, dentro da negociação, a própria brincadeira e nos leva a pensar que as máscaras que usamos nos fazem, a todas, esconder o sorriso. Se a sua obra é um evento que não acontecerá nos arrancando gargalhadas nervosas, ainda não sabemos. Mas o fato é que em nossas mãos temos uma "promessa como procedimento artístico": "Prometer é sempre firmar algum pacto impossível com o futuro; prometer é romper com as estatísticas e as previsões. Geralmente, prometer em arte sempre retoma a maior promessa que um dia já fiz a mim mesma: continuar viva quanto for possível viver."[14]

Citando Lélia Gonzalez e o que seria pensar com ela o contexto racial e o riso, Mártis efabula com os festejos e seus brincantes, fazendo da cambalhota episteme para fugir do imperativo moral da destruição.

E uma performance fugitiva de si mesma

Como podemos perceber, se há algo que costura os trabalhos é o fato de que todos jogam com a relação entre ultravisibilidade e opacidade, gingando com as categorias e os processos de captura do capital racial.

É o que vemos, por exemplo, na abstração que circunscreve os *Para-raios* ou a proposta de saída por Biarritzzz, quando nomeia o trabalho com a declaração "Eu não sou afrofuturista" dizendo que "ironia é coisa séria". Subvertendo a normativa representacional contemporânea da branquitude que reduziria as pessoas racializadas ao binômio tema e figura, a antítese virtual de que fala Collins, podemos ler tal equação fugitiva como um efeito de quem enuncia em primeira pessoa a experiência vivida, de dentro da quebra.

Retomando a citação de Nei Lopes ajustada linhas acima com os *Para-raios*, me parece que se há uma possível aproximação da obra a se fazer com uma tradição histórica, esta se dá pela tomada da ferramenta não como uma forma representativa da tradição moderna, mas como instrumento que nos ajuda a permanecer neste tempo. Essa é a dobra que a calandra faz e que está presente também de forma substancial em outros trabalhos de Carapiá, como na inaugural *Como colocar ar nas palavras*, no qual, através de desenhos em cobre sobre tela e esculturas de ferro, ela cria uma escrita para falar sobre a diferença sem explicá-la.

Compreendendo que a função do presente não é a função do moderno, reside no gesto de frustrar o espectador a produção de uma performance fugitiva de si mesma.

História escrita, uma crítica histórica: brevíssima introdução

> *O lixo vai falar e numa boa.*
> Lélia Gonzalez

O que corta a escrita deste texto, é o desejo de escrever uma história que fala. "O momento tem trazido grandes desafios para o tempo da escrita", iniciei de algum modo, dizendo. De que tempo se faz história quando ela é um quase, um neste instante ou um ainda? Foi o que os sigilos dos verbos em itálico escondiam.

Pois dedico uma parte menor do texto a essa brevíssima introdução de modo a frustrar o desejo por ouvir aquilo que todos nós já sabemos. E esquecemos.

Uma vez que as narrativas da história da arte estão ancoradas nos princípios da linguística moderna e, como nos diz Kassandra Muniz,[15] de seu fundamento logocêntrico, disciplinando todas nós, *outros-objetos*, para nos faz-crer sobre a sua pretensa parcialidade, é urgente (re)criarmos uma língua que nos permita performar uma história de corpo inteiro fora do seu repertório autorreferente e enciclopédico: modos de fazer história da arte que possam se dar na linguagem e pela linguagem.

Levanto do texto pensando se o melhor lugar de se fazer história é na história. E agradeço a vocês que ficaram comigo até o fim acreditando que, aqui, do futuro todos os tempos serão possíveis.

NOTAS

1. Carrascosa traz uma contribuição fundamental para os estudos dos enunciados performativos. Ver: Carrascosa, Denise. "Crítica performativa: Nem se incomode... É só brincadeira de èrès. In: *Fólio – Revista de Letras*, v. 10, n. 2, 2018, jul./dez. p. 75.
2. Como a leitora irá perceber no futuro breve dessas páginas, os verbos em itálico marcam a ambivalência temporal sobre os modos de fazer história presentes nos últimos suspiros deste texto.
3. Em "Venus in Two Acts", Saidya Hartman pergunta: "How can narrative embody life in words and at the same time respect what we cannot know?". Ver: Hartman, Saidiya V. *Venus in Two Acts*. Small Axe, Durham, NC, v. 12, n. 2, p. 03, 2008.
4. Santana, Tiganá S.N. "Breves considerações sobre um traduzir negro ou tradução como feitiçaria". *Landa*, v. 7, pp. 5-16, 2018.
5. Expressão tomada emprestada de Brent Edwards (2002) em *The Practice of Diaspora* e felizmente encontrada no texto: Augusto, Geri. "A língua não deve nos separar!: Reflexões para uma práxis negra transnacional de tradução". In: Carrascosa, Denise. *Traduzindo no Atlântico Negro*. Salvador: Editora Ogum's Toques Negros, p. 51, 2017.
6. Mombaça, Jota. *Não vão nos matar agora*. Lisboa: Galerias Municipais/Egeac, 2019, p. 21.
7. Segundo Araújo, oríkì é uma literatura oral que trata da produção de consciências entre comunidades, pessoas, situações e contextos. Em sua concepção, uma literatura que nasce das relações produzidas entre eu e mundo, possibilitando a criação de identidades comunitárias, familiares, individuais e ancestrais.
8. "O tradutor do pensamento mágico" é o título da entrevista concedida por Ailton Krenak em 2019 para a *Revista Cult*. Ver: Krenak, Ailton. "O tradutor do pensamento mágico". Entrevista concedida a Amanda Massuela e Bruno Weis. *Revista Cult*, n. 251, ano 22, nov. 2019. Disponível em: https://revistacult.uol.com.br/home/ailton-krenak-entrevista/. Acesso em: 10 ago. 2020.
9. Conceito seminal cunhado por uma das maiores pensadoras do país, Prof.ª Leda Maria Martins, e disponível no texto: Martins, Leda. performances da oralitura: Corpo, lugar da memória. *Letras*. Santa Maria, v. 25, pp. 55-71, 2003.

10. Lopes, Nei. *Bantos, Malês e identidade negra*. Rio de janeiro. Forense Universitária, 1988, p. 126.

11. A prática curatorial em perspectiva decolonial é aquela que leva em consideração nossas perspectivas de conhecimento, performando seu discurso no campo estético, mas também instaurando uma ética nas estruturas institucionais. No entanto, no texto "Não me aguarde na retina: A importância da prática curatorial na perspectiva decolonial das mulheres negras", publicado na edição 28 de SUR – "Revista Internacional de Direitos Humanos" que teve como editora convidada a filósofa Sueli Carneiro, a definição se referia a "outras perspectivas de conhecimento" em vez de "nossas". Depois de dois anos testando os limites entre teoria e prática, alterei o termo para a primeira pessoa do plural, já que é indispensável na própria definição do que é essa prática, a performance do corpo negro como sujeito da enunciação. Ver: Lima, Diane. "Não me aguarde na retina". *SUR – Revista Internacional de Direitos Humanos*, São Paulo (Rede Universitária de Direitos Humanos), v. 15, n. 28, pp. 245-57, dez. 2018. Disponível em: https://sur.conectas.org/wp-content/uploads/2019/05/sur-28-portugues-diane-lima.pdf. Acesso em: 5 ago. 2020.

12. Conceito importante cunhado por Nilma Lino Gomes em "O movimento negro educador". Gomes, Nilma Lino. *O movimento negro educador: Saberes construídos nas lutas por emancipação*. Petrópolis, RJ: Vozes, 2017. 154, p. 63.

13. Aqui é fundamental adentrar as definições cunhadas pela filósofa Sueli Carneiro.

14. Mártis, Raylander. *A promessa como procedimento artístico*. Tenda de Livros, jun., 2020. Disponível em: https://blog.tendadelivros.org/blog/a-promessa-como-um-procedimento-artistico/. Acesso em: 15 ago. 2020.

15. Muniz, Kassandra. "Ainda sobre a possibilidade de uma linguística 'crítica': performatividade, política e identificação racial no Brasil. *DELTA: Documentação e Estudos em Linguística Teórica e Aplicada*, [S.l.], v. 32, n. 3, fev. 2017.

UMA MEMÓRIA DO FUTURO ANTERIOR
[Christian Dunker]

"Cedo ou tarde chegaremos a um ponto no qual nos restará apenas esperar." Esta declaração, tão contemporânea de nossa experiência da pandemia, em 2020, é feita por um dos personagens do livro do psicanalista Wilfred R. Bion *Uma memória do futuro*, de 1975.[1] Ela acontece em meio a um cenário onírico, no qual o autor recapitula o que poderia ter sido sua primeira infância. O título é um paradoxo. Memória presume que seu objeto é relativo ao passado. Sua matéria-prima são acontecimentos acabados e concluídos, recuperados pelo trabalho da lembrança, rememoração e comemoração. No entanto, a teoria de Bion, assim como a de Lacan, reserva um lugar para o passado que não terminou. Um passado do qual é difícil fazer a memória porque ele continua a nos atravessar, como uma espécie de sonho ou de pesadelo acordado. Se os sonhos são feitos de passados pendentes e inconclusos, porque desejantes, eles podem nos atravessar a ponto de colonizar nosso futuro.

No livro de Bion, este diálogo compõe uma das intervenções de P.A., o psicanalista que sonha tornar-se um psicanalista:

> P.A.: Eu *conheço* silêncios grávidos – não preciso acreditar neles.
> Sacerdote: Milton falou do Pandemônio.
> Diabo: Isso foi antes de a Razão tomar o assento da presidência.
> P.A.: E do Juqueri – só porque a Razão foi um presidente muito ruim. As chamadas leis da lógica foram uma receita para o Caos. Não deixaram o menor espaço para a vitalidade.

Depois de conduzir tanques na Primeira Guerra Mundial e organizar grupos de trabalho horizontais na Segunda, este súdito britânico, nascido na Índia, frequentou o Brasil durante os anos 1970. Talvez tenha sido nesse momento que Bion teve a intuição e a lembrança antecipada de um futuro por vir. Mas ele jamais teria imaginado que dali a 50 anos, neste mesmo país, voltaríamos a sonhar acordados, como se estivéssemos nos anos 1970.

A pandemia mundial, causada pelo vírus Sars-CoV-2, alastrou-se como uma série de epidemias cruzadas, a partir do primeiro caso registrado em 20 de fevereiro de 2020. Primeiro o Norte amazônico, depois o Sudeste e, enfim, o Nordeste e o Sul, em um processo de interiorização paralelo, que migra das grandes metrópoles para o Brasil profundo e do litoral para o interior. Como uma espécie de recolonização às avessas, o vírus aportou em uma atmosfera de divisão social e negacionismo científico, artístico e cultural, pauperização regressiva na economia e cruzada moral contra instituições. A formação de massas digitais habilitou 74% da população[2] a viralizar conteúdos de ódio. O ressentimento social rondou 56 milhões de brasileiros, que viram um futuro melhor e depois descobriram que este era composto pelo retorno de antigos pesadelos do passado. O passado de escravidão e a violência de Estado voltou subitamente com uma paisagem contagiosa de golpes sobre golpes. Sobretudo um golpe contra a palavra e as instituições em espiral entrópica, contra as instâncias de conexão temporal da palavra: universidades, tribunais de justiça, imprensa e a própria história factual tornavam-se um assunto de opinião, revisão e revolução preventiva.

A epidemia nos pega cansados de esperar pela equidade social. Inquietos com uma emancipação que nunca chega. Particularmente para as novas gerações semiescolarizadas e para a nova classe média precarizada o futuro nunca chega. As jornadas de junho de 2013 pareciam nos colocar no presente. Um marco da nova ocupação do espaço público, das escolas, das bicicletas e da avenida Paulista aberta aos pedestres.

Mas os inimigos são o diabo. Eles leem Prada e vestem vermelho. Por outro lado, estão indignados e exaustos da vida nos condomínios fechados, divididos entre presídios e shopping centers, temerosos das e nas comunidades de extermínio. O grupo de risco consistia em homens brancos bem-educados ou emergentes neopentecostais adeptos da teologia dispensionalista da prosperidade. Estavam frequentemente desesperados, subempregados, sub-reconhecidos e sonhando com um revólver.³ Um grupo vulnerável ao que se poderia chamar de futuro feito de memórias inconcluídas: Jair Bolsonaro *quase* explodiu a bomba contra seus oficiais superiores; Olavo de Carvalho *quase* acertou a extensão da ponte Rio-Niterói, na matéria que teria feito para a revista *Veja*; Paulo Guedes *quase* se tornou mais um milionário a explorar o sistema de pensão chileno, apoiado por Pinochet; assim também *quase tudo* deu errado em *Bacurau* (2019), filme de Kleber Mendonça que, retrospectivamente, tornou-se o último significante fílmico retido antes do trauma trazido pela covid-19.

A chegada da pandemia instituiu o que Bion chamou de *um silêncio grávido*, ou seja, uma suspensão, ainda que temporária, da retórica de campanha transformada em método de governo e rediviva em estratégia sanitária. O silêncio foi derrubando lentamente ministros, bravatas medicamentosas, gripezinhas, até se transformar em um efeito retórico e teatral conhecido como *epanortose*, que consiste em retomar ou corrigir o fluxo narrativo e reinterpretá-lo em sentido contrário, por exemplo: isso é uma gripezinha, minto, "E daí que morreram 5.017 pessoas?".⁴ Ou: se as decisões lógicas até aqui formaram o caos, nossa vitalidade de ex-atleta nos salvará.

Em 1939, Bion atendeu Samuel Beckett em 134 "contendas psicanalíticas", como o dramaturgo as definiu. Ambos eram mestres na epanortose, influenciaram-se mutuamente na abordagem de um sistema de desencontros entre duas experiências básicas: correlação e auto-observação.⁵ Quando o sistema de posicionamento do sujeito se desprende de sua relação com o outro surgem sintomas estranhos: despersonalizações, vozes projetadas em objetos, alterações circulares do tempo, um fracasso cansativo com sabor de repetição. Combinadas elas produzem um efeito de suspensão sobre as ilusões do mundo, mas também de esvaziamento de nossa potência sobre ele. Isso descreve os primeiros tempos da vida reduzida ao confinamento doméstico, também chamado de isolamento social, decretado em 1º de abril. Os números crescendo, em silêncio; os ministros caindo e gaguejando; o exibicionismo narcísico dos eleitos, ruidosamente silencioso; os ícones mortos, sem palavra oficial de luto; os invisíveis errantes e tomando as ruas vazias.

Enquanto Bion estava em São Paulo, Ligia Clark e Glauber Rocha assistiam aos seminários de Lacan em Paris. Era o momento no qual as estruturas topológicas dissolviam os muros entre o dentro e o fora, criavam perspectivas impossíveis, capazes de liberar a fantasia de sua alienação empírica e os nós borromeanos reordenavam a experiência entre Real, Simbólico e Imaginário. Assim também, 50 anos depois, em escala invertida, o segundo tempo da pandemia reformulou nossa experiência da clausura e da incapacidade de clausura, conforme a distribuição não equitativa de nossa vulnerabilidade, psíquica e material. Ela envolveu três tarefas árduas: a inibição surgida do medo da rua, a angústia do confronto com o abismo de si e o desencadeamento e a intensificação de novos sintomas. Experiência que se abriu com o impacto traumático da perda e se desdobrou no trabalho indeterminado de luto. A mesma falta de rigor e desconfiança trazida pelos dados oficiais repercutia com a indeterminação de um luto precário, muitas vezes sem rosto, sem palavra, sem presença, sem compartilhamento. O real da angústia, o simbólico do sintoma e o imaginário da inibição se enodaram em uma nova unidade. Essa nova forma de vida durou mais ou menos o tempo de uma travessia de volta para a África, a remo, entre o mar e o céu.[6] Ligia Clark[7] serviria de legenda para a jornada: *Casulo, O dentro é o fora, O antes é o depois, Nostalgia do corpo, Trepante*, terminando com a indefectível *Máscara sensorial*.

Mas enquanto o futuro pretérito avançava com a militarização de ministérios, laicos e religiosos, o pretérito futuro, sonhado nos anos 1970, retornava na forma de *Drive-Ins* e *Lives* comunitárias. *Vasos comunicantes* surrealistas emergiam entre famílias e grupos, marés de gaviões e manchas tomaram as ruas. *Ideias verdes incolores despertaram de seu sono furioso*. Desertas, as ruas foram povoadas por arriscados grafiteiros. Nos hospitais de campanha pessoas morriam abruptamente, solitárias e sem uma palavra de despedida. Retornou também o realismo mágico, com seus sonhos vívidos e coloridos, alternando cenas de estupro e perseguição com a volta infinita para casa. Casa que se tornou estranha e infamiliar, mistura de *Unheimlich* freudiano com zumbis de Tarantino. Crianças perdidas entre as telas das escolas de Macondo e a intrusão no trabalho dos adultos. Adultos tornados crianças, erráticas e irritadiças, confusas e hipnagógicas. Bernardo Kucinski publica *Júlia*,[8] retornando ao sequestro das crianças durante a ditadura militar brasileira. Eliane Brum cobre o crescimento dos suicídios pelo Brasil afora e em Altamira, Pará, em particular.[9] Grupos de escutadores e psicanalistas espalham-se pelo país em busca do possível. Movimentos antifascistas, antirracistas, feministas e democráticos prosperam. Mas será que no futuro anterior, o futuro composto pela história dos desejos desejados, teremos, ainda assim, uma memória bem-feita do passado?

Ainda nos anos 1970, Bion teve um outro paciente que redigiu memórias sobre sua análise. Clint Eastwood era um ator em fim de carreira, cansado de repetir o papel de branco violento e machista que o havia consagrado: "Eu sou Clint Eastwood Jr. Sou ator, diretor e produtor de Hollywood." Bion respondeu à bala, já na primeira sessão: "Onde mais alguém poderia ser tudo isso? Você já pensou em fazer alguma outra coisa na vida?" Pois é esta a questão que começou a surgir quando entramos na terceira fase da pandemia no Brasil. Depois de uma longa arrumação do baú de memórias, depois de experimentar os detalhes milimétricos da literatura médica sobre vacinas e imunização de rebanho, começou a ficar claro que a abertura iria demorar. O fechamento não seria o complementar simétrico do início do confinamento. Mais do que isso, os analisantes começaram a perceber que os parênteses na vida tornavam muitas coisas, antes sentidas como imperativas, compulsórias e acelerativas, tão somente contingentes ou possíveis. As demissões e falências ajudaram. O movimento Black Lives Matter também. Contudo, os mortos insepultos e não chorados, as vidas perdidas pela inépcia calculada de um governo movido pela necropolítica convocam uma memória coletiva por ser feita.

Nesse futuro se decidirá a verdade do sofrimento vivido de forma solitária e egoísta. A persistência do sofrimento que não melhora com boas séries e muito videogame persistirá em nosso futuro. Nele também teremos, cada qual, que decidir se usamos a máscara para nos proteger do outro venenoso ou como princípio ético de cuidado com o outro, que uma vez tornado coletivo nos levará à nossa própria proteção. Ali saberemos reconhecer o sentido da expressão *lavar as mãos*. Só então descobriremos por que, como diz Marília Calderón, cantora e poeta da pandemia, "a saudade é um vagão vazio".[10]

Com a abertura, gradual, lenta e restrita, a pandemia introduziu complexidade e indeterminação onde antes vigorava a lógica binária da aceitação ou transgressão. A lei binária é mais fácil de cumprir, mas ela replica a polarização e reatualiza o passado fictício em que podíamos separar corruptos e almas puras. O risco se individualizou conforme condições etárias, comorbidades e até mesmo imunização por contágio. Onde antes havia uma fronteira clara e distinta entre o permitido e o proibido, abriu-se agora um litoral para novos pactos, tomadas coletivas e consentidas de risco e mudanças de status. A mudança trazida pela quarentena, particularmente com a gota de liberdade que ela trouxe consigo ao final, introduziu uma ideia plena de terror e tremor para sonhos, amores e negócios: *Você já pensou em fazer alguma outra coisa na vida?* Como disse Eastwood em sua carta de agradecimento, anos depois:

> Minhas atividades foram se sofisticando ao longo dos anos, fui me aprimorando e assumindo o risco dos maus negócios, mas eles deram resultado. Descobri o que era a felicidade podendo encarar minhas tristezas. Descobri o que é ter sabedoria encarando a minha ignorância. Descobri a minha delicadeza encarando a minha violência.[11]

A perda da liberdade, a cultura da escassez, o prolongado da ausência criam um espaço para o que Lacan chamaria de *futuro anterior*, ou seja, a posição daquele que começa a olhar para o presente a partir do que ele *terá sido* a partir de um futuro indeterminado. As discussões inquietantes sobre o novo normal, sobre um futuro imprevisto, são no fundo considerações ligadas à ressignificação do passado. A emergência de um passado imprevisível, como o descreveu Nelson da Silva Jr., a partir da interseção entre a teoria da temporalidade da psicanálise e da poética de Fernando Pessoa.[12] A reta real e infinita de diminuição gradual do medo e do risco de contágio introduz uma pergunta que não se dirige aos futuristas, mas aos que querem elaborar o passado, torná-lo realmente história, reconhecendo a vastidão de sua crueldade e a desmedida de seus equívocos. O neurótico não consegue fazer realmente sua própria história porque está sempre demasiadamente preocupado com seu ser, obcecado com um futuro feito para negar, sem lembrar, sem simbolizar e sem elaborar seu passado. Por isso ele encontra sempre a sua frente aquilo do que foge sem saber e repete a cada vez sua própria covardia diante de seu desejo.

Seria o nosso engasgo democrático o prenúncio de um ajuste de contas com nossa história? Seria o parêntesis da covid a calmaria que precede as grandes e pequenas transformações? Ou teremos sido apenas, mais uma vez, submersos por uma onda narcísica de impulsão para a sobrevivência do mesmo? Está disponível na internet um filme experimental e inacabado sobre o livro de Bion *Memória do futuro*. Ele começa com a voz da mãe de Bion sussurrando em seu ouvido, quando este cai no sono e está prestes a sonhar: *Mesmo que o corpo morra, o vírus viverá para sempre.*[13] Da afirmação inicial de que "há um ponto no qual só nos resta esperar", resta agora esclarecer o que significa *esperar*. Se esta pandemia nos deu a oportunidade de criar memórias para um futuro anterior, poderemos agora passar, ainda que por uma pequena fresta, a esperar por um futuro realmente outro.

NOTAS

1. Bion, W.R. *Uma memória do futuro*. Rio de Janeiro: Imago Editora, 1975.
2. Ver: https://agenciabrasil.ebc.com.br/geral/noticia/2020-05/brasil-tem-134-milhoes-de-usuarios-de-internet-aponta-pesquisa#:~:text=Atualizado%20em%20 26%2F05%2F2020,a%20134%20milh%C3%B5es%20de%20pessoas.
3. Pinheiro-Machado, Rosana. *Amanhã vai ser maior*. São Paulo: Planeta, 2019.
4. Declaração de Bolsonaro em 28 abr. 2020. Disponível em: https://g1.globo.com/politica/noticia/2020/04/28/e-dai-lamento-quer-que-eu-faca-o-que-diz-bolsonaro-sobre-mortes-por-coronavirus-no-brasil.ghtml.
5. Junqueira Filho, Luiz Carlos Uchôa. "A disputa (prise de Bec) entre Beckett e Bion: A experimentação do insight no resplendor da obscuridade". *Rev. Bras. Psicanálise*, v. 42, n. 2, São Paulo, jun. 2008.
6. Klink, Amyr. *Cem dias entre o céu e o mar*. São Paulo: Companhia das Letras, 1984.
7. Barbieri, Cibele. "Lygia Clark, da vida à arte e de volta à vida". *Estud. psicanal.*, n. 31, Belo Horizonte, out. 2008.
8. Kucinski, B. *Júlia*. São Paulo: Alameda, 2020.
9. Brum, E. "Altamira a cidade que mata o futuro". *El País*, 2020. Disponível em: https://brasil.elpais.com/sociedade/2020-04-27/a-cidade-que-mata-o-futuro-em-2020-altamira-enfrenta-um-aumento-avassalador-de-suicidios-de-adolescentes.html.
10. Ver: https://www.youtube.com/channel/UCHb6NboOxFVMf5w5tR3PjBg.
11. Ver: https://www.facebook.com/286912394707185/POSTS/VIA-CLAUdio-castelo-filho-que-recebeu-de-carlos-eduardo-da-silva-clint-eastwoode/29032- -31719741893/.
12. Silva Jr., Nelson. *Fernando Pessoa e Freud*. São Paulo: Blucher, 2019.
13. Ver: https://www.youtube.com/watch?v=uDvSMEahrmQ.

ABERTURAS
[Marcio Abreu]

Montanhas de mortos, as montanhas de mortos, as montanhas de
mortos, as montanhas de mortos, as montanhas de mortos, as
montanhas de mortos, as montanhas de mortos, as montanhas de
de mortos, as montanhas de mortos, as montanhas de mortos, as
montanhas de mortos, as montanhas de mortos, as montanhas de
de mortos, as montanhas de mortos, as montanhas de mortos, as
montanhas de mortos, as montanhas de mortos, as montanhas de
de mortos, as montanhas de mortos, as montanhas de mortos, as
montanhas de mortos, as montanhas de mortos, as montanhas de
de mortos, as montanhas de mortos, as montanhas de mortos, as
montanhas de mortos, as montanhas de mortos, as montanhas de
de mortos, as montanhas de mortos, as montanhas de mortos, as
montanhas de mortos, as montanhas de mortos, as montanhas de
de mortos, as montanhas de mortos, as montanhas de mortos, as
montanhas de mortos, as montanhas de mortos, as montanhas de
de mortos, as montanhas de mortos, as montanhas de mortos, as
montanhas de mortos, as montanhas de mortos, as montanhas de
de mortos, as montanhas de mortos, as montanhas de mortos, as
montanhas de mortos, as montanhas de mortos, as montanhas de
de mortos, as montanhas de mortos, as montanhas de mortos, as
montanhas de mortos, as montanhas de mortos, as montanhas de
de mortos, as montanhas de mortos, as montanhas de mortos, as
montanhas de mortos, as montanhas de mortos, as montanhas de
de mortos, as montanhas de mortos, as montanhas de mortos, as
montanhas de mortos, as montanhas de mortos, as montanhas de
de mortos, as montanhas de mortos, as montanhas de mortos, as
montanhas de mortos, as montanhas de mortos, as montanhas de
de mortos, as montanhas de mortos, as montanhas de mortos, as

ABERTURA UM
Foi num dia em que recebi uma mensagem dela.

Qui, 16 de abr

15:01
"Oi meu querido!
Pode dar uma falada?
Querendo te convidar pra um negocinho"

17:43
"Oi meu amor. Vi agora sua mensagem
Está por aí?"

18:38
"Oi
Tô aqui
Cê tá aí?"

19:09
"Oi meu bem. Eu tô
começando uma reunião
pelo zoom
Falamos mais tarde ou
amanhã?"

19:27
"Oi amanhã de manhã que
horas seria bom pra vc?
Daí te ligo"

21:10
"Amanhã é ótimo! Tipo
11h?"

21:51
"Combinado – <u>amanhã às
11:00</u> – dorme bem e
beijos *(emoji beijinho de coração)*"

22:32
"Maravilha. Até amanhã.
Beijos bjs."

Tudo o que vem dela aquece o coração, move os pensamentos. Percebo, subitamente, que desde o início da quarentena minhas dificuldades com o tempo tornaram-se ainda mais evidentes. Penso que o tempo cronológico, nesses tempos dramáticos que vivemos, virou tema. Fala-se sobre isso: como os dias passam rápido demais; como os meses voam; como é difícil ter concentração para ler tudo o que se quer; como estamos sempre ocupados com múltiplas tarefas, ainda que encerrados em casa; como o lá fora invade o aqui dentro; como tudo passou a ser o dentro, inclusive o tempo. E por aí vai. Perspectiva curta. Teto baixo. Tudo isso apenas para os que podem, evidentemente. Pois há os que não podem. Sempre há os que não podem. Sempre houve. Aliás, trata-se disso: dos que podem e dos que não podem. Essa é a nossa história. Sabemos disso e para seguir vivendo criamos cegueiras temporárias, amnésias oportunas, apatias voluntárias e acabamos por nublar a consciência amarga que nos informa que tem gente morrendo a rodo porque não tem o direito de se proteger, porque tem que carregar o peso dos outros, produzir a comida dos outros, limpar o lixo dos outros, cuidar da saúde dos outros, dos filhos dos outros, e fazer funcionar a engrenagem da grande máquina-de-moer-carne do capitalismo racista, genocida, desmedido e sem pudor.

A verdade é que se estivermos inteiramente conscientes, sempre, a cada minuto, da hora em que despertamos até quando vamos dormir e, ainda, durante o sono, quando os sonhos reverberam e agem, notaremos com horror, mas sem surpresa, pelo menos aqueles que olham para a história com honestidade, notaremos a paisagem devastada do nosso país. As montanhas de mortos. As instituições corroídas, os golpes sucessivos, a mentira tomada como verdade, a ignorância orgulhosa de si, os poderes corrompidos, as matas queimadas, as plantações envenenadas, as águas poluídas, os abismos sociais escancarados, o individualismo ideológico, a desfaçatez dos discursos de poder, as palavras apodrecidas, os corpos exauridos, as mentes desgastadas, os esforços em vão, as subjetividades capturadas, as memórias esquecidas.

Mais de 140 dias desde o fechamento e as montanhas de mortos. Mais de 500 anos disso e eu não vou, aqui, escrever mais de 500 vezes essa frase porque já deu para entender e nenhum exercício de estilo vai dar conta da dimensão dessa violência. As palavras já não cabem. Escrevo tentando escavar algum lugar entre elas, algum lugar outro que ainda não sei. Escrevo em primeira pessoa, que é o que consigo agora. Eu me sinto sem palavras diante das montanhas de corpos mortos, de corpas mortas, mulheres mortas, travestis mortas, bichas mortas, crianças mortas, perspectivas mortas, as montanhas de mortos, sonhos mortos, projetos de vida, movimentos mortos, trajetórias interrompidas, percursos, caminhos mortos, rios mortos, as montanhas, elas mesmas mortas, carcomidas pela mineração, as montanhas de mortos, a lama morta, a justiça morta, populações, etnias, comunidades mortas, o povo negro, o canto morto, as trabalhadoras e os trabalhadores, a margem morta, a franja, as beiras, os peixes, as velhas e os velhos, o conhecimento morto, a ciência, as línguas, as montanhas de mortos, aqueles que já estavam aqui antes de nós, bem antes, violentados, violados, desterritorializados e mortos. Os indígenas, desde sempre. A morte da transmissão de todos esses saberes, a morte dos cultivos, das culturas, dos artistas, uma montanha de mortos e uma profunda paralisia diante de tudo isso, que acaba revelando mais sobre a nossa própria história do que muitas teses e tratados científicos. Uma grande paralisia coletiva à espera da morte de tudo.

Estamos fechados. Os que podem estamos fechados numa espécie de movimento de parar, como uma tentativa de agir em nome da consciência coletiva. Contemplar para em algum momento conseguir mirar. Estamos parados e fechados, os que podem, em casa. Os que têm casa. Os que têm casa e consciência do coletivo. Os que têm direito à própria existência e sabem que a existência é também o movimento em direção ao outro e que todas as pessoas deveriam ter o direito de existir plenamente. Os que não se veem como centro do mundo. Os que querem trabalhar pelo todo, pelo entendimento de que todos os seres e modos de vida do planeta importam, mas que sabem que a urgência nos diz que, agora, precisamos gritar: as vidas negras importam, as vidas indígenas importam, as vidas travestis e trans importam, as vidas periféricas importam. Porque os sistemas de poder violam mais essas do que as outras vidas e isso é evidente, só não vê quem escolhe não ver, quem escolheu não ver e segue não vendo como forma de exercer privilégios que matam. Tem sido assim e essa é a nossa história. Cabe a nós escrever outra, recuperar narrativas apagadas, impedidas, contar de novo outra história.

Fechado em minha casa, recebo uma mensagem dela, também fechada em sua casa.

Sex, 17 de abr

11:04
"Uhhuuuuu
Cêe tá aí???"

11:04
"Bonjour mon amour"

11:04
"(Uma figurinha com os dizeres Bonjour ma petite – Bom dia minha petista em francês)
Bora?"

11:05
"kkkkkk
Bora!"

Iniciamos uma chamada de vídeo. Ao nos ver, sorrimos e, logo, gargalhamos como de hábito, pois temos a felicidade alegre do encontro. Perguntamos um pelo outro, atualizamos informações e sentimentos e ela me faz o convite para abrir as janelas. Ela, a Eleonora Fabião, me explica o projeto. Chama-se Janelas Abertas e é uma ação do NEP – Núcleo Experimental de Performance, que integra o Programa de Pós-Graduação em Artes da Cena, da UFRJ, onde ela e sua colega-amiga Adriana Schneider, ambas artistas, atuam como pesquisadoras e professoras. Trata-se de um programa performativo que consiste em abrir todas as janelas de casa, às quartas-feiras, das 17 às 18h30 e realizar uma entrevista mútua entre duas pessoas, numa sala de Zoom. O encontro é então transmitido ao vivo pelo YouTube.

Para abrir o programa, fomos convidados Leda Maria Martins e eu. Leda é poeta, dramaturga e professora e nos tornamos amigos a partir do processo de criação da peça *Preto*, que criei junto com a companhia brasileira de teatro em 2017, com a Leda como colaboradora artística.

A curadoria sensível de Eleonora e Adriana promove a cada semana o encontro de duas pessoas com algum grau de interação. A transmissão é gravada, mas o material é retirado da plataforma virtual passada uma semana, tempo que leva a transcrição das conversas. Quem viu, viu. E, depois, tudo será publicado. A publicação será a outra plataforma de acesso e circulação daquela experiência. Bela sacada, que potencializa o ato ao reconhecer sua importância enquanto acontecimento inscrito no tempo, assim como o teatro, a performance, as artes vivas. Essa decisão de não deixar o material disponível eternamente no YouTube revela também a fragilidade dessa noção de que temos tudo ao nosso alcance, de que todas as informações estão e estarão disponíveis com apenas um toque no teclado do computador. A experiência ao vivo é radicalmente diferente de assistir a uma gravação, pois nela há a mobilização coletiva durante um período específico de tempo, no qual cultiva-se a disponibilidade para ouvir o outro e construir algo juntos, mesmo que a distância. Percebem-se as presenças em relação, as falas surgem com a consistência do endereçamento. É bem diferente de falar para ninguém, ou para alguém em abstrato, ou para uma espécie de expectativa de alguém que um dia assistirá à gravação. De algum modo há corpos ali, mesmo que em territórios distintos, há corpos em relação, ainda que mediados e virtuais.

Esse conjunto de pessoas vivas ao vivo tece uma rede de partilhas, afetos e interlocuções. Uma série de conexões, que geram movimentos imprevistos, elaborações de pensamentos e práticas que tornam o presente igualmente vivo e aberto à necessária invenção do porvir. Verdadeira ação micropolítica, que vai redesenhando, aos poucos, as paisagens vistas das janelas abertas por cada pessoa que se manifesta ali, seja como participante direto ou como público.

O título do programa se faz presente na ação contínua, semana a semana. A cada Janela Aberta emanam manifestações pulsantes vindas de cada casa, vibrações que furam a tela e a lógica do ar parado, do confinamento e da imobilidade diante do terror. O ar circula, a luz entra, as cores mudam, vemos a noite chegar e, no lusco-fusco, o vislumbre de insurreições possíveis. Percebe-se a presença de cada pessoa, exercita-se a escuta, com generosidade e delicadeza, o que não impede o surgimento de vozes combativas e a proposição de atos contundentes. Importante, ainda, lembrar que o projeto tem como um dos principais objetivos estimular doações para as unidades de saúde do Complexo Hospitalar da UFRJ no combate à pandemia de covid-19.

Do gesto consciente de abrir, nas dimensões material e simbólica, desdobram-se ações concretas que tencionam a imobilidade, gerando movimentos que vão desde o encontro entre pessoas que provavelmente não se cruzariam de outra forma, da reunião periódica de um povo diverso ao redor de narrativas que propõem criativamente algo para o mundo, até a reforma de unidades públicas de saúde. E ainda, felizmente, tudo o que não podemos prever. Movimento que gera movimento.

Desde a primeira abertura de janelas até este momento em que escrevo, passaram por ali pessoas que vale nomear aqui, para não esquecer, para afirmar que tem gente repovoando a paisagem devastada com imagens e gestos de vida. Passamos Leda e eu, Gabriela Gusmão e Cabelo, André Lepecki e José Fernando Azevedo, Carla Guagliardi e Keyna Eleison, Tania Rivera e Vladimir Safatle, Danielle Almeida e Max Hinderer, Francisco Mallmann e Miro Spinelli, Luiz Rufino e Thiago Florencio, Grace Passô e Ricardo Aleixo, Carmen Luz e Silvia Soter, Arto Lindsay e Barbara Browning, Amilcar Packer e Negro Leo, Jaciara Augusto Martim e Valéria Macedo, Enrique Díaz e Mariana Lima, Luiz Camillo Osorio e Patrick Pessoa. E por aí vai.

Relembro, aqui, o dia da primeira abertura, que foi para mim como um dia de estreia.

Qua, 29 de abr

15:39
"Amada vc faz o convite zoom por email, certo?"

15:57
"Certo
Vou te passar email
<u>entre 16:30</u> e <u>16:40</u>
Câmbio"

16:21
"Perfeito
Câmbio"

16:28
"*(Uma figurinha com uma deusa Shiva azul abraçando uma pessoa)*"

16:36
"Link enviado"

16:36
"Beleza
Vc vai entrar que horas?"

16:36
"Já estou lá"

[...]

E, depois de tudo.

19:03
"Cê tá aí?
Só pra te dar um beijo ó
Grande Marcio
É muita luz você"

19:06
"Minha amiga
Nem sei"

19:06
"Pois eu sei"

19:06
"Foi importante estar ali
com vcs
Disso sei"

19:06
"Sei bem meu bem"

19:06
"E tb da enorme vontade
de tomar uma cerveja
todxs juntxs agora
Afff
Muito obrigado por esse
convite e pelas janelas
abertas"

19:07
"Um fluxo muito
específico tudo ali –
você e ela fluem muito
bem juntos – você não
tem como ver o que eu vi
hahahahahah – é lindo
demais"

19:07
"Kkkkkk"

19:07
"Vou tomar uma cerveja agora!!!
Obrigada Marcio"

19:08
"Eu vinho pois acabou a cerveja"

19:08
"A sua presença entra pelos sete buracos da minha cabeça"

19:08
"Brindamos daqui vcs daí"

19:08
"Pronto"

19:08
"A sua presença…"

ABERTURA DOIS

No teatro **a sua presença** importa. Sem ela nada existe. Nas artes presenciais só existe aquilo que fazemos na presença de alguém. O que a gente não faz ali não existe. Teria sido Beckett o autor que começou a pensar que uma personagem existe a partir do momento em que enuncia uma palavra ou descreve um gesto no ar e deixa de existir quando cessa a sua fala ou faz desaparecer o seu gesto. Nada antes e nada depois, o que existe se inscreve ali, na experiência mesma do teatro como acontecimento, com textura de real, em presença, e finda quando deixa de existir, quando endereçamento já não há, quando não resta nem ao menos o rastro da presença de alguém. Teatro é em presença. E fazer significa articular campos relacionais, materializar nas linguagens alguma vibração que possa ser percebida por outras pessoas, repercutir sons que rebatam em outros corpos, mover o ar para tornar visível o espaço, descrever trajetórias para elaborar dimensões do tempo, promover convivências que tornem conscientes a implicação de cada um naquele ato criativo e, portanto, real, enquanto acontecimento inscrito na vida de cada pessoa ali presente. A duração do ato é o tempo de vida de cada um. A partilha é a noção de que há a vivência de um tempo-espaço coletivo: a convivência, precisamente.

O gesto de abrir, embora muitas vezes passe despercebido ou seja negligenciado, é determinante para instaurar alguma experiência entre as pessoas no teatro. Impossível não lembrar de Ariane Mnouchkine, diretora do Théâtre du Soleil. Todos os dias, pessoal e literalmente, ela abre as portas para o público. Vamos até a Cartoucherie, dentro de um bosque nos arredores de Paris, esperamos do lado de fora do grande e velho pavilhão onde fica o teatro, que é a sede desse grupo histórico, vigoroso e sempre atuante e, de repente, ouvimos lá de dentro as batidas no enorme portão de madeira que dá acesso ao interior. Silêncio. Suspensão. E vemos surgir Ariane com um sorriso de boas-vindas e a convocação para entrarmos, de novo, num mundo que não conhecemos. Esse ritual se repete há mais de cinquenta anos e dá a dimensão do que pode ser abrir a porta de um teatro. Inclusão, participação, pertencimento, convivência, invenção.

É sempre delicado começar algo: dar início a uma ação; dar partida em um movimento; pôr no papel a primeira palavra; compor a primeira imagem; soar o primeiro som; fazer surgir aquilo que ainda não estava; fazer ser aquilo que ainda não era; mover aquilo que ainda não movia; vibrar e luzir aquilo que ainda não se dava a ouvir e a ver. Em suma, fazer existir o que ainda não existia. Nesse sentido, abrir uma peça de teatro é muitas vezes um enigma para mim. Dedico muito trabalho e estudo sobre isso. Nada garante que você fale e seja ouvido, que você esteja e seja percebido, que você olhe e seja visto, que você chame e alguém vá com você. Nada disso é dado de antemão, é preciso construir. Penso, então, em tentativas de começo que abrem algumas das minhas peças.

Em *Vida*, que criamos em 2010 a partir de pesquisa sobre a obra de Paulo Leminski, a cortina se abre, o ator aparece e pergunta "Quem brilha?" e, com certa insistência, diz mais de uma vez: "Nós estamos aqui, não estamos?" E ainda, de tempos em tempos, durante a sua primeira fala: "Alguém escapou?" Percebe-se aqui o uso de procedimentos de linguagem que buscam afirmar e evidenciar a coexistência das pessoas no instante mesmo da apresentação. Assim como em *Preto*, de 2017, quando a imagem da atriz, que está ali presente num lugar entre a cena e o público, numa espécie de fronteira dissolvida, ou ex-fronteira, ou espaço em comum, a imagem do rosto dela, capturada por uma câmera e projetada ao vivo, fala para o público: "e pra continuar, alguém poderia ajudar a colocar a mesa mais pra frente? Por favor, um pouco mais pra frente. Essa mesa, essa. Essa mesa. A cadeira também. O microfone. Senta, por favor. Daí é um calor, né? Coloca a mesa um pouco mais pra frente, por favor. [...] muito bom. A gente poderia estar numa roda. Podia ter só a cadeira, sem essa parede entre nós". E pede: "Faça um gesto inesquecível." Nitidamente, em ambas as situações, vemos a tentativa de diálogo e de descondicionamento de hábitos teatrais, culturais e sociais que impõem comportamentos previsíveis e padronizados. Busca-se ativar a consciência de que não há certo ou errado, não há *a priori*. Ali, não. O que está em jogo é o que pode surgir naquele instante, no momento em que as relações são materializadas através do pacto que é a linguagem do teatro.

Na peça PROJETO bRASIL, que teve sua estreia em 2015, o ator emerge, luzes acesas, em meio ao burburinho do público, que se acomoda, conversa, enquanto ouve canções brasileiras tocadas e cantadas ao vivo, bebendo cachaça junto com o elenco. O ator emerge, luzes acesas, e, de repente, muda a vibração do ambiente ao dizer: "Eu gostaria de agradecer primeiro a chance que eu recebi de estar aqui diante de vocês, é um momento absolutamente sem sentido, ser colocado nessa situação, de fim, ter que dizer pra vocês, diante de vocês, para vocês, o que vem depois do fim." Antecipando o que virá a dizer no fim, o ator, na abertura da peça *Krum*, criada em 2014, emerge, luzes apagadas, sua voz corporificando-se como matéria viva e autônoma no escuro da sala: "Eu sou o filho dela. Aqui, era a casa dela." A voz, que enuncia no escuro, age como corpo ficcional, abre a porta que dá acesso a esse outro mundo, que existe neste. Esse mundo existe neste, como diz Julio Cortázar em *O jogo da amarelinha*. Há muitos mundos no mundo. Assim como em *Esta Criança*, peça de 2012, a voz da atriz reverbera na escuridão o dilema sem solução de uma jovem grávida e desamparada, recorte vigoroso do real, de maneira radicalmente concisa, portanto ficcional, a voz reverbera na escuridão: "Finalmente eu vou poder me olhar no espelho/ todas as manhãs eu vou encontrar forças para finalmente ter o controle da minha vida/ esta criança vai me dar forças/ eu vou mostrar aos outros quem eu sou/ eu vou mostrar aos outros que eu não sou quem eles pensam que eu sou..." Quando, lentamente, a luz vai revelando o corpo da atriz no cenário inclinado, que tomba sobre a plateia, já estamos naquele país, já falamos aquela língua, já atravessamos as portas e janelas abertas, fronteiras abolidas, e entramos na experiência como copartícipes de um acontecimento inscrito no real. O teatro é real. E se faz com a sua presença. Essa é uma abertura possível.

ABERTURA TRÊS

Procurando abrir possibilidades de vida e de existência no meio da pandemia de coronavírus e do pandemônio que é o Brasil de 2020, assoladxs pelo fascismo e pela ignorância virulenta, procurando abrir brechas e realizar ações, muitxs de nós, artistas das artes vivas, manifestamo-nos através dos meios virtuais disponíveis. Essas ações terão profunda importância histórica quando pudermos olhar para trás, já tendo passado por tudo isso e conseguido barrar os movimentos de morte. Acredito na força do que somos capazes de realizar neste momento em que tudo parece dizer que não conseguiremos. Acredito no máximo, mas também no mínimo que pudermos fazer. Acredito nos planos e projetos a, mas também nos planos e projetos b. Em uma das experiências virtuais que tive a chance de realizar e que chamei, justamente, de projeto b, escrevi o seguinte:

Este é um **projeto b,** como ação concreta agora, como micropolítica, como lado b do disco, o que ouvimos depois, mas permanece marcado para sempre, como aquilo que não está inteiramente revelado, mas que existe nas brechas, age por dentro, potencializa-se no "entre", continua vibrando, como vozes dissidentes que reagem ao silenciamento e afirmam-se com seus corpos e suas histórias, com força de transformação.

O **projeto a** seria, por exemplo, estarmos reunidos num teatro. Ou ainda nas ruas. Ocupando os espaços públicos. Vivendo plenamente as singularidades dos nossos modos de existência. Dando sentido ao convívio e às práticas coletivas de coexistência. Mas, por muitos motivos, viemos parar aqui. Certamente somos corresponsáveis pelo estado das coisas e integramos os movimentos de transformação do mundo. Que gestos podemos propor a partir desse lugar de agora que povoem a paisagem devastada do hoje com imagens de vida?

Beber a cachaça/ Beber os mortos/ Brindar a suas existências/ Bradar aos berros/ Banir a burrice/ Balançar as estruturas/ Agir nas brechas/ Se meter nas brenhas/ Bolar rebuliços/ Burlar os planos/ Repesar as balanças/ Balancear/ Rebalançar/ Não embrutecer/ Banhar o Brasil/ Furar as bolhas/ Não chutar as bolas/ Bolar bandalheiras/ Rebolar a raba/ Bater cabelo/ Chamar o rebuceteio/ Acalorar as bacurinhas/ Manter as brasas acesas/ Beijar as bocas/ Balbuciar novas propostas/ Desbancar as bancas/ Bramir aos Bramas/ Babar pelas belezas/ Retornar à Bahia/ Botar as naus pra correr/ Abandonar certos navios/ Bater em retirada/ Dar uma banda/ Bandear em novos mares/ Baixar na Maré/ Marear alta-mar/ Boiar pensamentos/ Lançar boias pra não se perder/ Banhar o Brasil/ Estender os braços/ Borbulhar ideias/ Causar rebuliço/ Convocar baianas/ Ocupar Brasília/ Comer abará/ Se orgulhar das bananas/ Reocupar o Brasil/ Balançar as estruturas/ Brasear as brasas/ Saravar a banda/ Bandear o bando/ Chamar as umbandas/ As quimbandas/ Banhar o Brasil/ Borrar as fronteiras/ Barrar os beócios/ Sacudir as bundas/ Abraçar os amigos/ Ficar de bobeira/ Não perder tempo com besteiras/ Desembestar cavalos/ Circular em bandos/ Banhar o Brasil/ Se banhar nos rios/ Borbulhar outras ideias/ Bocejar chatices/ Recusar burocracias/ Convocar as bichas (tudo)/ Batucar os tambores/ Liberar os futuros/ Se embebedar de alegria/ Embriagar os espíritos/ Desbancar os bancos/ Bombear o ar/ Abolir as bombas/ Abonar os velhos/ Abanar os bebês/ Embalar/ Abrandar sofrimentos/ Buscar saídas/ Basear as ações/ Em bando/ Banhar o Brasil/ Repovoar bem a paisagem/ Buscar outras imagens/ Liberar o futuro/ Retomar o Brasil/ Abraçar a floresta/ Amar as baleias/ Estender os braços/ Buscar salvar o planeta/ Buscar não/ Basear cada ação nisso/ Beber água limpa/ Não barganhar/ Batucar/ Desbancar/ Desbundar/ Embichar/ Proteger os bichos e as bichas/ DesbraZilizar pra existir Brasil/ Correr em bando/ Bailar os bailes/ Dar um baile nos fascistas, nos racistas/ Dar uma banda/ Dar de banda/ Banhar o Brasil/ DesbraZilizar pra existir

Brasil/ Balançar/ Ocupar bem e mais/ O bem pro bem pra todas/ Bem todas/ Todxs eles bem/ As trans também/ Também e principalmente/ O bem bom de bem/ Também os alguéns de alguém, os alguéns de alguém/ Porque, meu bem, ninguém é ninguém/ Meu bem, cada um é alguém/ De boa, cada um é alguém/ E, bom, ninguém é de ninguém/ Bicha, ninguém é de ninguém/ Cada ser deve ser livre também /Cada ser brilha aqui/ Brilha além/ Brilho do brilho/ Bugre/ Boto/ Barro/ Barco/ Banho de rio/ Banhar o Brasil/ DesbraZilizar pra existir Brasil/ Banhar o Brasil/ Banhar o Brasil/ Banhar o Brasil/ Banhar o Brasil/ Banhar o Brasil/ Banhar o Brasil/ Banhar o Brasil/ 7 vezes brado aqui/ E mais uma: banhar o Brasil. Um brinde, aqui!

*"Este é um ato que deve acontecer aqui e agora."**

* Rubrica inicial da peça *Oxigênio*, do autor russo Ivan Viripaev, traduzida por Irina Starostina e Giovana Soar, adaptada e encenada por Marcio Abreu, com a companhia brasileira de teatro, e estreada em 2010 na cidade de Curitiba (PR).

NOMEAR É POUCO, MAS É MUITO
[Noemi Jaffe]

Desde pequena, ouvia minha mãe dizer que tinha sido levada para a Suécia, onde ficou em *quarentena,* depois de ter sido resgatada do campo de concentração pela Cruz Vermelha. Ela dizia *quarantin*, algo assim, com um sotaque vindo talvez do francês. Essa palavra, portanto, sempre pertenceu, no meu imaginário, a algo entre mitológico e histórico, mas exclusivo da Segunda Guerra e da minha mãe. Uma palavra pertencente ao domínio do trágico.

Nunca pensei que também eu, em 2020, ano da morte da minha mãe, fosse conhecer o significado concreto dessa palavra e que, também eu, fosse passar por uma espécie de tragédia. Claro que essa não se compara à dela, em que se passava fome, sede, frio, êxodo, tortura e perdas familiares. Mas, do mesmo modo como se fala em pós-moderno, pós-verdade e pós-história, acho que posso falar também em uma quarentena pós-trágica ou pós-bélica, mais tecnológica e confortável, e também mais apática e dissociada, ao menos para pessoas privilegiadas como eu.

Quarenta dias, numa tradição já tão longa quanto equivocada, seria o período máximo de incubação de uma doença infecciosa, a partir do último contato que alguém teria tido com um portador. Mas o uso mesmo da palavra vem de Veneza, designando o tempo que os passageiros de um navio deveriam aguardar antes de desembarcar no porto, durante a Peste Negra, nos séculos XIV e XV.

Estamos confinados já há quatro vezes quarenta dias, formando uma poliquarentena, uma figura geométrica de 160 lados, todos iguais e todos diferentes. Estou vivendo o mesmo que minha mãe viveu há 75 anos e estou vivendo algo radicalmente diferente dela.

Igual e diferente: assim é a quarentena desta pandemia, neste país, sob este governo que transcende o que os nomes são capazes de definir. O que digo, é preciso sublinhar, é sempre do ponto de vista de uma pessoa privilegiada sob muitos aspectos: sou branca, moro em São Paulo, continuo trabalhando online, tenho casa, comida, saúde e toda minha família passa bem. Moro numa região da cidade onde todos usam máscara e se tratam educadamente.

Começo pelo tempo – igual e diferente o tempo todo

Os dias em quarentena são absolutamente diferentes um do outro. É preciso aprender a higienizar tudo o que chega da rua; aprender a limpar a casa e cozinhar; aprender a se relacionar com quem entrega os produtos solicitados; pessoas passam pedindo comida, agasalhos; a cada dia surgem novas campanhas nas redes sociais e é preciso se organizar para participar e contribuir; sempre há uma *live* nova, um curso novo, uma novidade na internet; as notícias não cessam de mudar, numa vertigem de ondas de otimismo e pessimismo, que causam furor e melancolia; é preciso se reacostumar com o trabalho virtual, pensar em novos modelos, ensinar as pessoas a usar o Zoom, o Googlemeets, a Webex; dezenas de novos grupos de WhatsApp aparecem, com coisas incríveis e horríveis; vemos mais filmes, lemos mais livros, temos tempo para ler A *Ilíada*, *Ulisses*, *2666* e tantas coisas mais. Cada dia é diferente do anterior não somente pelas atividades que realizamos, mas também porque nossa percepção do tempo se altera o tempo todo, variando entre cronologia e subjetividade, tempos oníricos e pragmáticos, coisas por fazer e mais espaço contemplativo.

Os dias em quarentena são absolutamente iguais. Acordo, tomo café e vou para o sofá ou me sento à mesa, onde passo o dia inteiro em frente ao computador, com intervalos para cozinhar e cuidar da casa, tudo entremeado com olhares permanentes no celular, onde acompanho, entre raivosa e entristecida, mais um absurdo vindo da Presidência, mais uma notícia sobre a vacina e sobre a desobediência ao uso de máscaras e a aglomerações. Sinto medo, raiva, culpa por não poder ajudar mais. Leio um livro e, à noite, quase sempre assisto a um filme com meu marido. O tempo, mesmo com suas variações, se comporta como uma pasta amorfa de minutos, horas e dias espessos, em que o ar é táctil e a luz, embaçada e grossa. Sei que dia é hoje, mas é como se não soubesse, porque é como se tivesse passado um único dia, que vai sendo espremido devagar a partir de uma pasta de tempo da Colgate.

As notícias – iguais e diferentes o tempo todo

Tudo o que leio nos jornais e nas redes é absolutamente diferente a cada dia. Previsões apocalípticas de milhões de mortos; previsões utópicas de transformação da economia e do capitalismo em sociedades mais justas e ecológicas; grande possibilidade de *impeachment*; nenhuma possibilidade de *impeachment*, em ciclos incertos e surpreendentes; a Europa controlou a pandemia; a pandemia voltou na Europa; Biden deve ganhar as eleições; Trump tem chances de recuperação; nunca houve uma crise econômica tão grave; o dólar e a bolsa estão subindo; São Paulo, apesar do governador, tem se saído bem; São Paulo tem se saído muito mal; apoio os "somos 70%"; Deus me livre esse movimento dos "somos 70%", quanta hipocrisia; desmatamento completo e irreversível na Amazônia; chances de que o desmatamento brasileiro pressione empresas estrangeiras a deixar de investir no país.

Tudo o que leio nos jornais e nas redes é absolutamente igual.

A cada dia mais um escândalo medíocre do presidente, inclusive quando ele decide ficar quieto, o que compõe sua agenda de campanha pela reeleição; a oposição nunca consegue se programar para fazer o que lhe compete, que é se opor; todos estão cada vez mais apáticos e conformados com a pandemia; todos os dias, há três meses, morrem mais de mil pessoas; ocasionalmente surge uma possibilidade de algo que abale o governo, somente para se tornar inefetivo menos de uma semana depois; o mais provável é que só possamos sair de quarentena (os poucos que ainda restam nela) em 2021; os ricos ficam cada vez mais ricos e os pobres cada vez mais pobres, como sempre; tudo o que se lê nos jornais, nas redes sociais, tudo o que se vê na televisão, todas as análises mais profundas (inclusive esta) soa parecido, mesmo quando diferentes, porque os discursos se amalgamaram como as bolhas por onde falamos, porque poucos escutam e porque os interesses são ou mais urgentes ou mais distantes do que nossas vozes.

As mortes – iguais e diferentes o tempo todo

Todos os mortos são absolutamente diferentes um do outro.

Vemos em um veículo jornalístico matérias que mostram o rosto das "pessoas que perdemos"; cada um tem uma idade, uma ocupação e um sonho diferente e único; cada um morreu de uma forma diferente, com comorbidades ou sem; os mortos mais famosos vêm de várias áreas diferentes da cultura, das artes e da ciência, com obras, questionamentos e visões de mundo distintas; cada pessoa, em cada hospital, em cada casa, em cada asilo, em cada rua, tem uma história singular e uma família que chora por ela, sem poder enterrá-la dignamente; outros veículos fazem homenagens aos mortos para mostrar que eles não são números, mas têm nome, identidade e particularidades específicas, que não compartilham com mais ninguém; se soubéssemos – e pudéssemos – sentir suas especificidades, certamente não nos cegaríamos para suas mortes.

Todos os mortos são idênticos, nesta quarentena pandêmica que condena todos ao esquecimento e à homogeneização; de tantas mortes que ocorrem todos os dias, já não nos faz diferença quem eram, como eram, nem suas particularidades; fazem todos parte de uma grande massa estatística; só quem morre, cada vez mais, são pretos e pobres, como sempre; os que têm como se tratar morre muito menos, com poucas exceções; à medida que mais pessoas conhecidas morrem, já não sentimos tanto o peso de cada um e simplesmente esboçamos um "que pena", "gostava tanto dele", para continuarmos mecanicamente nossas atividades; precisamos entrar em um estado de modo dissociativo, porque se atentarmos para cada morto, conhecido ou não, não conseguimos dar conta de nossos afazeres domésticos e profissionais e não conseguimos tampouco manter o equilíbrio físico e mental.

Essas que mencionei são somente algumas das oposições em que sentimos que tudo é diferente de tudo e, ao mesmo tempo, que tudo é igual a tudo. Eu poderia continuar, falando não somente do *tempo*, das *notícias* e das *mortes*, mas também das perspectivas de futuro, dos relacionamentos afetivos e do trabalho.

Essas oscilações polarizadas, entre outras polarizações que experimentamos cotidianamente – esquerda e direita, ódio e amor, ação e impotência –, acabam por gerar um estado quase permanente de melancolia. De acordo com Freud, em seu texto belíssimo *Luto e melancolia*, esta última, por não reconhecer um objeto de perda nomeável termina por atribuir negatividade contra o próprio sujeito melancólico e "patina" indefinida e ciclicamente, sem grandes chances de transformação e superação. Já o luto, em que o sujeito conhece o objeto pelo qual sofre, é um processo lento e torturante, mas que, se vivido intensamente, permite sua própria metamorfose em mais consciência e crescimento.

Tenho a sensação de que, ao longo desta quarentena infinda e duplamente viral – com um vírus biológico e outro político – perdemos principalmente os nomes das coisas. Quem, o quê, por quê, quando? Não sabemos, ou sabemos para imediatamente ignorarmos outra vez. O que sinto, o que posso fazer? Será mesmo que não posso fazer nada ou isso é uma desculpa? Por que, como o filho do conto "A terceira margem do rio", de Guimarães Rosa, "sinto tanta, tanta culpa"? Ou, ainda, repetindo-o: "Sou homem, depois desse falimento?" E, ao mesmo tempo, sei que me sinto fracassada, mas não sei o porquê, já que o fracasso não é exatamente meu. Sinto luto pela perda de pessoas – conhecidas ou não –, mas também por mim mesma, como disse Maria Rita Kehl na introdução a uma das edições do texto de Freud: "Quando perdemos alguém, o luto é também pela perda do lugar que ocupávamos junto àquela pessoa. O enlutado perde também a si mesmo. Perdi o lugar que ocupava em casa, no trabalho, com meus amigos, neste país, e preciso reencontrar novas formas e lugares para estar no mundo, sem saber por onde começar."

Não sou filósofa, mas sempre me pergunto e me divido sobre outra grande polaridade de ordem, talvez, ontológica: filosofias idealistas e essencialistas, por um lado, e filosofias empiristas ou materialistas, por outro (e, aos poucos, vou me dando conta de que todo esse texto está sendo construído com base em dualidades). Quero sempre pensar e sentir as coisas em permanente estado de transição e que sua possível *verdade* está não em algum ser pré-constituído, espírito, alma ou ideia, mas em sua transformação, passagem, processo e construção. Tento viver as experiências desta quarentena pensando também nelas como construções e na transitoriedade como sendo importante para passarmos a outros estágios de crescimento individual e social, mas a realidade é que isso não tem dado certo, pois justamente a ausência de forma das coisas – especialmente aqui no Brasil – me faz recair, quase sempre, no conforto das essências. Quero encontrar uma causa, preciso de um único inimigo (sempre o mesmo), sinto um ódio idealizado, mitologizado e fico, magicamente, inventando soluções possíveis.

Não é esse o caminho e é preciso, agora, deslizarmos passiva e ativamente pelas perguntas, sem as respostas. Assentarmos as perguntas mais importantes e urgentes para cada um de nós e, talvez mais do que isso, buscarmos nomear a melancolia informe, para que ela possa se transformar em luto.

Nomear é um trabalho difícil, pois, como fazia Flaubert, encontrar o *mot juste* demanda muita paciência e disciplina, mas, em compensação, encontrá-lo é recompensador. Mais do que buscar a resposta, preciso encontrar minhas perguntas precisas: não "O que eu faço?", por exemplo, mas "Para quem posso doar meus livros duplicados?"; não "Como posso ajudar?", mas "Qual o número da conta do padre Júlio Lancellotti?"; não "Como curar o tédio?", mas "Onde estão os cadernos que eu preenchi na minha adolescência?" ou "Em qual canto da sala vou me sentar todos os dias para escrever um diário?". A passagem do geral para o particular, do abstrato para o concreto, é sempre um caminho produtivo para a nomeação. Como fez Adão no Paraíso, quando deu nome a todas as criaturas, dar nome às coisas é contorná-las, fazer com que o amorfo ganhe forma, cor, massa, volume e se transforme propriamente em coisa e permita, com isso, nos relacionarmos com ela e, com sorte, muitas vezes, conseguimos até *ser* essa coisa, virarmos rodinho de pia, virarmos o cachorro, virarmos o livro, em devires libertadores.

Nomear é também um processo que, invariavelmente, exige disposição corporal, mental e emocional próprias da ação. Dar nomes e agir são gestos contíguos de um *debruçamento* físico: postura mais firme e ereta, peito mais para a frente, cabeça mais erguida, olhos mais atentos, pés mais calcados no chão. Se me *disponho* ao nome, estou a alguns passos da produção, e aí, é claro, não no sentido otimizador da produção, mas em seu sentido gerador e criativo.

Os parágrafos acima podem passar a sensação de que conheço a *cura* para as polarizações que mencionei e para o processo dissociativo pelo qual estamos todos passando. Que nada. Apenas penso que as tentativas de dar forma à melancolia podem ajudar a ultrapassar a condição pastosa do tempo e nos devolver formas mais circulares de estar em casa e no mundo, diminuindo as oscilações dolorosas e "gangorrais" de pessimismo e otimismo.

Ao longo de três meses, diariamente, escrevi um diário de quarentena, que publiquei em minhas redes sociais. Nele, eu contava sobre meus dias – o já mencionado rodinho de pia e meu amor por ele; a ameixeira do quintal; meus passeios com minha cachorra – mas também fazia experimentações linguísticas, especulações sobre o futuro e lembrava de passados individuais e coletivos. Foi uma tentativa (bem-sucedida, eu diria) de transformar o inevitável da quarentena em jogo e novidade – inauguração. Várias pessoas me escreviam todos os dias, falando sobre como esses pequenos textos os ajudavam a se acalmar, a reacomodar sentimentos e pensamentos. Eu não poderia imaginar, mas a possibilidade de deslocar o lugar das coisas, de enxergá-las propriamente como coisas, através das palavras, reanima o corpo e o espírito, dissolvendo a tendência à melancolia e à amorfia.

É tudo pouco, mas, como dizia minha mãe, a expressão "muito pouco" é contraditória: como pode ser "muito" se é "pouco"? Pois é isso mesmo. *Muito pouco* é o muito que cada um pode fazer nessa pandemônica, pânica e pantanosa pandemia: nomearmos as coisas que nos cercam, que nos habitam e nos assombram, para, com isso, conseguirmos agir de forma generosa e participativa e para transformarmos nossa melancolia em luto. Um luto que, com sorte e com luta, poderá, também ele, se transformar em mais vida e mais alegria.

Sobre os autores

Ailton Krenak é escritor, roteirista e ativista do movimento socioambiental e de defesa dos direitos indígenas. Integrante da comunidade dos Krenak, aos 17 anos migrou com seus parentes para o estado do Paraná. Organizou a Aliança dos Povos da Floresta, que reúne comunidades ribeirinhas e indígenas na Amazônia. É professor doutor Honoris Causa pela Universidade Federal de Juiz de Fora (UFJF). É autor de *A vida não é útil* (2020) e *Ideias para adiar o fim do mundo* (2020), entre outros.

Angela Figueiredo é professora da Universidade Federal do Recôncavo da Bahia (UFRB), do Programa Multidisciplinar de Pós-Graduação em Estudos Étnicos e Africanos da Universidade Federal da Bahia (PÓS-AFRO/UFBA) e do Programa de Pós-Graduação em Estudos Interdisciplinares sobre Mulheres, Gênero e Feminismos (PPGNEIM/UFBA). Coordenadora do Coletivo Angela Davis (UFRB) e da Escola Internacional Feminista Negra e Decolonial. É membro do Fórum Marielles.

Bernardo Esteves é repórter de ciência e meio ambiente da revista *piauí* e apresentador do podcast *A Terra é redonda*. Doutor em História das Ciências e das Técnicas e Epistemologia pela Universidade Federal do Rio de Janeiro (UFRJ) e professor de Jornalismo Científico na Universidade Federal de Minas Gerais (UFMG).

Christian Dunker é psicanalista e professor livre-docente do Instituto de Psicologia da Universidade de São Paulo (USP), no Departamento de Psicologia Clínica, instituição na qual obteve os títulos de graduação, mestrado e doutorado. Dunker possui também pós-doutorado pela Manchester Metropolitan University. Coordena, em conjunto com Vladimir Safatle e Nelson da Silva Jr., o Laboratório de Estudos em teoria social, filosofia e psicanálise.

Diane Lima é curadora independente e uma das principais vozes feministas negras no debate sobre a arte contemporânea brasileira. Mestra em Comunicação e Semiótica pela Pontifícia Universidade Católica de São Paulo (PUC-SP), seu trabalho consiste em experimentar práticas curatoriais contemporâneas em perspectiva decolonial e antirracista.

Eliana Sousa Silva é fundadora da Associação Redes de Desenvolvimento da Maré, da qual é diretora. Doutora em Serviço Social pela Pontifícia Universidade Católica do Rio de Janeiro (PUC-Rio), é pesquisadora em segurança pública e professora visitante do Instituto de Estudos Avançados da Universidade de São Paulo (USP). É autora do livro *Testemunhos da Maré* (2012).

Fabiana Moraes é jornalista, doutora em Sociologia e professora da Universidade Federal de Pernambuco (UFPE). Pesquisa jornalismo, subjetividade, pobreza e celebrificação. É vencedora dos prêmios Esso, Petrobras de Jornalismo, Embratel, Cristina Tavares e Comissão Europeia de Turismo. É autora dos livros *Os Sertões: um livro reportagem* (2010) e *O nascimento de Joicy: Transexualidade, jornalismo e os limites entre repórter e personagem* (2017), entre outros.

Fernanda Brenner é curadora e fundadora do Pivô Arte Pesquisa, em São Paulo, onde atua como diretora artística desde 2012. Brenner é editora colaboradora da revista *Frieze* e consultora de arte latino-americana da Kadist Art Foundation.

Fernanda Bruno é doutora em Comunicação e Cultura pela Universidade Federal do Rio de Janeiro (UFRJ), onde hoje leciona. Bruno é ainda coordenadora do MediaLab.UFRJ e pesquisadora colaboradora do Surveillance Studies Centre da Queens University, Canadá.

Franco "Bifo" Berardi é filósofo, ativista e escritor. Graduado em Estética pela Faculdade de Filosofia e Letras da Universidade de Bolonha, foi professor de Teoria da Mídia na Accademia di Belle Arti, em Milão, no Programa d'Estudis Independents, em Barcelona, e no Institute for Doctoral Studies in Visual Arts, em Portland. Militante desde a adolescência, Berardi passou pela Juventude Comunista, foi figura de destaque no Potere Operaio [poder operário] durante o Maio de 1968 e atuou no movimento anarcossindicalista italiano nos anos 1970. É autor de diversos livros, entre os quais *Depois do futuro* (2011), *Asfixia* (2020) e *Extremo – Crônicas da psicodeflação* (2020).

Gabriel Bogossian é curador independente e tradutor. Foi curador da 21ª Bienal de Arte Contemporânea Sesc_Videobrasil | Comunidades imaginadas e da Screen City Biennial – Ecologies: Lost, Found, and Continued. Traduziu *Americanismo e fordismo*, de Antonio Gramsci.

Giselle Beiguelman é artista e professora. Livre-docente pela Faculdade de Arquitetura e Urbanismo da Universidade de São Paulo (FAU-USP) e doutora em História pela mesma universidade. Membro do Laboratório para OUTROS Urbanismos e coordenadora do GAIA (Grupo de Arte e Inteligência Artificial – INOVA-USP). Autora de *Memória da amnésia: Políticas do esquecimento* (2019). Entre suas obras artísticas recentes destacam-se *Odiolândia* (2017) e *Monumento nenhum* (2019).

Guilherme Wisnik é professor associado da Faculdade de Arquitetura e Urbanismo da Universidade de São Paulo (FAU-USP). Autor de *Dentro do nevoeiro: Arquitetura, arte e tecnologia contemporâneas* (2018), foi curador-geral da 10ª Bienal de Arquitetura de São Paulo (2013).

Heloisa M. Starling é historiadora e cientista política, com mestrado em Ciência Política pela Universidade Federal de Minas Gerais (UFMG) e doutorado em Ciência Política pelo Instituto Universitário de Pesquisas do Rio de Janeiro (IUPERJ). É professora titular-livre do Departamento de História da UFMG. Publicou, entre outras obras, *Brasil: Uma biografia* (em coautoria com Lilia Schwarcz) (2015); *Ser republicano no Brasil Colônia: A história de uma tradição esquecida* (2018). Organizou *Ação e a busca da felicidade*, de Hannah Arendt (2018).

Ivana Bentes é professora da Escola de Comunicação da Universidade Federal do Rio de Janeiro (UFRJ), ensaísta, curadora atuante na área de comunicação e cultura, com ênfase nas questões relativas ao papel da comunicação, da produção audiovisual e das novas tecnologias na cultura contemporânea. Autora dos livros *Mídia-Multidão: Estéticas da comunicação e biopolíticas* (2015) e *Avatar: O futuro do cinema e a ecologia das imagens digitais* (2010), entre outros. Foi secretária de Cidadania e Diversidade Cultural do Ministério da Cultura do Brasil (2015/2016). É pró-reitora de Extensão da UFRJ desde 2019.

Júlia Rebouças é doutora pelo Programa de Pós-Graduação em Artes Visuais da Universidade Federal de Minas Gerais (UFMG). Foi curadora do 36º Panorama da Arte Brasileira: Sertão, MAM-SP (2019) e de Entrevendo: Cildo Meireles, no Sesc Pompeia – SP (2019). Foi cocuradora da 32ª Bienal de São Paulo: Incerteza Viva (2016). De 2007 a 2015, trabalhou na curadoria do Instituto Inhotim (MG).

Marcio Abreu é artista, dramaturgo, diretor, cria obras em campos plurais e expandidos das dramaturgias. Criador da companhia brasileira de teatro, trabalha com artistas e pensadores de linguagens múltiplas de diversas cidades do país e do exterior. Recebeu inúmeras indicações e prêmios por suas criações, tais como os prêmios Bravo, APCA, Shell, Cesgranrio, Gralha Azul, Quem e Questão de Crítica. É cocurador do Festival de Teatro de Curitiba desde 2016.

Movimento de Luta nos Bairros, Vilas e Favelas (MLB) foi criado em 1999, em Pernambuco e Minas Gerais, e hoje está presente em vinte estados do país (www.mlbbrasil.org). É uma organização nacional que luta pela reforma urbana e pelo direito humano de morar dignamente. Formado por milhares de famílias sem teto de todo o país sem acesso a moradia digna e outros direitos básicos, veem a luta como motor principal da reforma urbana, uma vez que o déficit habitacional está diretamente ligado à forma de se pensar, produzir e gerir a cidade.

Noemi Jaffe é doutora em Letras pela Universidade de São Paulo (USP) e professora da Pontifícia Universidade Católica de São Paulo (PUC-SP). Jaffe é escritora e professora de Escrita e Literatura. Publicou *O que os cegos estão sonhando?* (2012), *Não está mais aqui quem falou* (2017) e *O que ela sussurra* (2020), entre outros. É criadora e sócia do Centro Cultural Literário Escrevedeira, em São Paulo.

Orlando Calheiros é doutor em Antropologia Social pela Universidade Federal do Rio de Janeiro (UFRJ), Museu Nacional, onde permanece como pesquisador do Núcleo de Antropologia Simétrica (NAnSi). Trabalhou como Pesquisador Sênior do Programa das Nações Unidas para o Desenvolvimento (PNUD), coordenando o Grupo de Trabalho Araguaia na Comissão Nacional da Verdade (CNV).

Paola Barreto é artista pesquisadora, graduada em Cinema pela Universidade Federal Fluminense (UFF), mestre em Tecnologia e Estéticas (PPGCOM/ UFRJ) e doutora em Poéticas Interdisciplinares (PPGAV/ UFRJ). Desde 2017 é professora adjunta de Artes, Estéticas e Materialidades no Instituto de Humanidades, Artes e Ciências Professor Milton Santos da Universidade Federal da Bahia (UFBA), onde coordena o laboratório de pesquisa Balaio Fantasma (http://www.balaiofantasma.ihac.ufba.br/).

Pedro Duarte é professor doutor de Filosofia pela Pontifícia Universidade Católica do Rio de Janeiro (PUC-Rio). Ocupou a Cátedra Fulbright de Estudos Brasileiros na Universidade Emory (EUA, 2020). Foi professor visitante nas universidades Brown (EUA, 2004-06) e Södertörns (Suécia, 2012). É autor dos livros *A pandemia e o exílio do mundo* (2020) e *Tropicália* (2018), entre outros. Coautor, roteirista e curador da série de TV *Alegorias do Brasil*, junto com o diretor Murilo Salles (Canal Curta!).

Rodrigo Nunes é professor de Filosofia na Pontifícia Universidade Católica do Rio de Janeiro (PUC-Rio). É autor de *Organisation of the Orga-*

nisationless. Collective Action After Networks (2014) e diversos artigos em publicações nacionais e internacionais. Seu novo livro, *Neither Vertical Nor Horizontal. A Theory of Organisation*, sairá em breve pela editora inglesa Verso.

Sidarta Ribeiro é professor titular do Instituto do Cérebro da Universidade Federal do Rio Grande do Norte (UFRN). Bacharel em Biologia pela Universidade de Brasília (UnB), com mestrado em Biofísica pela Universidade Federal do Rio de Janeiro (UFRJ), doutorado em Comportamento Animal pela Universidade Rockefeller e pós-doutorado em Neurofisiologia pela Universidade Duke. Seu livro mais recente é *Oráculo da noite, a história e a ciência do sonho* (2019).

Silvio Almeida é doutor em Direito pelo Departamento de Filosofia e Teoria Geral do Direito da Universidade de São Paulo (USP). É professor de graduação e docente permanente do Programa de Pós-Graduação Stricto Sensu em Direito Político e Econômico da Faculdade de Direito da Universidade Presbiteriana Mackenzie; professor da Escola de Administração de Empresas de São Paulo da Fundação Getulio Vargas (FGV-EAESP). Foi Mellon Visiting Professor do Center for Latin American and Caribbean Studies da Universidade de Duke (EUA) e é diretor do Instituto Luiz Gama. Seu mais recente livro é *Racismo estrutural* (2019).

Tatiana Roque é formada em Matemática, tem mestrado em Matemática Aplicada e doutorado na área de História e Filosofia das Ciências, todos pela Universidade Federal do Rio de Janeiro (UFRJ). Tem ainda o doutorado na equipe REHSEIS – CNRS (Recherches Épistémologiques et Historiques sur les Sciences Exactes et les Institutions Scientifiques), na França. É professora do Instituto de Matemática e da Pós-Graduação em Filosofia da Universidade Federal do Rio de Janeiro (UFRJ). Coordena o Fórum de Ciência e Cultura da UFRJ e é vice-presidente da Rede Brasileira da Renda Básica.

Sobre os organizadores

Luisa Duarte é curadora independente, escritora e pesquisadora. Mestre em Filosofia pela Pontifícia Universidade Católica de São Paulo (PUC-SP). Doutora pelo Programa de Pós-Graduação em Artes da Universidade Estadual do Rio de Janeiro (UERJ). Foi por nove anos crítica de arte do jornal *O Globo*. Fez parte da equipe curatorial do programa Rumos Artes Visuais, no Instituto Itaú Cultural (2005-06). Foi curadora da exposição coletiva Quarta-feira de Cinzas, na Escola de Artes Visuais do Parque Lage, Rio de Janeiro, 2015. Curadora (com Evandro Salles) de Tunga – O Rigor da Distração, no Museu de Arte do Rio de Janeiro (MAR), 2018. Organizadora dos livros *ABC – Arte Brasileira Contemporânea* (2014) (em dupla com Adriano Pedrosa) e *Arte Censura Liberdade – Reflexões à luz do presente* (2018). Curadora da exposição Adriana Varejão – Por uma Retórica Canibal, Museu de Arte Moderna da Bahia (MAM-BA), Salvador, e Museu de Arte Moderna Aloísio Magalhães (MAMAM), Recife, 2019.

Victor Gorgulho é graduado em Jornalismo pela Escola de Comunicação da Universidade Federal do Rio de Janeiro (UFRJ) e mestrando em História, Política e Bens Culturais pela Fundação Getulio Vargas do Rio de Janeiro (FGV-RJ). É curador independente, jornalista e pesquisador. Curou exposições como Vivemos na Melhor Cidade da América do Sul (com Bernardo José de Souza), na Fundação Iberê Camargo, Porto Alegre, 2017; Eu Sempre Sonhei com um Incêndio no Museu – Laura Lima & Luiz Roque, no Teatro de Marionetes Carlos Werneck, Rio de Janeiro, 2018; e Perdona Que No Te Crea, na Carpintaria/Fortes D'Aloia & Gabriel, Rio de Janeiro, 2019. Desde 2019 é o curador do MIRA, programa de exibição de filmes da ArtRio. Integra o corpo curatorial da Despina. Como jornalista, foi colaborador de cultura do *Jornal do Brasil* (2014-17) e hoje contribui com veículos como *El País*, *Terremoto* e *VICE*.

ORGANIZAÇÃO
Luisa Duarte e
Victor Gorgulho

EDITORAS
Isabel Diegues
Márcia Fortes

EDIÇÃO
Valeska de Aguirre

EDITORA-ASSISTENTE
Aïcha Barat

GERENTE DE PRODUÇÃO
Melina Bial

REVISÃO FINAL
Eduardo Carneiro

DIAGRAMAÇÃO
Mari Taboada

CAPA
Bloco Gráfico

IMAGEM DE CAPA
Barrão, *Future days*, 2020
Aquarela sobre papel
40 × 30cm

© Editora de Livros Cobogó, 2020

CIP-BRASIL. CATALOGAÇÃO
NA PUBLICAÇÃO
SINDICATO NACIONAL DOS
EDITORES DE LIVROS, RJ

N795

No tremor do mundo : ensaios e entrevistas à luz da pandemia / [Sidarta Ribeiro ... [et al.]] ; organização Luisa Duarte, Victor Gorgulho. - 1. ed. - Rio de Janeiro : Cobogó, 2020.

ISBN: 978-65-5691-013-0

1. Epidemias - Aspectos sociais. 2. Epidemias - Aspectos políticos. 3. Epidemias - Brasil. 4. COVID-19 (Doenças). 5. Infecção por coronavírus. I. Ribeiro, Sidarta. II. Duarte, Luisa. III. Gorgulho, Victor

20-67004   CDD: 303.485
              CDU: 316.4:616-036.22

Camila Donis Hartmann - Bibliotecária - CRB-7/6472

Nesta edição, foi respeitado o Acordo Ortográfico da Língua Portuguesa de 1990, que entrou em vigor no Brasil em 2009.

Todos os direitos desta publicação reservados à
Editora de Livros Cobogó
Rua Gal. Dionísio, 53 – Humaitá
Rio de Janeiro – RJ – 22271-050
www.cobogo.com.br

2020

1ª impressão

Este livro foi composto em Chaparral Pro.
Impresso pela Gráfica Eskenazi sobre papel Pólen Soft 70g/m².